JN320295

建築する動物たち

ビーバーの水上邸宅からシロアリの超高層ビルまで

Built by Animals: The natural history of animal architecture

マイク・ハンセル
長野敬＋赤松眞紀 訳

青土社

建築する動物たち

目次

建築する動物たち

ビーバーの水上邸宅からシロアリの超高層ビルまで

グレイムへ

まえがき

家族の言うことだから本当ではないと思うが、六歳のころ私は登校中に行方不明になったことがあったそうだ。ようやく見つけた時に、私は下水を通り抜けようとしている甲虫を眺めていたらしい。私が自然史で最初に熱中したのは間違いなく昆虫だったようだ。やがて、学部学生の時に取り組んだトビケラの幼虫のケースづくりの行動をテーマにして博士論文を書いた。そのころ私は、トビケラの幼虫のケースについてならほとんどの人が望む以上のことを知るようになっていた。その全部を後にして、私は二年間スーダンのカーツーム大学で教鞭をとり、一九六八年にグラスゴー大学の助講師として英国に戻った。そこで三回講義を行うように頼まれて、おそらくそれが私の進路を変えることになったのだと思う。

当時グラスゴー大学では動物学の最終年の学生は自分の専攻科目の講義とは別に「Aコース」という特別講義を取ることになっていた。これは私たち教師が自分の好きな内容で数回講義を行うものだった。トビケラのケースで三回授業をするのは行き過ぎだと思ったので、私は全く反対のこと、つまりどんな動物でも動物がつくるものなら何でも取りあげることにした。動物界をただ見て歩くだけでなく、絹糸、棲家（すみか）、ケース、塚、巣をつくる種々雑多な動物たちの行動をいくらか理解して、そこに何らかのパターンを発見することを目的にしようと思った。そしてそれ以来ずっと私はそれを心がけてきた。本書ではそのような生物学、すなわち動物がつくるものとつくる行動の生物学を、誰でも興味を持った人を対象に説明しようとした。この本には誰が、どのようにしてつくり、つくったものがどのようなことをするのかといったことが書かれている。環境への影響、動物の知能、建築、エンジニアリングや建築の材料、労働力の組織化、罠、道具、そして芸術にも触れている。

本を書くことは孤独な体験だと訴える執筆者もいるが、私にはそのようなことはなかった。本書の完成にずっと関心を持ち、励ましてくれた同僚や友人たちに感謝したい。専門家でない読者に向けて本を書くのは初めての経験だったので、一般読者の立場で貴重な意見を伝えてくれたローナとローランド・ミッチェル、全文を読んで手際よくコメントしてくれたジャッキー・マーシャルに感謝する。専門的な生物学の情報や助言に関してはマーティン・バーンズ、ロビン・ダンバー、ジョフ・ハンコック、フェリシティー・ハンティンフォード、ボブ・ジーン、ビル・マッグリュー、オーブレー・マニング、マギー・ライリー、ジョン・リデル、フラヴィオ・ロチェス、ダグラス・ラッセル、リチャード・ランハムに感謝したい。人間の建築に関する非常に貴重な情報についてジョナサン・ヘールにお礼を申し上げたい。リトル・シェルフォードのオール・セインツ教会を探す楽しい冒険についてはマーサ・ジェニングスに感謝する。最後にグレイム・ラックストンに深い感謝の気持ちを表したい。彼は全部を進んで読んでくれたばかりでなく、改訂した草稿も再び読んでくれた。この本を彼に捧げる。

第1章

つくり手たち

高さ九〇メートルの崖の上で大西洋を背に立つアンガス砦［表記はドゥン・エンガスなど、原綴りはDun Aonghusa/ Aenghus/Angus Cliff Fortなど各種。絶壁に防衛用としてつくられた砦として欧州随一。ケルト神話のFir Borg（雷族）の神（族長）の名前にちなむ］は先史時代の半円形の砦だ。その足元には波が押し寄せ泡立っている。場所はヨーロッパの最西端に位置するアイルランド沖のアラン島。陸地側は、人造物によって外からの攻撃に備えている。半月形の砦の内部（差し渡し四五メートル）は高さ五メートル以上、厚さ四メートル近くある空積みされた城壁で囲まれている。この周りをさらに三列の不規則な城壁が取り囲む。侵入者は外側の壁を侵略しても、地面に散らばって突き出す鋭い石灰岩の破片を乗り越えなければならない。これはシェヴォー・ド・フリーズそのものだ。シェヴォー・ド・フリーズは第一次世界大戦のさいに塹壕を守った有刺鉄線の構造物で、文字通りに訳すと「フリーズランドの馬」ということで、敵の騎兵隊の攻撃を阻むために一七世紀頃から用いられてきた先の尖った障害物を表している。アンガス砦が築かれた正確な時代はわからないが、おそらく二〇〇〇年以上も昔だろう。さらに驚いたことに、このような強力な防御構造をつくらせる動機となった脅威の正体も、私たちにはまだわかっていない。私たちが必要とする防御構造は他の動物のものとそれほど違わないはずだ。動物には常に敵がいる。とりわけ気候とか、捕食しようと狙っている他の動物などだ。私たちは、同じ人間仲間も含めて脅威に満ちた世界のなかで自分を守る手段として構造物をつくることにかけて新参者に過ぎず、シェヴォー・ド・フリーズを利用する動物種は私たちが最初ではなかった。

熱帯環境のなかの昆虫をおびやかす危険を考えてみよう。とりわけ最大の危険は、鳥とアリによる捕食だろう。ケムシの毛はそれに対する防御かもしれないが、ケムシは結局最後には成虫であるチョウやガにならなければならない。そのためには体のデザインを劇的につくりなおす必要がある――這い回って葉をかじる代わりに、飛んで蜜を吸ったり交尾したりできるようになるのだ。この変化にあたっては動けない段階、すなわち敵に狙われやすい蛹（さなぎ）の段階を無事通過しなければならない。ガの幼虫の典型的な防御戦略の例は、カイコに見ることができる。カイコは絹糸の繭を紡いでまず全身を完全に包み込んでから、幼虫の皮を脱ぎ捨てて蛹になり、その後でやがてカイコガとして羽化する。カイコは毛のない芋虫だが、もしケムシが繭の中で蛹化（ようか）したらどうなるだろうか。毛の生えた皮層を脱ぎ捨てると繭の中は毛で一杯になるばかりか、アリや鳥から幼虫を守る働きを十分に果たしてきた防備もそこで脱ぎ捨てることになる。

アエトリア・カルニカウダというガの幼虫は毛で密に覆われている。中米の森林地帯に生息するこのガは、蛹化の準備ができると蛹の防備を整えるために植物の真っ直ぐな茎を選ぶ。下を向いて茎につかまったケムシは体を反らせて自分の背中の毛を顎で挟んで一本ずつ抜いていく。そして抜いた毛を口から吐き出した絹糸で茎に固定する。こうして幼虫は放射状に棘を植えつけて、下から登ってくる者を阻む防壁をつくる。これが完成すると、幼虫は後ずさりして少し上に登り、再び毛を抜いて第二、第三、そしてなんと第四の防壁をつくる。それから向きを変えて体長の四倍ほど上り、今度は自分の上部に毛を輪状に植えつけ、少し下がってさらに二、三層の防壁をつくる。このようにして幼虫は複数の防御線で茎の上下からの攻撃から守られるが、体にはまだいくらかの毛が残っている。この毛は、繭を紡ぐときに抜き取られて糸とともに繭に取り込まれて、アリその他の捕食者から身を守る最後の防備になる。幼虫は毛の生えた繭の中で、裸になった皮を脱ぎ捨て、動けないけれども強固に守られた蛹になる。

ドゥン・エンガスの砦で印象的な特徴となっているシェヴォー・ド・フリーズは、じつに巧妙な防御概念だ。だから、ただのケムシがそれに似たものをつくることには強い興味をそそられる。世界の卓越したつくり手である私たち人間も、その技術や独創性に感心させられる。しかしその感嘆の根拠を説明するとなると、私たちは困惑する。単純な生物があれほど複雑なものをつくることができるからだろうか、あるいは、彼らは私たちが考えるほど単純な生物でないことを示しているのだろうか。それをつくるときにケムシの脳では何が起きているのだろうか。私たちが同様な構造物をつくっているときに考える仕組みと似たところがあるのだろうか。つまり、そこには計画があるのだろうか。もしないとすれば、そして一連の建築行動が単純な「考えのない」組み立てプログラムであるとすれば、どうしてこのように精巧な結果が得られるのだろうか。私たちの感じる喜びと困惑が動物のつくる構造物に関する本書の重要なテーマになる。しかし先に進む前に、この構造物というのを定義しておく必要がある。

グレート・バリア・リーフはオーストラリア北東部からニューギニア南岸にまで二〇〇〇キロにわたってつながっているが、それは単に何千もの個々のサンゴ礁がつながったサンゴの壁ではない。イソギンチャクの近縁である群体動物、サンゴポリプが分泌するカルシウムを主成分とする物質で形成されたものだ。その形から「エダサンゴ、シカツノサンゴ」とか「ノウ（脳）サンゴ」と呼ばれるサンゴもあるように、様々な種のサンゴポリプがいろんな形のサンゴをつくる。グレート・バリア・リーフは生物がつくった地球上最大の構造物だという話を私は聞いたことがある。人間以外の生物がつくったものという点では、私は喜んでこれに同意したい。しかしここではサンゴ礁のことをこれ以上取り上げない。サンゴ礁をつくるサンゴポリプの脳──明確な脳はないので神経系と言うべきだろうか──の中で何が起こっているのか、ポリプに尋ねることができないからだ。自分の足の爪が伸びるときに自分が何を考えているか尋ねても、伸びる仕組みが何もわからないのと同じで、このような質問をしても何も役にたたない。サンゴポリプは単にサンゴ骨格を分泌するだけであり、そうやってサンゴ礁は次第に育っていく。他方、蛹を守る防御壁をつくるケムシには行動が伴う。この本では、行動を伴ってつくられていく構築物に注目する。これは決して勝手な区分ではない。動物の行動では全身のいろいろな部分を組織的に動かさなければならず、それには決定にもとづいた指示が必要になる。神経系や脳は、ごく単純なものであるにしても、決定を下す。そして神経は、筋肉を活性化させ運動を起こさせる神経インパルス（信号）として、指示を運ぶ。

この文脈のもとで私が使う「決定」という言葉には少し説明が必要だろう。もちろん、決定が意識的な過程であってケムシの「心」が私たちと同じだなどと言うのではない。私が意味しているのは、もっと単純でもありうるようなものだ。最も単純な例としては、一つの神経に沿って情報が流れるようなものが考えられる。神経線維Aは二本の神経線維（BとC）の接点に達する。そのうち一方だけが活性化される。Aを流れる信号が弱いときにはBが活性化されて、強いときにはCが活性化される。これがA

の信号の評価のポイント、つまり決定が下されるポイントだ。基本的にこの本で取り上げるどの種類の「つくり手（builder）」についても、その動物がそのものをつくっているときに、どの神経がどの機能を果たしているのかは全然わかっていないことも事実だ。そこで私たちは強力な「ブラックボックス」の力を借りて、その決定の過程を探る。

このブラックボックス法というのでは、動物を、直接に調べることのできない仕組みを内蔵した密閉箱として扱う。この箱が、質問に対してどのような答えを出すか追求していくにつれて、理解が深まる。これでは何やら漠然としているようだが、あるジガバチの例を考えてみよう。この美しい昆虫の雌は、角度をつけた短い穴を地面に掘り、その先端で横方向に向けて、丸みのある小部屋をつくる。これについてジガバチに簡単な質問をしてみよう。「おまえはいつトンネル掘りをやめて、小部屋をつくり始めるのかね」。これで十分というだけ仕事をしたと雌が感じたときに（雌の内部状態のチェックなどによって）、掘るのを止めるのだと私は言い、あなたは、雌が穴の長さを計るのだ（たとえば底に達するまでの歩数で）と言うかもしれない。どちらが正しいのか。それを調べるには、穴掘り仕事中の雌を騙す実験をやってみる。雌がいっとき離れた隙に（餌を取るなどのため）、少し穴を先まで掘り進めておくのだ。私の説明からすると、雌は通常量の仕事をするので、結果として通常よりも長いトンネルが掘られると予想される（雌の分、プラス人間が掘った分）。あなたの説明を採れば、トンネルは通常の長さで終わり、私たちは雌の手間を少し省いてやったことになるだろう。実際はあなたが正しいことがわかる。こうしてジガバチの「心」のブラックボックスの中で、ある一つのタイプの決定が下される方法がわかったことになる。この種の実験をさらに進めることで、さらに詳細を補うこともできる。グレート・バリア・リーフのサンゴを取り上げず、構築の行動に注目する理由がこういう立場からするものであることが、これでわかってもらえるだろうか。私たちは構築の行動に関係している決定過程の複雑さを探りたいのだ。

ところでたった今、私たちは科学において基本的なこと、すなわち実験というものをやってみたことを指摘しておこう。動物の行動を観察し、その証拠にもとづいて、決定に関して対立する説明として、二つの仮説を立てた。二つの仮説は、特定状況のもとに置かれた動物がとる行動について、違うことを予測したというのが肝心な点だ。私たちはその状況をつくり出して、どちらの仮説が否定され、どちら（いずれか一方だとして）が支持されるかを確かめる。仮説の検証は科学において重大な手段である。このことは、本書で繰り返し取り上げることになるだろう。

構築物をつくるには、もう一つ欠かせないものとしての「材料」を、行動と組み合わせる必要がある。材料は周囲から集めることもあり、動物自身が分泌することもある。どちらにしても、いま言っている構築物の定義からすると、それをつくり出すには行動が伴わなければならない。カイコが分泌するのは、細長く繋がっていく絹の糸だ。この原材料から、体を動かすことによって初めて構造物である繭がつくられる。鳥の場合にはたいてい、草やコケなどの材料を集めてきて巣をつくる。各種の材料をもとにして、行動が構造物をつくり出していく仕組みがこの本全体を貫くテーマになっている。

ここですこし、住居づくりの話を取り上げよう。スコットランドのテイ湖の水上には、高床式で円錐状の草葺（くさぶき）屋根を持つ丸い木枠の家族向け住居がある。細い通路が唯一、住居と岸をつないでいる。家を支える垂直の柱は湖底の泥に刺さっているのでなく、人工的な瓦礫（がれき）の土台に立っている。この家は、二〇〇〇年ほども前にスコットランドやアイルランドで湖上につくられたクラノグ［crannog は人工要塞島と訳されることもある」という建物を考古学にもとづいて復元したものだ。今日でも、当時の円形に積まれた石が浅瀬に残っているのが見られる。このような家を建てるのが、湖岸の地面に建てるのに比べてはるかに難しい仕事だったことは明らかだ。けれども周囲を囲む湖水によって安全が保証されることを考えると、クラノグの建築に要した余分な努力は無駄でなかったのだろう。北米のビーバーの住居にも、同じコンセプトが活かされている。小さな湖面に積み上げた枝の中の小屋が、ビーバー一家の住まいだ。泳ぐのがうまいビーバーには、陸地から湖上の玄関まで続く通路はいらない。実際、玄関は水中にあるので、通りかかるオオカミなどの捕食者の目に触れることもない。一部屋だけからなるこの家は、屋根の上部で枝がゆるく積まれた部分だけで外気とつながっていて、ここから新鮮な空気が中に住むビーバーのもとに浸透してくる。

しかしこの湖上の家が、ビーバーたちのつくり出せるものの限界ではない。家が建てられている湖面そのものも、ビーバーがつくったラグーン（潟湖）である場合が多いのだ。最初はかなり小さな流れだったところに、ビーバーがダムを築いた結果としてできてくる。このダムというのも、枝屑などをランダムに配列したものでなく、私たちの工学技術でもはっきりそれと見て取れる設計要素にもとづいてつくられている。

まず最初、ビーバーがダムをつくり始めるときには、岩や大きな石が流れを遮っている場所に枝を置く。これを基礎にして流れ全体を横切る低い障壁を築くと、その背後に水が溜まる。するとビーバーはダムを乗り越えて下流側に枝を引きずって運び、川底に固定したり、一方を川底、もう一方をダムの壁に立てかけて控え壁をつくったりする。これによって、次第に高まるラグーンの水圧に対してダムが強化される。上流側にもさらに多くの枝を運んで、ダムの幅と高さを増すだけでなく、川底の大きな石をダムの基部に押し上げたり、泥や細かい岩屑を壁に押し付けてダムをふさいだりする。こうしてダムの高さと厚みは増していくが、どの段階でも、努力が無駄にならないようにダムの頂上部分はだいたい水平に保たれている。完成したダムの幅は優に五〇メートルを越え、例外的には幅二〇〇メートル、高さ五メートルになるものさえある。

ビーバーの建築業績はこれだけではない。ラグーンは単なる防御用の堀割でなく、食糧貯蔵庫にもなっている。ビーバーは樹皮を食べる。夏の間にかなりの木を切り倒し、解体してから、ラグーンから放射状につながる水路を通って枝を引きずり、ラグーンまで運ぶ。ラグーンの中で枝は次第に水分を吸って沈む。冬になって凍結しても、ビーバーの家族は厚い壁の小屋に守られている。空腹になればドアから出て、オオカミがさまよい歩いている可能性もある氷面の裏に潜って、食物になる枝をとってくればいい。

何とも素晴らしいではないか。しか、このビーバーの話のポイントはどこにあるのか。私は長年にわたって、動物の建築家を取りあげたラジオやテレビ番組に関わってきた。動物がつくったり飛んだり求愛行動をするのを見るのは確かに喜ばしく驚異的なことなので、「自然って素晴らしいでしょ」ふうな番組に私は満足している。しかし、この本ではそのように手軽に済ませるわけにいかない。「自然が素晴らしい」かどうかも、ここでは真面目な問題になり、真面目に考えなければならない。つまりその文脈のもとで、何が問題なのかということが本質である。それは生物の世界に対して抱く私たちの愛着、とりわけ構築物をつくる動物に対しての感情だ。

人間は音楽を愛する。この愛は数十億ポンドの規模の世界産業を支えている。私はオペラを熱愛する二人の友人に彼らが経験した最も素晴らしいオペラは何かとたずねた。よく考えた後に、彼らは実際に聴きに行った公演でジェーン・イーグレンが歌ったベッリーニ作曲『ノルマ』のアリア「カスタ・ディーヴァ（清らかな乙女）」［ベッリーニ（一八〇一〜三五年）の代表作『ノルマ』（一八三一年）中の難曲とされる有名なアリアで、イーグレン（イギリス、一九六〇年〜）の得意とするレパートリーの一つ］を挙げた。私のお気に入りはゴスペルシンガー、マヘリア・ジャクソン［一九一一〜七二年。アメリカのもっとも有名なゴスペル歌手で、暗殺されたキング牧師の追悼のさい等にも歌った］の歌声だが、冬の到来を告げながら遠くで鳴き交わすガンの声にも感動を覚える。こうした素晴らしい音は明確に表現できない感情を私たちに呼び起こす。動物がつくった建築物も私にとってはそのような要素を含んでいる。エナガは英国の中で最も複雑な巣をつくる鳥のひとつだ。丁寧に丸くつくられた球の外側は淡い色の地衣類と白いクモの巣でまだらに飾られている。小さな円形の入り口を通してチラリと見える柔らかな羽は安心感と心地よさと親密さを呼び起こす。これは自然界に対する感情的な反応で、喜びと呼べるものだろう。そのことには何の問題もないだろう。それが科学的客観性を曖昧（あいまい）にさせない限りは。

動物に対する理性的な判断を妨げる第二の障害がある。それは動物行動の分野で科学者を悩ませる問題、すなわち《擬人観》だ。これは正当な証拠がないまま人間の目的、考え、感情を他の動物に当てはめる傾向をいう。学生のころ、私は擬人観が科学に背くものだと警告された。一八七二年にあの明敏で多才な科学者、チャールズ・ダーウィンが著書『人および動物の表情について』を出版した。T・W・ウッズによる数々の巧みなエッチングの中には「失望して不機嫌なチンパンジー」と注釈のついたものがあった。その後間もなく、動物行動学分野では科学者はそのようなことを述べながら同時に科学で信頼を保っていくことができない状態となり、その状態はその後一〇〇年間の大半続いた。二〇世紀始めの科学者は、いわゆる心理学的内観（「考えることについて考える」とでも言える）の研究方法によって引き起こされた心身関係をめぐる実りのない論争で手足を縛られていたのだ。当時まだ日の浅い動物行動学の科学者は、実験によるアプローチと客観性を重視していたので、この方法を拒絶した。チンパンジーが「失望する」か否かのデータを集めることは非現実的で、データのない憶測は無意味だった。

正直に言えば、私はどちらかと言えば擬人観が好きだ。だが決して説明としてでなく、アイディア源あるいは研究方針に刺激を与える仮説としてである。したがって一九七六年にドナルド・グリフィンがコウモリにおけるエコーロケーション［超音波の反射で暗闇でも障害物を検知する機能］のメカニズムに関する卓越したキャリアの終盤に『動物に心があるか』(1)を書いたのは私にとって、そして動物行動学にとって画期的な出来事だった。それは動物行動学の研究分野が、自信をもって実験や仮説を通して動物の心の特性を研究してもいいほどに十分円熟してきたという声明だった。チンパンジーは確かに失望して、不機嫌ですらあったのかもしれない。これは私たちにとって興味があると認めることができるし、その研究方法を探す努力をするべき問題なのだ。二〇〇五年の終りに本書の第一草稿を書いていたとき、私はある紛れもない科学雑誌に実際、「考えることを考える（Thinking about Thinking）」と題したドナルド・グリフィンへの追悼記事を見つけた。だから動物による構築行動の研究に対するメッセージとしては、構築作業中に動物が考えたり感じたりしていることに関して、いかなる問題も科学研究の領域外と考えるべきでないということになる。そこで私としては本書の中で説明をぎりぎりまで広げて、理解がどこまで拡張できるのか考えてみると同時に、私たちの無知を率直に認めようとも思う。

擬人観は罪、あるいは悪徳とも言うべきかもしれない。それは得てして憶測に止まらずに、ある形の説明に陥りやすいからだ。自然番組でビーバーがダムの支えにする杭を川底に押し込んだり枝を置いたりするのを見ると、人間も使う技術を彼らが使っていることに感嘆する。同様にまた、体の毛でシェヴォー・ド・フリーズをつくる巧妙なケムシを見て、それを自分に重ね合わせる。こうした建築の「アイディア」を利用することで、ビーバーは「私たちのように」なるのだ。私たちは特別な動物であり、そのことを確信させる一つとして、建築家としての腕前のほどがある。スティーヴン・スピルバーグの映画『ジュラシック・パーク』の風景を見て面白いのは、恐竜が歩いたり走り回ったりしていた一億年以上昔のこの景色でも、わずか三〇〇万年以前（恐竜が絶滅した後）の、ゾウやアンテロープに似た大型哺乳類が歩いたり走ったりしていた時代の風景と、頭のなかで簡単に置き換えられることだ。ところが高層ビル、ショッピングモール、高速道路の現在の景観は、過去一億年以上も続いてきたものと、なんと大きくかけ離れていることか。私たちは何をさておいてもつくり手だから、他のつくり手たちを賞賛する。

つくり手と彼らの行動の研究ということから多少脇道に逸れてしまったが、動物のつくり手に対する私たちの理解を歪める可能性がある二つの強力な力の影響を、まず最初から念頭に置くことはぜひ必要だと思う。第一は生物界に対する一般的な愛着心、そして第二は擬人観。擬人観の方はいまの場合、私たちが自分自身を特別のものと考えさせている特性の一部を動物のつくり手が共有していることから、彼らを多少特別扱いする気持ちのことだ。

私たちの判断を映す鏡には、第三のひずみもある。つくり手が行動の産物を残すことだ。たとえばケムシの繭のような目に見える結果がそこにあることは、動物とは切り離して都合のいいときに研究できる利点になるので、この主張はいくらかひねくれているように思えるかもしれない。ただ問題は、建築をやらない種が日常的に見せている技能や認識能力が、それに比べて過小評価されやすくなる点だ。複雑な行動の物的証拠を残さないけれども、注意深く観察すると精巧さが認められる行動の例をいくつか挙げておこう。一つは類人猿による物体の操作、もう一つは鳥類に見られる認識力に関するものだ。

マウンテンゴリラは菜食主義者だが、あのような外見にもかかわらず、手当たり次第に植物の葉を引きちぎって口に詰め込むような真似はしない。一般に、そして当然のことでもあるが、葉をつける植物は、それを食う動物にとって魅力をもたらさない特徴を進化させてきているから、食べるのには特別の行動が必要となる。そうした植物の一つとして、マウンテンゴリラが食べるアザミがある。このアザミは葉の縁や茎に沿った筋の部分に棘が生えている。アザミを食べる若いゴリラは明らかに不快感を示すことから、うまく食べるには経験を積む必要があることが見て取れる。大人のゴリラは茎を手に持つと、棘の向きを揃え、また口に葉を入れる前に棘が刺さらないようにアザミの葉を折りたたむ。このアザミとかその他の植物も上手に処理できるようになるには、ゴリラは両手を使ったかなり複雑な操作を学ばなければならない。詳しい研究によると二二二通りの異なる操作行動がわかっているが、その多くはわずかの違いしかないので、はっきり異なる機能にまとめると四六通りの要素まで減らすことができる。しかしこれはランダムに用いられるのでなく、認識可能な二五六通りの操作行動あるいは連続した要素にまとめられる。(2) この驚異的な器用さはほとんど気づかれることがない。念入りに用意されたアザミの束は噛み砕かれ、飲み込まれてしまうからだ。私が紙飛行機を折るとしても、これほど複雑な操作は必要としないだろう。もしもゴリラが食物の束でなしに紙飛行機をつくったら、どの博物館にもそれは展示されて全小学生が知るところとなるだろう。

ほかにも一つ、理屈に合った手順を示している摂食行動の例がある。北米のアメリカカケスという鳥の行動だ。多くのカラス科の鳥のようにこの鳥も餌を隠しておいて、あとで食べる。この種の鳥は群で行動するから、餌を隠すとき群の仲間が見ていると、盗まれる危険がある。野外観察によると、そのような盗みはしばしば起こり、檻の中の実験例では、別の鳥が餌を隠すところを観察していた鳥は、かなり上手にそれを探し当てることがわかった。この種の泥棒行為に対抗するために、最初に獲物を隠すところを見られたと知っている鳥は、その後で近くに鳥がいないとき、それを別の場所に移す。この行動自体も非常に興味深いものだが、一般に若くて未熟な鳥は隠し場所を移す行動をとらない。しかし別の鳥が隠すのを見て、そこから一回盗んだ経験をした後には、その行動をとるようになる。泥棒をしてみてから、自分も盗まれる可能性を認識するようになるらしいのだ。このレベルの高度な認識は、シロアリが築きあげるどんなものよりも素晴らしいと言えるのではないかと思うが、それでも私たちはシロアリの塚の構造に驚嘆する。私たちはいったい何を賞賛しているのだろうか。動物のつくり手たちが行動を長続きする記録として残してくれることは確かに科学者にとって好都合ではあるが、行動の重要性を評価する場合には、そのような記録を残さない動物の行動と公平に比較するように気をつけなければならない。

三〇〇万年前に、宇宙旅行をする火星人とタイムトラベル中の金星人が宇宙のバーで一杯やっているところを想像してみよう。彼らは地球の話を始める。金星人は最近タイムトラベルでそこを訪れたのだ。

「ねえ、聞いてよ。三〇〇万年もすると技術が発達して彼らは空を旅するようになり、宇宙旅行も始まるんだ」

「そんなことないだろう」と火星人。「僕は数年前に地球に行ったけれど、技術のかけらもなくて、何種類かの生物が隠れ家をつくっていただけだったよ。エンジニアや科学技術者はどこから出てくるんだ?」

「信じられないかもしれないけど」と金星人。「類人猿からなんだ」

「なんだって? あいつらの中からだって? まさか! やつらは何もつくらないよ。前に棒を振り上げられたことが何度かあったし、石で少し形をつくることができるそうだけど、僕は鳥に賭けるね。この前地球に行ったときに素敵な鳥の巣を持ち帰ったんだ。暖炉に飾ってある。何種類かの材料を使った巧妙な出来ばえだ」

スタンレー・キューブリックが監督したアーサー・S・クラークの『二〇〇一年宇宙の旅』のオープニングも、説得力をもって同じことを言っている。そびえ立つ異星のモノリスが私たちの類人猿めいた祖先に、骨と骨を打ち合わせれば折ることができることを発見させる。外部の助けがなかったら、地球に住む不器用な毛むくじゃらの生物には他にどんな方法があっただろうか。私たちはこの本の中で何よりもまずこの質問に答える努力をする必要があるが、まずこの惑星にいま生息しているつくり手全般を概説する必要がある。動物界全域にわたるつくり手の分布は単なる偶然にすぎないようにも見えるので、理解しようとする前に、まずその点を認識する必要がある。

ここで言う動物界（kingdom）は単なる詩的な飾り言葉［王国］でなく、生物学での分類を表す専門用語だ。伝統的に生物の階層分類における最高位が界なのだ。最近、これに代わるいくつかのバリエーションも登場しているが、すべての生物を五界に分類する方法は依然として基本的な違いを認識する簡単な方法と言えるだろう。このシステムに従うと、植物、菌類、動物はどれも別の界になる。残りの二界は原生生物界と細菌界だ。前者は大部分のものが単細胞の種々雑多な単純生物の集まりで、アメーバなどが含まれる。後者は読んで字の通りだが、約三〇年前から火山の温泉のような極限的な環境に生息する一見細菌に似た微生物が発見され始めている。現在こうした生物には独自の古細菌という分類が割り当てられているため、六界あると言えるかもしれないが、古細菌はこの本のテーマとは関係がない。しかし極限の変わった環境で生きることができる古細菌の能力のせいで、どの惑星や衛星が生命を維持できるかという論争が活発になっている。

分類の次の階層は門だ。すべての脊椎動物は一つの門、脊椎動物門に属し、そこには約一〇万種が含まれる。ほとんどの脊椎動物は背中に沿って継ぎ目のある骨質の支えをもつ（真の脊椎動物）が、骨格がそれほど発達していないものもある。対照的に無脊椎動物は三〇種類以上の門に分類される。すべての門をあわせた中には一〇〇〇万から三億種が含まれると推測されている。この数字は曖昧で当て推量のように見えるかもしれないが、それでもあながち嘘ではない。確かなのは脊椎動物種の推測数がかなり正確で、無脊椎動物の数がそうではない点だ。私たちは毎年のように哺乳類や鳥類の奇妙な新種を発見しているが、本質的にはほとんどのものが科学の世界に知られている。魚の種の場合にも九〇パーセント以上のものがすでに発見されていると推測される。それに対して無脊椎動物門の昆虫、甲殻類（カニやその仲間）、クモ類を含む節足動物は未だに八五パーセントが科学的に確認されず、命名されていないと推測される。

再び分類の階層を下がると、次の段階は綱（こう）だ。哺乳類は脊椎動物の綱だ。鳥類も綱だがごく最近では鳥を絶滅を免れた羽の生えた恐竜と考えて、repto-birds（爬（は）形類）集団が綱としてより適切だと考えられている。

ビーバー、チンパンジー、私たち人間。どれも幼少期に母親の乳腺から分泌される母親の乳で育つことから哺乳類と呼ばれる。ここにはこの特徴を持つ共通の先祖から進化を通して分化してきたという重要な理由によって哺乳類がこのような特性を共有するようになったという以外の重要性はない。ほとんどの人々が受け入れるようになったように、チンパンジーが私たちと類縁関係にあるのと同様、それよりもさらに離れているカローネズミや、さらに離れたオーストラリアの有袋類動物、ケバナウォンバットとも私たちは類縁関係にある。この場合の「さらに離れた」は、どれくらい昔にこれらの哺乳類動物と共通した先祖をもっていたかということを言っているのだ。有袋類哺乳動物と真獣類哺乳動物（真の胎盤で発生する私たちのような動物）の分岐は、恐竜が絶滅して程なく、約六〇〇〇万年前に起きたらしい。それによってカンガルー、コアラ、ケバナウォンバットのような現代の有袋類、そして北米のビーバー、カローネズミそして私たちのような現代の真獣類が生じた。

分類では綱の下位に目（もく）がある。人間はサルや類人猿と共に霊長目に属する。最初の霊長目は約五五〇〇万年前に化石記録に現れている。霊長目はさらにいくつかの科に分けられているが、今その名称は私たちに関係がない。巷（ちまた）のクイズ、あるいは皮肉な言い方からわかるように、人間は科学的にホモ・サピエンス（文字通り「賢い人」）と呼ばれる。この二つの語は私たちの属（ホモ）と種（サピエンス）を定義する。この属と種が二つの下級階層を表す［種を表すのは「種小名」で、必ずしも特異的ではない。たとえば *Cervus nippon* はニホンジカで、*Nipponia nippon* は鳥のトキ。山田花子さんと加藤花子さんが別人であるのと似ている］。私たちの前にもホモ属の他の種が存在してきた。最も近いものとしてホモ・エレクトゥス（「直立した人」。ジャワ原人、北京原人など）がいる。私たちの後に続く者もいるかもしれない。

いままで見てきたように、ビーバーはかなり腕の良いつくり手だ。だから動物のつくり手を取り上げる自然番組の最有力候補になるが、同じ目に属する他の齧歯類動物はどうなのだろうか。かなり多くの種が含まれる哺乳類全種のうちでも齧歯類はかなりの割合を占める。三つに一つ、つまり四〇〇〇種の哺乳類のうちの一五〇〇種が齧歯類の動物ということになる。だが動物のつくり手のテレビ番組で取り上げることができる齧歯類には、ビーバー以外に誰がいるのだろうか。それ以外ですぐ思いつくものは少ないだろう。けれども齧歯類の中にも、それほど有名でないが有能なつくり手が多少いるのだ。西ヨーロッパに広く分布するカヤネズミは、トウモロコシの茎を支えにして草を編んだ中空の丸い巣をつくる。アフリカのアカシアネズミは、棘の生えたアカシアの茂みの枝の中に小枝や草で不規則な形の巣をつくる。オーストラリアのコヤカケネズミは三五〇グラムほどの生物だが、潅木に覆われた地面に、時に幅一メートル半、高さ一メートルにもなる巣をつくって家族で住む。

しかし圧倒的多数の齧歯類動物は木の上や地上、あるいは池の中に積み上げた木の中でなくて地下の巣穴を隠れ家にする。しかしこうした巣穴は、動物の建築物の例になるだろうか。なるとしても、完成したデザインあるいは掘削に何らかの複雑さが見られるだろうか。シカネズミは短いトンネルの先に一つの部屋をつくる。大したことはないかもしれないが、それでは少なくとも二つの部分、入り口のトンネルと巣穴がある。モリネズミの巣穴は、樹木の根茎に守られたループ状のトンネルで、食糧庫と巣部屋が別につくられている。このループから五、六本の穴が木の周辺の異なる出口へと放射状に延びて、出入りするネズミにいっそうの安全を与えている。この程度の複雑さでも、この本でさらに詳しく取り上げたくなるが、カローネズミの巣穴構造に比べたら大したことはない。

このネズミの研究が行われたアフリカ南部のあるところでは、一つの巣穴構造に平均四一の入り口があり、最高五〇〇あることが知られている（図1・1）。このネズミが高度に社会的であり、穴の中には素早く動き回る尻尾や小さな足音が満ち溢れていると考えるかもしれないが、それは間違っている。個々の巣穴構造は通常一匹のネズミが占有しており、三匹を超えることは稀だ。一体どうなっているのだろう。カローネズミは発育不良の植物がまばらに生え、捕食者から身を隠すものがほとんどない砂漠に住む。このネズミは草食で、まばらに生える緑色植物しか食べないので、捕食者の目にさらされやすい。しかし砂漠の地下に延びている分岐したトンネルと複数の入り口があるおかげで、すぐに安全な場所に駆け込むことができるし、ついでに言えば柔らかな砂地なので掘るエネルギーの面でも高くつかない。[3]

ハダカデバネズミ（英語名では「裸のモグラネズミ（naked mole-rat）」だがモグラでなくて正真正銘のネズミ）もアフリカ南部の砂漠に生息する。このネズミの分岐したトンネル構造は一キロメートル以上になり、硬く詰まった土壌に掘られている場合が多い。また地表に通じる出口は少なく、ほとんど利用されることがない。このような巣穴に複雑な社会を構成する五〇匹以上の個体がしばしば住んでいる。彼らはほとんど地上に出ることがないので、このトンネル構造が彼らにとって事実上の全世界になる。暑くも寒くもない単調な環境の中を、ハダカデバネズミは毛皮無しで過ごしている。そのため彼らは効果的に細身になり、掘る穴も細く、掘り出す土も少ないから、穴掘りをする上でエネルギーも安上がりだ。穴は餌となる巨大なカブのような塊茎を探すために掘られる。いったんそれを見つけると、数ヶ月間コロニー［ともに住む集団。ここでは血縁の一族］を養うことができる。

この穴掘り行動も、もっと真剣に取り上げるべきかもしれない。その場合、哺乳類のうちでも齧歯類が少なくとも数の上で最も重要な建築の能力を代表することになる。実のところ、哺乳類の中で他にそれほど重要な構築物をつくる例はなかなか見つからない。つくり手としてのイヌ、ネコ、マングースとか、つくり手としてのアンテロープ、ブタ、ウマはどうか？ どれもちょっとした巣づくりやささやかな穴掘りをするにすぎない。全哺乳類の二〇パーセント以上（九〇〇種以上）はコウモリが占める。つくり手としてコウモリを思い出すことはあまりないが、驚くべきことに、コウモリの中には繊細ではないが熟達したつくり手がいる。通常、コウモリのつくり手は熱帯多雨林に生息して、大きなヤシの葉の木質の葉脈を噛み切って、骨が全部折れてぶら下がった傘のような構造をつくる。これで、まだ考えていない主要な哺乳類のグループは残り一つになる。それはサル、類人猿、そして私たちを含む霊長類だ。あの仮想の火星人のように、私たちを除けばそこに印象的なものはほとんどいない、と言いたくなるところだが、もっと慎重にならなければなるまい。

私たち以外の霊長類の巣づくりは、類人猿（オランウータン、ゴリラ、ボノボ、チンパンジー）に限られている。チンパンジーは夜寝るための巣を日常的につくるが、巣はふつう一回だけ使って置きざりにする。私たちはそのような一時しのぎの構造物をつくるのにそれほど努力しないと思うが、それはチンパンジ

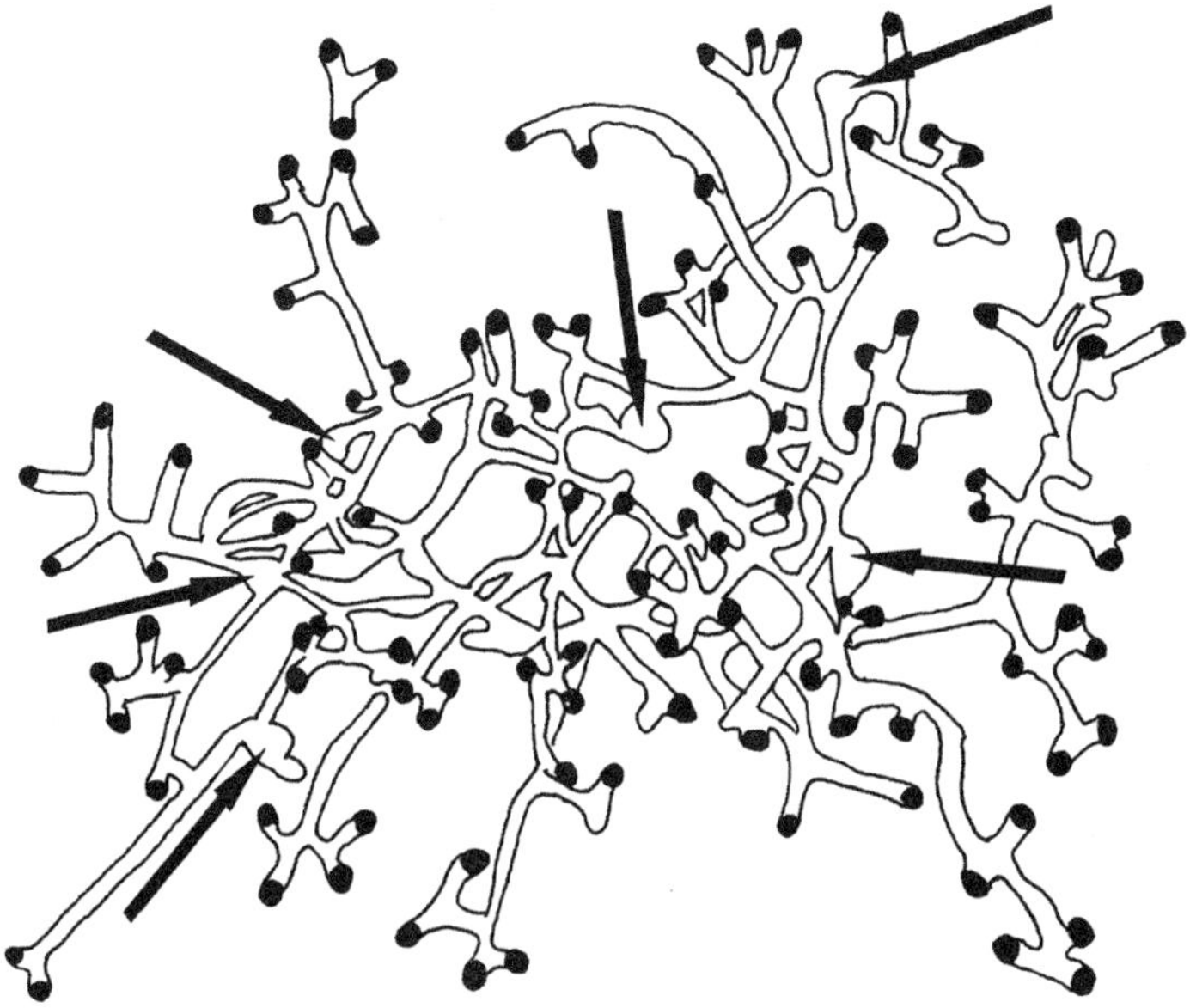

図 1・1　カローネズミの巣穴構造。115 箇所ある入り口（黒点）のおかげで採餌をするカローネズミは捕食者から逃れることができる。矢印は 6 箇所の巣室を表す（Jackson, T.P.(2000). Adaptation to living in an open arid environment: lessons from the burrow structure of the two southern African whistling rats *Parotomys brantsii* and *P. littledalei*, *Journal of Arid Environments* 46, 345-55, Figure 1, part(a). ©2007 による。Elsevier の許可を得て複製）。

ーも同様だ。一般にチンパンジーは、大きな枝が枝分かれしているところに立ち、二、三本の枝を内側に曲げてその上に立つ。そして枝を折りながら基礎をつくるが、それは枝が曲がった箇所で裂けるにしたがって安定する。次に折れた枝の側枝を中心に向けて曲げて基礎を完成させる。そしてどこかから折り取ってきた葉のついた枝をベッドの中央に数本置く。ふつう、これに要する時間は五分以下だ。このことからチンパンジーの巣づくりはほとんど技術を必要としないように見えるかもしれないが、私は反対意見を述べることができそうだ。これほど経済的につくられた巣をつくるのは技術を持つ証拠と考えられるのだ。この問題は後に取り上げるつもりだ。

火星人は、私たちの先祖にあたる霊長類に感銘を受けなかったが、コメントに値すると考えたのは巣づくりではなくて枝を振り回すことと石で形をつくること、つまり道具の使用と道具の作成だった。実のところ、道具を用いる種は広い範囲にわたるが、その数はわずかで、さらにそのうち一部だけが道具をつくる。アジアゾウは鼻で小枝を持って、ハエを追う。捕獲された小群のアジアゾウにハエを追うには大きすぎる木の枝を与えたところ、半数以上の象は大きな枝を足で押さえて、手ごろの大きさになるまで鼻で小枝を引きちぎった。そして小さく整えた枝を使ってハエを追った。この種の観察は生物学的に非常に興味深い。それは道具の使い手が行動の結果に関する何らかの特別な洞察を持ち、さらにそのアイディアを発明したとさえ信じるように私たちを仕向けるからだ。これを読む読者は、ゾウがうるさいハエに逆襲するために計画通りつくり出した小枝を使う様子に心を奪われるかもしれない。もしもそうならば、第7章でも再び登場する次の質問をしたい。ゾウの頭の中にあるというそうした見地を正当化するために、あなたはどのような証拠を挙げることができるのだろうか。

道具はこの本で取り上げるのにふさわしい題材だろうか。道具の作成には組み立てる行動が関係する――関係しないわけにはいかない。だから私たちは人間の進化における道具の重要性ばかりでなく、動物がそれをつくって使うことが、一般的に見て何か特別なことかどうか見極めなければならない。それをするためには容赦なく客観的になる必要がある。第7章でそのアプローチ法を試みるつもりなので、それまでは道具の作成に関する判断を保留しておく。そのようなわけで、今のところ、常に最も印象的な哺乳類のつくり手集団は齧歯類と言えるだろう。

一万近くある鳥の種は、哺乳類の二倍の数になり、その大多数が何らかの巣をつくる。それはあらゆる場所につくられる。木や地面の穴の中、崖の上、そして枝で支えられたり枝からぶら下がったりしている。ぶら下がっている巣が最も印象的かもしれない。この巣は頭上の支えに巣を取り付ける特殊な付属部分を持ち、底が抜けて中身が落ちてしまわない頑丈なものでなければならない。コクモカリドリ（小蜘蛛狩鳥）の巣は、アジアの熱帯雨林に見られる低木の大きな葉の下面からぶら下がっている。葉の上面を見ながら通りかかると、表面には散らばる何ダースもの白い点しか見えない。これは、絹糸でつくられた打ち込みリベットなのだ。長い湾曲した嘴（くちばし）を持つこの鳥は、どうやら葉の下面にぶら下がってクモや毛虫の絹糸の小さな塊を程よい力加減で葉に差し込むらしい。嘴を葉から抜くと、葉に開いた穴は閉じる。絹糸の塊は葉の上面に残り、鳥が嘴で持ったままの絹糸は、穴を通って葉の裏側に垂れ下がる。この絹糸は飛行船のゴンドラのように、巣を吊るす約一五〇本の糸のうちの各一本になる（**図1・2**）。森に住むこの恥ずかしがり屋の巣づくり行動は一度も観察されたことがないので、それがどれほど困難か述べることは難しい。巣とそれがぶら下がる葉を観察したところ、葉の穴は確かに下から開けられたものだったが、私の説明は解釈にすぎない。コクモカリドリのこの巣は鳥がつくる巣の中でもかなり複雑なものの一つであるようだ。様々なデザインの複雑な構造を持つ巣は鳥類に多く見られる。鳥類はその点でダムをつくるビーバーがユニークな存在である哺乳類とは違っている。鳥の中には道具を使うものや道具をつくるものさえいるが、それは後ほど取り上げる。

残りの脊椎動物の仲間の爬虫類と両生類（カエル、サンショウウオやその仲間）には、道具の作成はもちろん、建築行動で特筆すべきものは少ない。魚の中には建築や穴掘り行動をとるものがいるが、これも後で再び取り上げることにする。ここで脊椎動物の建築活動をまとめてみると、種の数と技術の難度において鳥類が最高位になる。動物の建築の特徴に関する重大な結論が鳥の研究から引き出されたとしても意外ではない。それでもなお、これから見ていく大部分の生物種は脊椎動物でなくて無脊椎動物のつくり手だ。「最高のつくり手」を決めるどのコンペでも、無脊椎動物はエントリーする種の数の上で脊椎動物よりもはるかに有利であるし、さらに彼らの最高傑作の中には私たちの業績に匹敵するものさえ含まれている。

無脊椎動物の門には一〇〇種以下の少数種しか持たないものがいくつかあり、中には珍しい一つの種に一つの門が与えられていることもある。当然のことだが、門が大きいほどここで取り上げる機会も多くなるが、本を読み進むうちに節足動物の例が支配的になることが明らかになると思う。これはだいたいのところ、節足動物が記載された脊椎動物と無脊椎動物を合わせた全動物種の約七五パーセントに相当するからだ。節足動物はあらゆるところ——陸、海、空中——に見ることができる。この生物の特徴は外骨格と関節になった脚で、ハエ、クモ、ダンゴムシ、カニ、サソリのようなものが良く知られて

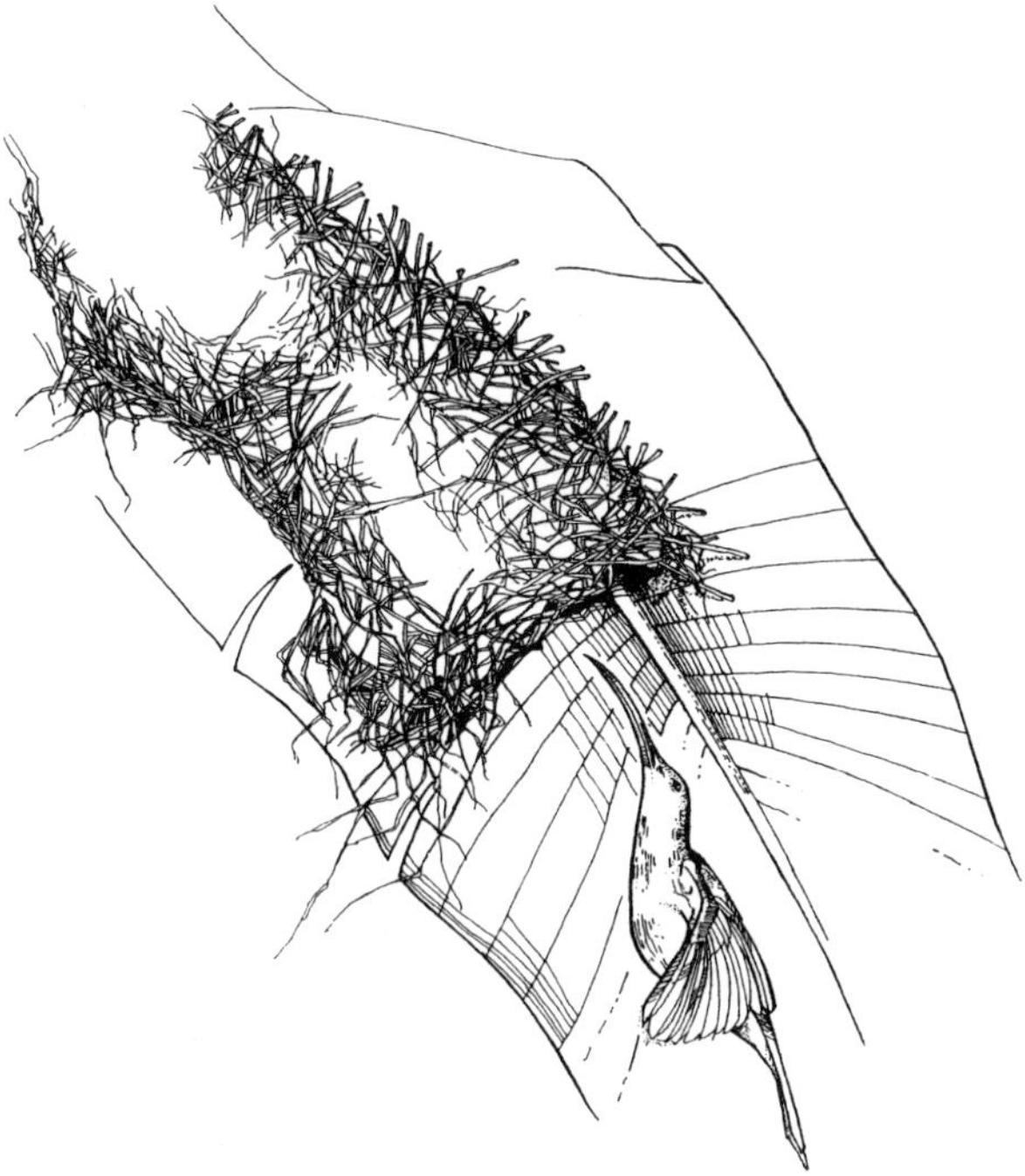

図 1・2　ハシナガクモカリドリの巣。材料の大部分は植物片で、鳥が葉の表から嘴で通した約 150 個の絹糸の打ち込みリベットでぶら下げられている（M. Hansell, *Animal Architecture and Building Behaviour*（London: Longman, 1984））。

いる。それは非常に用途が広く適応性のある形を持つ。節足動物門の大部分は一ダースほどの綱に属しているが、生物学者を含めてほとんどの人には馴染みのない学名を持っている。一般名で言うと、最も有名な節足動物のつくり手は、ほとんどすべての種が何らかのものをつくるクモと、そしてつくり手がひろくにわたって見られる昆虫類だろう。とりわけ興味深いのは集団生活しコロニー全体を住まわせる巣をつくる、いわゆる社会性昆虫だろう。全世界にひろがっている例として、家畜化されたミツバチが挙げられる。

ミツバチの巣には一万匹近い成虫が住むこともある。ハチは蜜蝋（みつろう）でできた六角形の小部屋をつくり、そこに蜜を貯蔵し、またウジのような形の幼虫を育てる。これは、脊椎動物では私たち人間以外に例が見られないほどの驚くべき発展を遂げた社会性昆虫の例だ。社会性昆虫の建築のうちには、たとえばその構造物の規模などの面で私たちに勝るものもある。南米のハキリアリの巣は地下六メートルに達し、八〇〇万匹の成虫（それに加えて二〇〇〜三〇〇万の卵や幼虫）が生活している（図1・3）。したがってこの一つのコロニーでは、人間社会最大の都市の人口と等しい数の個体が、一個の構造物のうちに住んでいることになる。コロニーは、絶えず供給される新鮮な草の葉によって維持されている。この葉はアリが直接食べるのでなく、嚙み砕いてパルプ状にされたものが、専用のキノコ畑を栽培する堆肥のように使われて、このキノコがコロニーの食糧になる。畑やコロニー内の廃棄物は地下にある巨大なサイロに捨てられる。(4)

地下通路や小部屋、居室や畑で構成されるこの巨大な構造物には換気が必要で、そのためのシステムも構造のうちに取り込まれている。掘り出された土が、地面では上に小塔を乗せ多数の入り口のある平

図 1・3 ハキリアリの巣。ハキリアリの一種（アッタ・レヴィガータ）のつくった巣房と通路に、9000 リットルの水に 6・7 トンのセメントを混入したものを注入した後に発掘。アルゼンチンにて（Martin Bollazzi）。

たい塚になっている。塚の表面を風が通るだけで、頂上部分では気圧が根元に比べて低くなる。これによって空気が塚の上部から流れ出て、縁の部分にある通路からは流入する。流れを誘発して巣を換気する仕組みは、飛行機の翼に浮力を与えている原理と同じだが、アリ塚の場合には、風の方向に関係なく圧力の差がつくり出される。なお、ハキリアリの建築に見られるあらゆる優れた能力の中でも巣の換気の仕組みに最も感心させられるかもしれないが、これと同じ原理はある種のシロアリの塚、齧歯類の穴、そして流水系の中で巣穴に住むある種の魚やマッド・シュリンプにも見ることができる［Mud shrimp と表記される節足動物には幅があるが、ここではスナモグリ。後出の**図2・1**参照］。どの例でも複数の出入り口が見られ、そのうち少なくとも一つでは、塚をつくって他の口よりも高くしてある。これらの種はどれもその近縁種に比べて賢いのだろうか。それとも換気システムの進化は比較的簡単なのだろうか。このことは第3章と第4章で取り上げる。

さてこうして、動物界のどこにつくり手がいるかわかってきたのだが、これらの動物が何のためにつくっているのかも少し考える必要があるだろう。圧倒的多数の動物は自分の棲家（すみか）をつくる。ここで棲家というのは安全な避難所、つまり極端な寒さ暑さという物理的危険や、捕食者による生物学的な危険からある程度守られる場所という一般的な感覚で言っている。巣、巣穴、繭などはどれもこの意味において棲家と言える。もちろん単に安全な場所というのを超えたものになることもある。私たち自身の家のように付加的な特徴、たとえば食糧倉とか廃棄物処理装置、さらに食糧の生産場所などを持つこともある。

動物がつくる構造物には、本質的にその他二種類の機能がある。罠とディスプレー（誇示）だ。つくる動物の数から見れば、これら二種類は棲家に比べてはるかに重要性が低いが、どちらも興味深い問題を提起しているので、それらについてはさらに深く論じたい。どのような動物がこうした構造物をつくるのだろうか。最も明らかな罠をつくる動物はクモだろう。晩夏に見る円形のクモの巣を思い出すかもしれないが、クモにはそれ以外にもたくさんの形状の罠がある。またクモ以外にも、罠をつくる動物がいる。構造物としてのディスプレーはあまり思いつかないかもしれないが、雄のニワシドリがつくる「バワー（あずまや）」のことはおそらく聞いたことがあるだろう。これは巣ではない。雄のニワシドリは巣づくりとは無関係だ。彼らがつくる構造物は単に雌を引き付けるためのものだ。このようなディスプレーをつくる動物は事実上ニワシドリだけで、その驚異的な念の入れようは私たち自身のことを何か教えてくれるかもしれないが、これについては最終章まで待つ必要がある。次章では、つくり手がつくったものが自分の住む世界を改造する例を見ていこう。

第2章

つくり手は世界を変える

「ウォンバット、宇宙から発見される」。これは一九八〇年に出版された *Remote Sensing of Environment*（『環境遠隔調査』）という雑誌に載った科学論文の題名だ。[1] 穴掘りで土壌が荒らされている様子を、四半世紀前の衛星画像でも宇宙から探し当てることができるという説明が続く。ミナミケバナウォンバットは体長一メートルくらいで、体重は三〇キロを下回るたくましい獣だ。強力な脚と強い爪を持ち、これで南オーストラリアの固く圧縮された砂漠の土壌に穴を掘る。一つの巣穴はそれほど複雑でも長くもない。長さ六〜八メートルのトンネルに普通は一箇所、ときには二箇所の開口部がある。しかし、ふつう巣穴は複数のものが集まり、入り組んでつくられているので、長さ八〇メートル以上のトンネルと二〇箇所以上の開口部になることもある。これによって、平地に高さ一メートルほどの明瞭な塚が生じる。個々の巣穴群は幅三〇メートル近くに達し、巣穴群が集合していることもある。その結果として、低木地帯に数百平方メートルから一キロ四方にもなる裸地がまだらに広がる地形が生じて、宇宙からでもすぐわかるようになる。この章では、つくり手が私たちには気づかれにくいいろんな方法で世界を変える様子を見ていく。

ついでながら、ウォンバットの穴の使用目的も考える価値がありそうだ。種によって穴の使い方が異なるからだ。もちろん極端な気候を和らげたり、捕食者に対する避難所の役割も果たしたりするが、ウォンバットは極端な動物で、極度な怠け者だ。そこで、生きていく上で安全な棲家(すみか)は重要な役割を果たす。この獣は夜行性と言えなくもないが、そう言い切ると多少語弊がある。ミナミケバナウォンバットの平均的な一日は二一時間以上を巣穴の中で過ごし、暗い間の二時間半以下の時間に穴の外で餌を取り、その間に平均二〇〇メートル移動して（オリンピック選手ならば二〇秒で走れる距離）再び地下に戻る。とてもエネルギーに富んだ生活とは言えず、ウォンバットにとっての問題はエネルギー、というよりむしろエネルギー不足である。彼らの食糧は草やスゲで、一年の大部分は消化しにくくて栄養価も低い。それに対するウォンバットの解決法は少しだけ、しかもゆっくりとしか動かないこと、そして巣穴のなかで過ごす時間を消化に充てることだ。

穴掘りのコストはどうなのだろうか。硬い土壌のことを考えると高くつくかもしれないが、それはウォンバットが一〇〇年以上前からそこにあった巣穴群を低コストでメンテナンスするよりも新たに巣穴を掘る方を選ぶかどうかによるだろう。ところで一〇〇年経つ巣穴があるのだろうか。そう、では一〇〇〇年ならばどうか。実のところ巣穴の実際の年代は私にはわからないし、それは誰にもわからない。しかしヨーロッパのアナグマのセット（sett）と呼ばれる巣については、数百年経ったものがある可能性が真剣に考えられている。[2]

英国のアナグマは、やや大きめの肉食獣にしては珍しいことに、おもにミミズを食う。ミミズが豊富な場所に住むアナグマは、セットの場所を変える必要がほとんどない。長年の間にセットは広がり、非常に大きくなることもある。イングランドで数年前に発掘されたものには複雑に枝分かれした八七九メートルの穴、五〇室、一七八個の出口があった。おそらくここにはいつもほんの少数のアナグマが住んでいるのだろう。ここで問題になるのは、ジョージ三世が一七七六年七月にアメリカの植民地を失った時、あるいは一〇六六年一〇月一四日にノルマンディー公ウィリアムがヘースティングスの戦いでイングランド王ハロルドを負かしてイングランドのノルマン王朝の道を開いたころに、この同じセットにアナグマが住んでいたかどうかということだ。

古い英語ではアナグマ（バッジャー［badger］）のことを「ブロック（brock）」と言った。今ではこの名前は、子供の物語に登場するアナグマのあだ名になっている。英国本土の簡単な道路地図を見ると、ケントのバッジャーズ・マウント、ウェストヨークシャーのブロックホールズなど、「バッジャー」あるいは「ブロック」で始まる地名を二五箇所以上見つけられると思う。こうしたことは科学以外の話題だけれども、景観にいつもアナグマの大きなセットがあったので、それが自然に農場や集落、そして村の呼び名につながったと想像するのが私は好きだ。いま現存する特定のセットにあるトンネルが一〇〇〇年前にもあったと言っているのではない。そうではないが、その場所がこの間ずっとアナグマに占拠されてきたこと、そのトンネル群のある部分は昔のレイアウトまで元をたどれること、そして私たちが今周辺に見ている景観にはアナグマとの長い関係を表す部分があることを示しているだろうと言いたいのだ。

人間における同様な例として、ノーフォークとサフォーク［イングランド東南部］の境界を流れる穏やかなウェイヴニー川のノーフォーク側の村であるブロックディッシュのセントピーター・アンド・セントポール教会を考えてみよう。この教会では一八七〇年代に大掛かりな改築が行われた。それは祭壇の後ろの壁を飾っている素晴らしいヴィクトリア朝のタイルにも見て取れる。しかしまた中世の部分、一三世紀の聖水盤（ミサに使用した容器を洗う）と一〇世紀の遺物であるサクソン時代の窓も残っている。この教会はそれ自体も変化を続けているが、地元の景観にも一〇〇〇年間、生態学的な影響を及ぼし続けてきた。村や周囲の土地の形状がその証人だ。もしもその地域にあるアナグマのセットのうちに同じくらい古いものがあるとすれば、それも小規模ではあっても何らかの歴史を、地域の生態系に刻んできただろう。イングランドのアナグマのセットには、長期にわたって何トンもの土が掘り出された証拠が実際見られるものもあり、そのように荒らされた土地には典型的な植生がある。ニワトコの茂みとイラクサだ。人間でもアナグマでも、つくる者は世界を変える。

いま自分の周囲の景観を見回すと、その生態系の大きな部分は人間の活動に支配されているが、私たちがこの惑星に出現したのはごく最近のことで、重要な生態系エンジニアとしての人間の歴史はたかが数万年に過ぎない。他の生物は私たちの数千万年前、いや数億年前から景観を変化させてきた。その物理的証拠を目撃することはできるだろうか。動物がつくる構造物には非常に壊れやすいものもあるが、長く続くものもある。例を挙げると、巣穴は穴が掘られた土壌とは異なるタイプの堆積物がそこに詰まると、化石化することもある。そのような「行動の化石」は生痕化石と呼ばれ、海底堆積物であった岩などによく見受けられる。

南アフリカで最近発掘された砂岩型鉱床に、陸生脊椎動物が掘った分岐したトンネルの化石が発見された(3)。保存状態が非常に良かったので、掘った動物が引っ掻いた跡まで見ることができた。トンネル幅の一番広い部分は約一五センチで、床の部分には中央の隆起部分の両側に溝があった。これはこのトンネルで二列通行が行われていたこと、つまり穴の居住者が社会的に生活していたことを示唆している。

このことは、トリアコドン属の小型哺乳類類似の爬虫類が約二〇匹住んでいた巣穴の一つから化石骨格が発見されたことによって、裏付けられた。山になった骨と穴を埋める堆積物は、突然の洪水に襲われて棲家が水没したときに全部一緒に溺れた可能性を示している。

これは古代の悲劇を表している興味深いスナップショットだが、こうした巣穴やその結果生じた痕跡は地域の生態を著しく変えたのだろうか。おそらくそれほどのことはなかったと思われるが、ここで表面上はささやかに見える環境変化について考えてみよう。その例は、ウエスタン・オーストラリア州キンバリー地域の突出した岩や洞穴の壁に見られる小さな泥の塊だ。左官仕事をするハチ（おそらくルリジガバチ）の巣の遺構である。先史時代の岩窟壁画と関係がなければ、さして見る価値もなかったものだが、壁画との関連から土の石英粒を光励起ルミネッセンス（OSL）法で測定して［OSLは、化石や土器が放射線にさらされて生じていた電子の量を、可視光や赤外光を照射して光に変えて計測する年代測定法で、五〇万年前まで測定可能という］、このハチの巣の年代を定めることができた。そして泥の巣の年齢が、一万七〇〇〇年になるという結果が得られた。(4) 小さなジガバチの巣のような、一見どうということもないものの耐久性としては例外的なものだったが、ここで問題にしたいのは、こうした泥の塊が本当に地域生態系を変えるかどうかということだ。私にはよくわからないが、泥の塊でも生態系に変化をもたらすものがあることは知っている。合衆国の橋脚下の壁に見られるドロバチの巣は、垂直なコンクリートにしっかり付着しているので、ツバメやツキヒメハエトリ［スズメ目］が自分の巣をつくるときに、それを土台に利用する。それは現代が及ぼしている効果に過ぎないというのであれば、ガーナのハゲチメドリの重さ二キロの泥の巣はどうだろうか。これは岩壁につくられる泥の巣のうちでは最も重いもので、難しい壁面への巣の固定をドロバチの巣の残骸が助けてくれるような場所に、好んでつくられている。

アナグマのセットやドロバチの巣のこうした例は、環境につくられた構造物の驚異的な耐久性を表しているが、つくり手が景観を実際に変える仕方を示している最善の例ではない。合衆国のワシントン州とカリフォルニア州には高さ約〇・八メートル、幅一五メートルほどの低い塚が規則的な間隔で並んでいる草地がある。かつては凍結や冷却の繰り返しのような物理的な力の産物と考えられていたが、今ではホリネズミのような穴を掘る齧歯類によってつくり出されたことが明らかになっている。ホリネズミは地上では巣穴の周囲に自分のテリトリーを守る。地下では、近隣で穴を掘る仲間の振動に耳を傾けてトンネルの間隔を保つ。そこでホリネズミの分布は等間隔になる。このことと、トンネル内から廃棄物が掘り出されることによって、長年の間に等間隔の塚が景観に生じてきた。

そのような景観がつくり出されるまでに要した時間はよくわからないが、こうしたことはアルゼンチンの平原や砂漠の低木地帯でも見られ、この場合にはツコツコのような齧歯類の穴掘り活動によってつくり出されている。動物によってつくり出されたこのタイプの景観にはミーマ・プレーリー（mima prairie）という独自の名称が与えられている。南アフリカでも規則的な間隔で分布する塚という同様な現象が見られる。この塚にはコツメデバネズミとシュウカクシロアリが住んでいる。塚は高さ平均二メートル、幅二八メートルになる。齧歯類のコロニーもシロアリのコロニーも、近隣に住む仲間とは競い合うのだが、同じ塚の中の仲間は互いを容認するのでこのような塚が生じてくる。ある研究では、塚の中心の物質の年代を放射性炭素で測定したところ、つくられてから四〇〇〇〜五〇〇〇年という結果が得られた。個々の塚は、人間が住む多くの都市の中心部がそうであるのと同じように、それ自身の古い過去の上に築かれた生きた遺跡なのだ。

小さな生物であっても、その影響がこの程度の時間尺度で景観を変えているのは印象的といえるだろう。アフリカ南部のボツワナでは約五〇メートル間隔で平行に走る溝が高さ約二メートルの隆起部分で分けられた規則的な畝の地形が見られる。地上で見てもそれほどのことはないが、空中から見ると畝が最高一キロほど続いているのを見ることができる。この地形はミーマ・プレーリーの塚と比べると規模は違うが、現在の解釈によるとそれはオドントテルメス属［タイワンシロアリと同属］のシロアリによってつくられたものだという。

生息環境によって変化がもたらされる現象は生態系工学、それに関係する生物は生態系エンジニアと呼ばれる。この言葉を使うことについてはいくらか問題があり、そのことも知っておいた方がいいだろう。樹木が木陰をつくって土地の水分や養分の利用を変えるように、どんな生物もある程度は景観を変えるのだと論ずる向きもあるが、この本の立場からは、これは無視することにする。ここでの関心は生態系工学の限定された側面、つまり動物が《その構築行動を通して》物理的に環境を変える方法という点にある。これらの効果だけでも、生態系工学を十分に研究価値のあるものにしている。

私たちは再びダーウィンに借りがあることを認めるべきだ。いや、進化への洞察にまたしても賛辞を呈しようというのではない。いま言うのは一八八一年にダーウィンが死ぬ少し前に出版した『ミミズと土』という本のことだ。この本は、穴掘りをするあのミミズの生態系工学に関する初期の研究と考えることができる。四〇年間隠棲しケント州のダウンハウスで、ダーウィンはあらゆる種類の生物現象を観察したり、また実験もやった。ランの受粉、食虫植物、そして特に晩年にはミミズの穴掘りだ。

ミミズは消化管に土を通過させ、そこから養分を得てから、歯磨き粉のチューブを絞るようにして糞を地表に排泄する。ゴルフ場の芝生管理者にとっては悩みの種になっている。ダーウィンはある期間にわたって特定の区域で、このミミズの糞を集めた。計算をやってみて、年間一平方メートルあたり四・六キログラムという印象的な数字を得た。これだけの量の土の動きが長期間続けば、事実上考古学的な遺産も埋められるだろうと彼は推定した。これは決して机上の空論ではなかった。息子ホレースの力を借りて、ミミズが大きな石の下を掘り、その糞で石が埋まってしまう速さを確かめる実験を行った。あるときサリー州の農地でローマ時代の別荘の発掘に参加したダーウィンは、考古学者が構造物を掘り出すのと同じようにミミズも小規模ながら同じようなことをしながら、再度それを糞で覆ってしまうことに気づいた。引き続いて七週間の間にアトリウム［ローマ様式の広間］の床の上で見つけた糞の数から彼はその下にいるミミズの数を推定して、発掘中に発見されたローマ時代のコインを元にして、この遺跡が放置されてからの一五〇〇年間に埋まった深さが、単にミミズの活動の結果である可能性も算出した。これはフィールド生態学研究の注目すべき先駆例だ。そしてまたつくり手が、この場合ひそやかにであるが、どの程度まで世界を変えたかを見ることのできるもう一つの例でもある。しかし、つくり手が時間と空間のなかで世界を変えてきた方法について本章でこれまで取りあげた証拠は、重要な一つの目的をまだ果たしていない。それは建築家が変えた環境が自身ばかりでなく、その他多くの種にとってどれだけ世界を変えたかということだ。そのような重要な効果をこれから探る必要がある。

潮が引いた砂浜を歩くとき、あなたもダーウィンが発見したミミズの糞と同じようなものを目にするかもしれない。多くの虫を始めとしてその他多くの生物が、海底の泥状堆積物の中に穴を掘って潜り込む。こうした虫の個体密度は非常に高いこともある。捕食性の多毛類虫であるゴカイの一種、ネレイス・ディヴェルシコラは一平方メートルあたり五〇〇〇匹、近縁種でミミズと同じようにして養分を取る別のゴカイであるタマシキゴカイの一種アレニコラ・マリナは五〇匹と算出されている。それゆえこうした海洋性の穴居動物もミミズのように堆積物を動かすけれども、そのやり方は種によって違いがある。食物粒子を得るために水を濾過(ろか)するマッド・シュリンプのうちアナジャコの一種ウポゲビア・ステラータは深さ三〇センチほどの穴を掘り、泥を表面に運ぶ。別のマッド・シュリンプであるスナモグリの一種カリアナッサ・スブテラネアは深さ九〇センチまで掘る。他の穴居性動物は逆の方向に堆積物を動かす。たとえばマクスミューレリア・ランケステリ〔ボネリムシ等に近縁のユムシ綱(こう)の虫〕は穴から身を乗り出して、届く範囲にある表層の新しい堆積物を取って食べる。腸を通過した堆積物は約八〇センチの深さに廃棄される。ダーウィンを真似た研究で、自然界に生息するスナモグリの穴の密度と、そして水槽内で穴を掘る量から算出したところ、一年間に一平方メートル当たり乾燥重量で一五・五キログラムの泥を海底面に運ぶらしいことがわかった。通りかかるスキューバダイバーが見ると海洋の泥は一見不活発だが、少なくとも最上層の一メートルは変化し続けている動的な生態系なのだ。

海洋の泥に住む生物が高密度であることは、それが養分豊かな食糧源であることの現れだ。この泥には酸素がいちじるしく不足しており、有機物を分解しこうして養分を放出させるのには酸素が必要なことを考えると、これは不思議なことだ。ヨーロッパの泥炭湿原から数百人の死体が収容されて、中には一万年前のものも含まれているという事件があった。結局これは浸水した堆積物に酸素が欠乏していたことが理由で、ある死体(二〇〇〇年前のデンマークのトーロン・マン〔一九五〇年に発見〕)などは保存状態が非常に良かったので、彼の殺人事件を捜査するために地元の警察が呼ばれた。かき回されることがない海底の泥の中では、大部分の有機物分解に関わる好気性（酸素を必要とする）細菌が繁栄できるのはわずか一〜六ミリメートルの深さに過ぎないことが証明されている。しかし泥はかき回されている。穴居性甲殻類や虫や二枚貝が侵入して泥を再分配する。彼らの活動によって泥の環境が変わるのだ。

ゴカイは自分の体を収縮させて水を通過させ、自分の鰓(えら)ばかりでなしに、ついでに好気性の細菌にも溶解した酸素を送って、活発に自分の穴を換気する。スナモグリのカリアナッサ・トルンカータは体長がわずか二センチの生物で、深さ五〇センチに達する小部屋とトンネルが複雑に配置された構造の中に住んでいる。泥の表面では、穴の開いた塚の横に一、二個の漏斗(ろうと)型の窪みしか見ることができない（図2・1）。これはプレーリードッグの巣穴の換気システムの海洋版だ。流動体はこの場合は水であり、これがトンネルでつながっていて高低差のある二つの開口部の上を通ると、圧力の差が生じて水は塚の上部から引き出され、漏斗を通して引き込まれる。この巣穴システムは誘導された流れによって受動的に換気されて、酸素を豊富に含む水が泥の奥深くまで到達する。(5) 海洋の泥はミネラルは豊富だが、エネルギーや養分の放出をもたらすのは、穴居性動物が生息環境を変える力によるものだ。このことは、泥性堆積物に住むゴカイの密度について非常に重要なことを教えてくれる。ゴカイ自身の活動からして、それは当然高密度であるべきなのだ。ゴカイは酸素を豊富に含んだ水で堆積物を換気する。それによって好酸素の細菌が有機堆積物を分解して養分が放出される。細菌集団が栄え、それが原生動物、ケイ藻、線虫などの食物連鎖を支えてゴカイが食う泥の養分を豊富にする。

これらの例は穴居性動物が新たな複雑さ（彼らの巣穴）を泥に取り入れることによって、生産性が高まることを表している。しかし彼らはまた確かに、それ以上のレベルの構造的な複雑さ――他種生物のための微小生息域（ニッチ）――をも、環境に導入しているに違いない。穴居性動物、あるいはどのような動物のつくり手についてもだが、それらが環境生態系工学を通して生物の多様性を促進できるという証拠があるのだろうか。

サンドタイルフィッシュ［スズキ目キツネアマダイ科の一種］はコロンビアのカリブ海沿岸のサンゴ礁の内部や、その沖合いの特徴のない砂地に見ることができる。礁には豊かで多様性のある生物種が見られるが、砂地の生息環境では海洋生物は非常に限られている。しかしそれでも、この一種類の魚のおかげでかなり増加している。(6) ふつう一匹の雄のタイルフィッシュは、それぞれ雌のハーレムと巣穴を共にする。そして雄はテリトリーを持っているので、巣穴はかなり均等に分布している。しかし今の話は、巣穴自体が生物多様性に影響をもたらすということではない。タイルフィッシュはそれぞれの巣穴の上に数千個のサンゴの破片、石、貝殻などを積み上げる。それは直径一・五メートル、高さ二五センチにも及ぶ。

タイルフィッシュにとってそれがどのような役割を果たしているのかは明らかでない（嵐の時に巣を守るのか、性的宣伝か?）。しかしこの塚を調べたところ、草食性、肉食性、屑食いなど、多様な生態をもつ三二種類の魚がそこで生きていることが明らかになった。成魚は他所に住んでいて、幼魚だけがこの塚にいる魚もある。この魚の場合には、がらくたの山が育児所の役割を果たしている。塚に見られる種の多様性は、もちろん魚に限られておらず、海洋性の蠕虫（ぜんちゅう）類や巻貝、ウニやクモヒトデ、種々のカニその他の甲殻類など、多様な無脊椎動物の種も見出された。ここには、動物がつくった構造物が生息環境

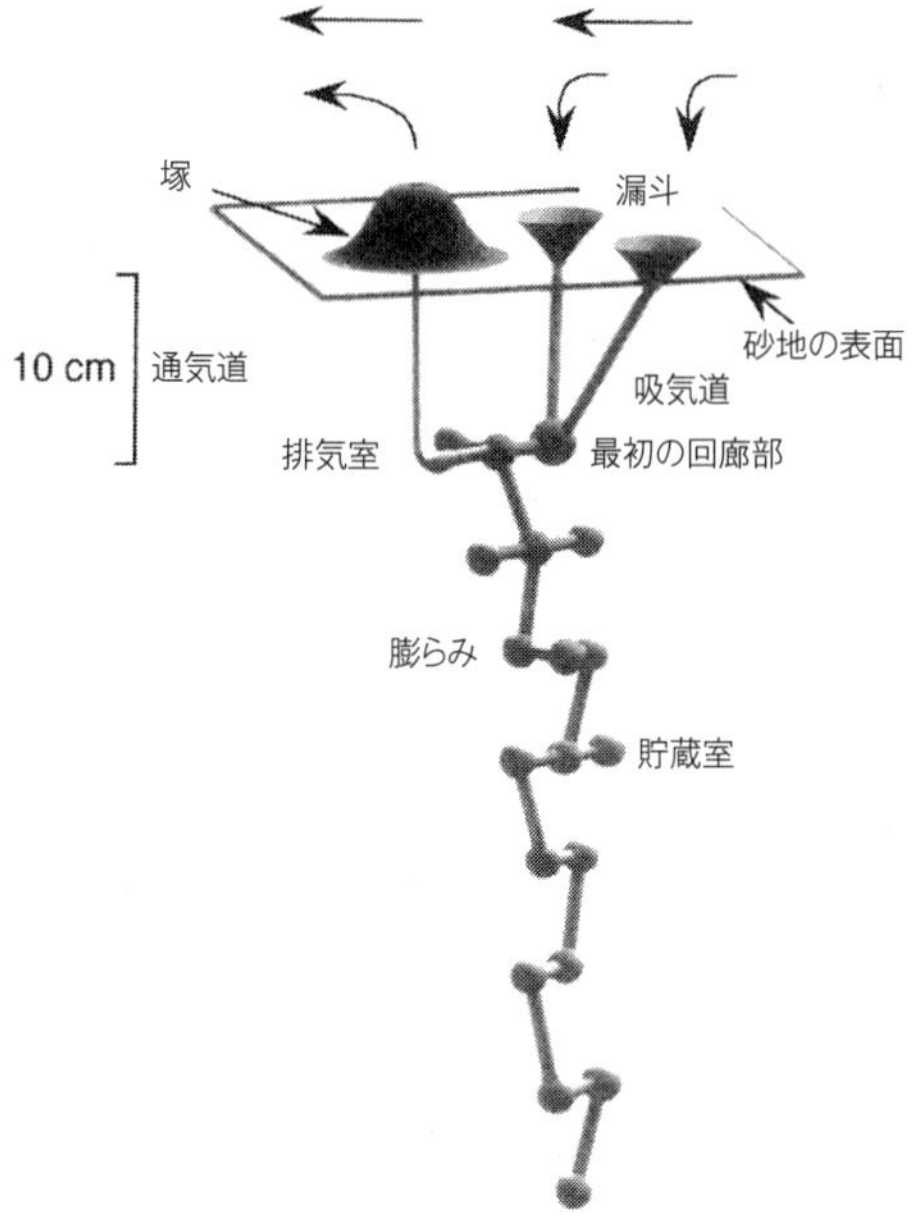

図2・1 スナモグリの巣穴。「塚」と「漏斗」型の開口部によって水の流れが巣穴の中へと誘導される。これによって堆積物に深く掘られたトンネルが換気される(Macmillan Publishers Ltdの許可を得て引用。Nature, W. Ziebis, S. Forster, M. Huettel, B. B. Jørgensen, Complex burrows of the mud shrimp *Callianassa truncata* and their geochemical impact in the sea bed. Nature 382 Aug. 15, 619-22. Figure 2 1996 ©2007)。

に変化をもたらすばかりでなく、新たなニッチをつくり出した構築者が他の動物の参入を促している例が見られる。さらにこれに複雑さが加わって、捕食性の魚などの種がさらに集まり、他の移住種を食うようなこともあるだろう。

この話に深入りしすぎるところだった。厳密に言うと、私は生息環境の複雑さと種の多様性の関連にもとづいた主張をしているのだ。私は科学者として、実験的に操作された生息環境と手を加えない対照区の多様性を比較する実験の結果を示してみせたいのだ。そのような実験が一つある。非常に簡潔で、装置も単純で、その気になれば自分でも試してみることができる。ペーパークリップが数個あればいい。これは、葉を折ったり巻いたりすることがその場所の生物多様性に与える影響を調べる実験だ。隠れ家をつくるためにそのようなことをする昆虫やクモが何種類かいる。そうした一つとして、小さなメイガ科のガ、アクロバシア・ベトゥレラの幼虫がいる。この幼虫はカバノキの葉を巻いて、葉を食べていないときには、それを隠れ家にする。この巻いた葉を調べたところ、二匹以上の幼虫が住んでいることもあり、それは必ずしも同じ成長段階のものではなかった。これはある幼虫がつくった隠れ家を別の幼虫が便乗して利用している可能性を示している。巻いた葉を、他種の幼虫が利用することもある。これは巻いた葉がその場所の生物多様性を促進することを示唆する証拠になる。それを実験で確かめてみよう。

ハコヤナギの枝で多様性を比較したある実験では、何枚かの葉を巻いてクリップで留めたものと、手を加えない対照の枝が比較された。(7) このようにして簡単に葉を巻いた「実験区」の枝には「対照区」の七倍の昆虫が集まったばかりでなく、なんと四倍も種の多様性が生じた。巻いた葉の利用者の多くは、葉を食べる虫でなくて捕食者だった。葉の代わりに巻いた紙を使った補足的な実験では、巻いた紙が葉を食べる虫にとっても隠れ家として魅力を持つことがわかった。

タイルフィッシュの塚と幼虫の巻いた葉という事例は、比較的外部にさらされた生息環境に避難所が点在する場所で種の多様性が高まりやすいことを明らかにしている。ミーマ・プレーリーのジリスの塚にも同じ効果があるのかもしれないが、さらに注意深く観察すると、さもなければかなり均一な環境にまだら状の部分がつくり出されたとき、それが種の多様性の機会をつくり出すことについて、あまり知られていないいろんな方法が明らかになる。

ミーマ・プレーリーに住む齧歯類の活動は塚を中心にしている。彼らは塚に出入りして、掘ったばかりの土を捨てる。このような絶え間ない行動のせいで、たいていの植物は生育が続かない。しかしこの中央の裸地部分の外縁には、微妙に異なる植生の帯が同心円状に広がる。最初の地帯は、掘りたての土と塚の住人の排泄物から出てくる養分で肥沃になり、植物が青々と育っている。その外側では栄養レベルが下がり、そして力強く育つ隣の植物の陰になって、植物の生育が悪くなる。この地帯を越えると光が当たりやすくなり、植物の勢いは部分的に回復する。これらの連続した帯は植物の繁り方の違いだけでなく、植物の違い、つまり異なる条件を好む異なる種の帯にもなっている。これによって草食性昆虫や、そして捕食性の昆虫やクモなどの異なる社会が生じる。実際にはミーマ・プレーリーの点在するシステムはある程度動的なので、多様性への影響はさらに大きくなる。その地域の齧歯類の集団が衰えてきて塚の住人が死んでも、代わりの個体がすぐに入居するとは限らない。塚の中央の裸地に進出する先駆植物が現れる機会も生じる。そのような場所は小さいから、特殊化しているある植物種が、すべてのライバルを打ち負かしそうだと考えるかもしれない。しかしそのような可能性は低い。土地が狭いことから、最初に生えた植物が生長して、遅れてきたものを締め出してしまう。偶然数種類の異なる種子が異なる裸地に最初に到着して、多様性が促進される。

つくり手が生息環境を複雑化するにつれて生物多様性が促進される証拠は有力だが、動物のつくり手が生息場所を破壊し、種の多様性を減少させることは考えられないだろうか。私たちが注目してきた草原や海底堆積物の場合とは異なり、すでに高度の多様性が見られる場所では、そのような可能性も高い。そうした例の一つを、ビーバーが住む森林と川に見ることができる。ビーバーが生物多様性を減少させるという確かな証拠もいくらかある。ビーバーは落葉樹や広葉樹を食べるが、食い尽くしてしまって針葉樹が犠牲になることもある。ビーバーが川やダムをせき止めて魚の産卵場所を破壊したり移動水路を妨害したりすることもある。しかし他方では多様性を促進させるような変化ももたらす。彼らが木を切り倒すことによって花を咲かせる植物が繁茂する空き地がつくり出され、新たな種類の鳥を引き寄せる昆虫がやって来ることもある。ダムに溜まった静水はプランクトン様の甲殻類やカの幼虫の生息地になる。その結果として、プランクトンを食べるコガモのようなカモ類が利益を得る事もある。冬になるとカの成虫はビーバーの小屋の中に避難して、小屋の主の血を吸うことができる。ビーバーによる生態系工学の正味の影響は、おそらく生物多様性を促進しているのだろう。

このようにつくり手は他種の生物を引きつけて利益を与えるが、他種生物の方は、自分が必要とする環境を与えてくれるつくり手にどの程度頼っているのだろうか。この問いは、明らかに環境の保持ということに関して意味をもっている。もしも多くの種の生息環境がつくり手に完全に依存するものであれば、生息地からつくり手がいなくなった場合には生物多様性が激減することになる。またつくり手と無断居住者の間にはどのような関係があるのだろうか。建築家が利益を得る事はあるのか、あるいは単なる中立的な関係なのだろうか。無断居住者のうちには、自分の宿主から搾取したり害を与えるものもあるのだろうか。

こうした数々の問題に答える前に、まずゴカイ類の一種であるフィロケトプテルス・ソシアリスという海洋性の蠕虫がつくる管をめぐる種の多様性のことを考えてみよう。この虫は「ソシアリス（社会性、*socialis*）」という種小名が示す通り寄り集まって暮らすので、均一な泥状の基質の上に管が絡み合って盛り上がった構造をつくる。この管の集合体に関係している体長一ミリメートル以上の全生物を調べてみたところ、六八種の生物が観察された。その大部分は甲殻類と軟体動物だが、しかしその大部分は領域内の他の生息環境にも見ることができた。管をつくっている蠕虫との関係は特殊なものでなく、たまたまそこにいる程度のものだった。私たちがはっきりさせてきたように、つくり手たちは多くのものが隠れ家をつくる。ハマキガ、ホリネズミ、サンドタイルフィッシュなどもその例だった。最も簡単な形の隠れ家は、その生物と危険な外界を遮るただの障壁だ。それは一般に、何も特殊化していない微小生息域であり、建築しない多くの生物もそれを利用できるが、彼らはそれに代わるものを別の場所で見つけることもできる。

しかし中には、特定のつくり手がつくった隠れ家に対して依存度の高い動物種もいる。中国やチベットの大草原地帯に生息する二種のユキスズメは営巣地として、ウサギと近縁のナキウサギの巣穴に依存する。哺乳類の巣穴に巣をつくる鳥の例としては、いわゆるアナホリフクロウの方が有名だろう。和名でも英語名でも「穴掘り（burrowing）」というにもかかわらず、自分ではそれほど穴を掘らず、哺乳類の巣穴に依存している。合衆国の草地、たとえばオクラホマではオグロプレーリードッグの広く散在する巣穴に対する依存度が高い。オグロプレーリードッグは合衆国のモンタナ州からメキシコまで各地で見られるが、アナホリフクロウは南米の草原やサバンナでも見られる。アルゼンチンでは、数百平方メートルに及ぶ土地に最高四〇個も入り口を持つ複雑なトンネルを掘る口髭（くちひげ）の齧歯類、ビスカーチャと一緒に巣づくりをしているところが見られる。ビスカーチャのトンネルは現地では「ビスカケラス」として知られており、なかには数百年を経たものもあるらしい。

哺乳類の巣穴を利用する鳥は他にもいて、その穴の中に自分の家を掘る鳥もいる。ナイジェリアとタンザニアの草原地域ではクロアリヒタキが、ツチブタの巣穴の中に営巣する。ツチブタは七〇キログラム以上になることもある大きな哺乳類で、強力な爪がある。これは穴掘りばかりでなく、餌にするシロアリの塚を壊すためにも用いられる。四〇グラムにすぎないクロアリヒタキは、自分の巣をツチブタに偶然破壊されてしまわないように、トンネルの天井に巣の窪みを掘る。これと全く同じ解決策に到達したのが南米のジカマドドリ（地竈鳥）だ。この鳥は巣をつくるためにトンネルを掘るが、それを掘る場所の一つとしてビスカーチャのトンネルの中を選ぶ。これらの種の鳥は、営巣地として哺乳類の巣穴に完全に依存しているわけでないが、他の生物はあまり利用できないこの保護場所を巣として利用することで、その範囲が広がっていることは考えられるだろう。鳥が巣のために掘る窪みは、他の生物にも生息地を提供することは言うまでもない。ジカマドドリがビスカーチャの穴に掘った窪みは、時折アイイロツバメに引き継がれることもある。このツバメはいろんな窪みを利用する便乗家の鳥として後ほど再び登場する。動物の構造物でもそれほど役に立つと思えないもの、例えばクモの網を利用する鳥もいる。

これには少し説明が必要だ。

一般にクモは単独で生活する。たいていの種が捕食の対象となり、機会があれば共食いもする。しかし、生物学に例外のない法則はほとんどない。クモの中には、大部分は熱帯のものだが、枝の間に垂れた絹糸のシートで囲まれた複雑な空間の中に数百あるいは数千のコロニーをなして生活するものがいる。この構造物は大きい。アフリカのクサグモの一種である社会的クモ、アゲラナ・コンソシアータは横幅最大三メートルのものを包めるシート状の絹糸の塊を織る。鳥の巣は言うまでもなく、人間を二人包み込めるほどの大きさだ。アフリカでは三種類のタイヨウチョウ（新世界の、つまり南北アメリカのハチドリに外見や習慣が似ている）が、そのようなクモの網の複合体の中に営巣することが記録されている。これとは別種で、コハイイロヒタキ［小灰色鶲（ひたき）］でも同じことが知られている。南米ではオウギタイランチョウ［「タイラン」は科名 *Tyrannidae* をそのまま読んだもの］も社会的クモの網を利用するようだ。少し漠然とした言い方のようだが、これは現在私たちに可能な説明の曖昧（あいまい）さを反映している。社会的クモの網の中にあるものをもっと研究すれば、そこに巣をかける鳥の種類やその他の無断居住者の種類も増えるだろう。鳥はそれによって何を得るだろうか。鳥類や哺乳類のうちでは、クモを怖がるのは、私には人間くらいしか思いつかない。また社会的クモの方も、鳥の雛の捕食者であるヘビやネズミに対してそれほど脅威を及ぼすとは思えない。しかしこのクモの網の複合体は確かに鳥の巣を隠すし、捕食性の小型脊椎動物でも、顔にクモの巣が張り付くのには閉口するだろう。

生息場所が鳥の営巣地として利用されるもう一つの社会的無脊椎動物としてシロアリがある。この場合には、主として関係する鳥であるオウムとカワセミに関して、より多くの確かな証拠がそろっている。

全世界で、熱帯草原地域の周辺には塚をつくるシロアリが住んでいる。なかでもアフリカのマクロテルメス種のものとオーストラリアのアミテルメス種のものが良く知られている。これらのシロアリの塚は最も背の高い人間と同じくらい、約二メートルに容易に達し、六〜七メートルに達するものもあり、英国人にお馴染みの測定単位である二階建てバスのルートマスター（引退が惜しまれる）の高さ四・四メートルよりもかなり高い。シロアリの巣の材料は主として土を糞のセメントで固めた硬い混合物だ。アジア、アフリカ、新世界の熱帯林には木の中につくられた小型で球形のシロアリの巣もある。これらはどれも、いろんな鳥の営巣地になる可能性がある。鳥はアリの巣の外壁をつついて壊し、内部を小部屋に区分けている柔らかな材質に窪みをつくる。少なくとも七〇種の鳥がこのような行動を見せ、オウムはかじり、カワセミはのみで彫るようにして穴を開けることが知られている。

同居者の仕業をつくり手側から見た場合、トンネルの天井に窪みを掘ったクロアリヒタキの巣はツチブタに大した不利益をもたらさず、ジカマドドリもビスカーチャにとって不都合なことはないようだ。つくり手と同居者の関係が互いに利益をもたらすこともある。ハゼの仲間の少なくとも二九種は、巣穴を掘る一三種類のテッポウエビの仲間と共同生活することが知られている。一つの巣穴に魚が一匹、エビが一匹住んでいる。魚はほとんど穴掘りを手伝わないまま、安全な避難所を手に入れる。また、エビに外部寄生虫を取って身づくろいをしてもらうこともある。もちろんエビは身づくろいをしてやることによって少しばかり食物を得ることができるが、それよりもとりわけ、長い触角を使って、接近する危険の情報が魚から得られる。ハゼの中には特徴的な鰭(ひれ)の運動で警戒信号を送るものがいる。

相互利益の例としてさらに説得力があるのはつくり手と同居動物の関係でなく、つくり手と菌の関係だ。この場合もつくり手はシロアリだ。アフリカのサバンナに住むマクロテルメス種のシロアリは、硬い草を自分の小さな腸で消化するという問題を菌類に委託して解決している。この菌はシロアリキノコ（テルミトミセス）属のもので、シロアリとの間に特別な関係を発達させた。シロアリは塚の特別な栽培室で菌類を栽培する。もちろん菌はシロアリに広めてもらうことで利益を得る。新しいコロニーをつくる女王アリは、新たに菌の栽培を始めるための胞子を腸に詰めて塚を出ていく。

自然史には各種の生物に独自に生じた問題に対して、良い解決例があちこちに散見される。それにしても、昆虫が菌類を栽培するありそうもない習慣にも同じ事が言えるのは満足のいくことだ。シロアリだけでなく遠縁のアリにも、こうしたことは見られる。新世界のハキリアリ（アッタ属とヒメハキリアリ属）の場合だ。これらのアリは新鮮な青葉を切り取って地下のキノコ畑の堆肥にする。シロアリの場合と同様に、菌類自体も昆虫と特殊な関係をつくり出しているが、菌の種類は異なる。ハキリアリのコロニーで栽培される菌は、シロアリキノコとは近縁関係のないキツネノカラカサ科という別の科に属する。

ハキリアリの消化の問題は、厳密に言うとシロアリの場合とかなり違っている。ヨーロッパや北米の大部分を占めている温暖な地域の森林の木は、秋に落葉して葉を食う昆虫を一掃できる。翌春になると昆虫はまた最初からやり直さなければならない。湿潤な熱帯地方の樹木は、一年を通じて青い葉をつけているので、葉を食う生物の被害を抑えるための化学的な防御策を編み出した。熱帯林の青々とした植生は見たところ魅力的だが、概して毒素に富んでいる。菌はこうした毒素を分解して繁栄し、アリは菌を食べて繁殖する。巣のつくり手と同居者のこのような関係は、建築された構造とそこに加わってくる者の関係というよりも、二生物間の直接の関係である。ハキリアリの大きな巣を都市国家と考えて、アリはそこから周囲の森林やサバンナに流出して、菌の養分になる木の葉を収穫してくると考えてもいいのかもしれない。このアリたちが地域生態系に与える影響は大きい。ある熱帯林では、アッタ種だけで植物の約一五パーセントを消費すると見積もられている。

社会性昆虫の大きなコロニーが生態系に及ぼす影響、そして支配的な力を直接見ることのできる場所の一つとして、オーストラリア、クイーンズランドのケープヨーク半島各地とノーザンテリトリーがある。ここでは「磁石」シロアリの塚が等間隔で立っている。平らな外形は巨人の墓場の墓石のように同じ向きに並び、乾期には黄金色の草地に長い影を落とし、雨季になると浅い沼湖に高さ三メートルの輪郭を映す（図2・2）。塚の平らな面は東と西、したがって長軸が北南に向いていることから「磁石」と呼ばれる。塚の極めて特異なこのような方向性は、温度調節のためであることが三〇年以上前に証明されている。平らな東向きの面は昇る太陽、西向きは沈む太陽によって温められる。直立した厚板は頂上が細くぎざぎざになっているので、日中の暑さの中でも日光の当たる面積が小さい。これによって巣の温度は確実に好都合な摂氏三三度から三四度に急速に上がり、夜になるまでほとんど変わらずに保たれる。夜になるとシロアリは塚から出て、乾燥した草を集めて塚の中の小部屋に貯蔵する。それは乾季に利用できるし、そしてそれぞれの塚が人工的な島のような状態になる雨季にも用いられる。

私も、そして私のような多くの人も、これは機能的なデザインの物語として学生向けに話してなるほどと思わせるし、便利なものであると長年考えてきたが、今になるとそれは真実でない、あるいは必ずしも全部が真実でないかもしれないように見える。オーストラリアに生息するアミテルメスの他の種やアフリカのマクロテルメスの種も高い塚をつくるが、それらはどれもが丸味を帯びた形で、磁石シロア

図2·2　磁石シロアリの巣。磁石シロアリの塚がオーストラリアの草原にそびえ立つ。平らになった面が夕日を捕らえている（Martin Harvey/NHPA）。

リがつくる著しく平たい形ではない。磁石シロアリの家の最も顕著な特徴は、季節的に洪水にさらされる点だ。塚の扁平な形が容積に対する表面積を広げて、雨の後で貯蔵した草を素早く乾かす手段になるのではないかという可能性を、現在研究者たちは探っている。日没後に温度が急速に下がる平らな形は温度調節には理想的でないかもしれないが、雨季に貯蔵食糧を乾かしておくには最善のデザインなのかもしれない。

磁石シロアリがアリ塚という大都市から田舎まで出向いて食糧を漁ってくることは、住人にとって時間でもエネルギー消費でもコストを伴う。集める食糧源から距離が離れてしまうほど正味の利益は低減するので、塚は近くにある方が差し引き正味の利益が大きくなる可能性が高いだろう。何十年、あるいは何百年かもしれないが、これらの都市［個々のアリ塚］は戦争でなく経済にもとづいて、その土地に配置されてきた。コロニーのうちには死滅するものもあり、彼らの塔は崩れ落ちて地形の中に消えていく。シロアリの若い女王と王が偶然未開拓の土地に着地する。彼らは新しい塚の中で新しいコロニーを育て、コロニーの成長がその地域の主導権を象徴するものとなる。等間隔に配置された都市が、次第に地形に定着してくる。これはシロアリがつくり出した一つの世界だ。空想小説のオープニングのような感じがするかもしれないが、あのノーザンテリトリーやクイーンズランドの生息地の生態を公平に記述したものにはなっている。雨の後で新たに成長する植物に取り込まれた太陽のエネルギーは、シロアリを通して構築物や新世代のシロアリとして再現される。その構築物やシロアリが、次に他の生物が生息したり捕食したりする場所、別の生物が狩りをする場所を提供する。シロアリはその土地に継続と安定をもたらす。塚の中で彼らは日々の温度サイクルの山や谷を和らげ、雨後の短期間に爆発的に成長が起きる生息環境の中で、年間を通して常に食料を入手できる状態を確保してきた。

社会性昆虫が形づくった生息環境は、いつごろからあったのだろうか。アリの場合にはいくらかの証拠が化石に残されている。社会性昆虫のコロニーでは、個体はそれぞれ異なる仕事を持っている。ミツバチのコロニーには一匹の女王と数千匹の働きバチがいるが、実のところこれはすべて雌である。「怠け者（drone）」と呼ばれることもある雄も周期的に出現する。これら三つのカーストである女王と働きバチと雄は、外見がそれぞれ違う。アリの場合にはカーストの違いはいっそうはっきりしており、カーストの数が多いこともしばしばある。「働き」アリはさらに食料探し、巣の世話、大小の兵隊アリとして身体のつくりでも区別できることがある。したがって化石記録に、どのような種類にせよ働きアリが残されていれば、それは他の働きアリといっしょに女王に仕えていたことを示している。問題はアリの化石をどこで見つけるかということだ。その答えはあなたの首にぶら下がっているかもしれない。

琥珀（こはく）の宝石飾りが好きな人であれば、一億年前に樹幹を流れ落ちていた黄金色の樹液に閉じ込められた植物の小片とか、ときには丸ごとの昆虫もいるかもしれず、完全な細部まで保存された状態で埋め込まれて保存されている、そうしたものの魅力は理解できるだろう。世界中で過去の様々な時代のいろんなものが琥珀に封じ込められていて、ニュージャージー州で発見された恐竜が生息した白亜紀中期の琥珀の働きアリは、社会性のアリが少なくとも一億年前に存在したこと、したがってその巣も存在したことをも裏付けている。シロアリの場合には、その二倍の年数でもそれを証明する巣の化石がある。南アフリカとジンバブエの国境にある砂岩の柱は、約一億八〇〇〇万年前のジュラ紀初期のシロアリ塚の名残であることが証明されているのだ。[8] 保存された構造物を見ると、それが約三メートルに達する複雑な構造だったことがわかる。これらの構造物がつくられる以前から、シロアリがいたことは明らかだ。実際に、これよりは単純なものだが、二億年前の三畳紀後期のシロアリの巣の化石もある。社会性昆虫がこしらえた構造物を通してつくり出された生息環境に、他種の生物が適応できるまでには長い進化の時間が掛かったことだろう。

何百万年も経ながら、社会性昆虫が地形にもたらす影響は拡大してきただろう。今の熱帯の生息環境では、アリやシロアリが動物の中でも支配的ということができる。アマゾンの雨林には、アリとシロアリを合わせたものは動物の全生物量、つまり脊椎動物も無脊椎動物も合わせたすべての動物重量の約三分の一を占めると推定される地域もある。重さ一四〇キログラムのジャガーと釣り合うアリの数が三〇〇〇万匹と考えると、大変な数のアリやシロアリだ。

社会性昆虫の巣が地域の生態に与える影響がどの程度のものか知ってもらうために、一つだけ西アフリカのシロアリ、クビテルメスのうち一種類に関するある研究結果を書いておこう。このシロアリは、高さが約三五センチで太い柄を持つ毒キノコのようなかなり魅力的な小さな巣を泥でつくる。黄色や赤に色を塗ってプラスチック製のこびとの隣に並べれば、イギリス郊外の庭にぴったりの置物になる。研究によるとクビテルメスの巣が提供する空間を利用しているアリは一五一種で、そのうち一一種が未知の種だった。(9) これがアリの種類だけである点に注目すべきだろう。ただしこれらのアリは、シロアリの巣だけを生息地としている専門家でなく、便乗家であるようだ。しかし何百万年にも及ぶ社会性昆虫の進化のなかで、シロアリやアリの巣だけに頼り、他の微小生息環境には住まなくなった種もたくさんある。たとえば約三〇目ある昆虫のうち、少なくとも一〇目にはアリの巣に依存する種がある。甲虫だけを見ても、約三五科に属しているたぶん何百種かが、アリの巣を自然の棲家にしている。多くのチョウ、とりわけ「ブルー（blue）」や「ヘアーストリーク（hairstreak）」などのシジミチョウ科のものは［ブルーの多くは青紫色系、ときに銀青色。ヘアーストリークの多くは後翅に繊細な尾状突起をもつ］、幼虫時代にアリの巣の中で世話をしてもらうものがある。ヨーロッパのアリオンゴマシジミの若い幼虫はイブキジャコウソウを食べる。しかしある程度成長すると、幼虫の体表の分泌物に惹かれたクシケアリの一種、ミルミカ・サブレティというアリが幼虫を巣の中に運ぶ。巣に運ばれた幼虫は、アリのもてなしにお返しをする。肉食に転じてアリの幼虫を食べてしまうのだ。完全に成長した幼虫は巣に守られて蛹になり、そこから目を見張るような青いチョウが出現する。

さて次には、私たち人間がつくった新しい生息場所に動物を引き寄せる話だ。生息環境を変える支配的な種は私たち人間である。建築活動によって世界をこれほど変えてきた種は他に例がない。私たち以前にやってきたつくり手が生息環境にもたらした影響や生物多様性は、私たちがもたらす影響について何か教えてくれるだろうか。私たちは生物多様性を増すのとはほど遠く、多様性を事実上減少させる過程にあるというのが第一印象だ。地球上の生命の歴史は、大量絶滅を五回経験してきたと考えられている。比較的短期間に、通常は数百万年のうちに、多様な生物種の一〇パーセントから四〇パーセントが消滅する事態だ。最後に起きたのは約六五〇〇万年前の恐竜の絶滅だった。現在私たちは第六回の大量絶滅のただなかにあり、それは私たちが原因になっているという考えが、生物学者の間で高まっていて、私もそれに同意する。「突入しかねないので大いに気をつけるべし」でなく、大量絶滅の「ただなかに」いる点に注意しよう。この事態は、ホモ・サピエンスがアフリカから移住を始めて（約一〇万年前とされるが、議論の余地もある）以後、ほんの七、八百年前にマオリ族がニュージーランドに定着して地球の包囲が完了したときに始まった。

私たちが絶滅に関与していることを示す累積する証拠としては、人間がヨーロッパとアメリカ大陸に到着して間もなく大型哺乳類が絶滅するようになったことがある。大型哺乳類は、人間が導入するまでニュージーランドに定着することがなかった。それらの代わりとして草を食ったり捕食したりする役割は、モア――飛ぶことができない鳥の仲間で、人間を見下ろす三メートルの高さにもなる――のような巨大な鳥が果たしていた。人間が到着して間もなく、おそらく一二種類いたと思われるモアが絶滅した。それとともにその他数種類の鳥も同じ運命をたどり、その中にはハーストイーグルという過去最大のワシも含まれていた。翼長が推定二・六メートルのこの鳥は、おそらくモアを捕食していたと思われる。だから私たちが自分をビーバーと比較する場合、生息環境を破壊する能力は私たちの方がはるかに大きい。それにもかかわらず私たちは間違いなく新しい生息地もつくり出し、それがいくらかの種に生活空間を与えることになっている。

クモがテレビを見ているあなたの前を横切ったり、夜中に風呂場の白い壁面にぶら下がる影がくっきり浮かび上がったりするのを見て、あなたは驚き、自分の個人空間にそれが進入したことに慌てるかもしれない。しかしこのクモはほぼ確実に、家の屋根とか壁の窪み、床下などの居場所から偶然あなたの空間にさまよい出たのだ。それがそこで何をしているのか考えてみたことがあるだろうか。クモはあなたの家の食物連鎖の頂点にいる捕食者だ。そしてパンくずや皮膚の落屑、家の湿った場所に生える菌類などを食べる小さな昆虫とかダニに至るまでの完全な生態系がその「下に」ある。

家屋に住むこうした生物の大部分はシロアリのクビテルメスの塚のアリのように、便乗家だが、なかには依存度の非常に高いものもいる。例えばイワツバメは先祖が営巣していた岸壁でなく、たいていの場合家の壁面に巣を張ることからそのように呼ばれている［英語名は「家ツバメ（house martin）」］。私たちがつくった住居に住むことによって範囲を劇的に拡大してきた種もある。ドブネズミも世界中で他に類を見ないほど人間の住居と深い関係を持ち、学名ではノルウェーのネズミと呼ばれるが［種小名は*norvegicus*］、アジアのどこかが起源と思われる。ワモンゴキブリはアフリカから新世界に導入されたらしいが［種小名は「アメリカの（*americana*）」］、世界中でその侵入を免れているホテルはあるだろうか。これらの種は私たちが与える選択圧のもとで進化しているのだろうか。私たちは例外的な速度で環境を変えているので、これは重要な問題だ。「暖炉の上のコオロギ（Cricket on the Hearth）」というアイルランドのジグ［民族的な舞曲。バロック組曲の終曲のジーグはこれに由来する］の曲がある。これは雄のイエコオロギの鳴き声を音楽にしたものだが、かつてはアイルランドの田舎の草葺《くさぶ》きの家でよく見掛けたこのコオロギも、いまその土地に建っているおしゃれな平屋のつくり付けのキッチンで鳴き声を聞かせることはあまりないだろう。

二〇世紀の家屋で急増した生息環境は電気的あるいは電子的な小道具類だ。テレビは昆虫やクモの良い棲家だったが、わずか五〇年で、かさばるブラウン管テレビは薄型のプラズマテレビに取って代わられている。どんな昆虫でも、これでは環境に適応するのに時間がなさすぎる。かつて私たちの曾祖父母のウールのコートやカーペットをかじっていたイガ（衣蛾）、少なくともその幼虫は、合成繊維や防虫剤という人間の対抗手段によって今や撤退を強いられている。私たちはあれほど野生生物を愛すると公言しながら、自分の家を彼らと共有したいと思わないのが一般的だ。それが害をもたらす場合には、なおさらのことだ。ただしどれほど人間の住居が変わっても、急速な技術的変化が続く保証はどこにもない点ははっきりさせておかなければならない。人間の家は私たちの基本的な安全とやすらぎを提供する「家庭」であり続けるだろうし、それを利用する生物の種も常に存在し続けるだろう。

英国では高層ビルのコンクリートの張り出しとか露出した鋼製のI型梁が、ドバトやハヤブサの止まり木や営巣地になる。平らな屋根は、巣づくりをするカモメにとって新しい崖の頂上になる。家の下の空間は、田舎でよく見受けるキツネの家になる機会が、完全な都会でもますます増えている。こんなふうに、人間は自分のつくった建物で新しい生息環境をつくり出す。そして生活様式が急速に変化するにもかかわらず、他種の生物もこの構造物を自分の家として利用する。その多くのものは、私たちの生活の他の面も利用している。都市のキツネの場合の家庭ゴミもその例だが、これはハキリアリのゴミ捨て場に住んでいる甲虫の場合と全く同じことだ。私たちがハゼとエビ、あるいはハキリアリと菌類に見られるような密接な共生関係をつくり出すにはどれくらいの時間が掛かるのだろうか。実のところ私たちはすでにそのような関係を持っている。イヌやネコとの関係がそれだ。

ケンブリッジシャー、リトル・シェルフォールドのオールセインツ教会には、鎧甲に身を固めた騎士ロベルト・デ・フレヴィルと妻クラリスを象(かたど)った一四世紀の真鍮(しんゆ)の彫像がある。彼らは並んで配置されて無表情にあなたを見つめているが、手袋を外して伸ばした彼の右手がそっと彼女の右手を握り、彼女の左手が六〇〇年のときめきをそっと押さえるかのように胸に添えられている様子を目にすると、ことさら嬉しい驚きを感じる。しかし彫像はデ・フレヴィル家の家庭生活についてさらに多くのことを教えてくれる。彼の足元には主人を従順に見上げる立派な猟犬がいる。彼女の足元の長い服のひだの間には小さなベルを首輪につけた二匹の愛玩犬がうずくまっている。デ・フレヴィル家の日常にはこのベルの音が響いていたことだろう。

私たちはイヌを好む。私たちがイヌを利用しているという人もいるかもしれない。愛玩犬、使役犬など、私たちは自分の気に入るようにイヌを繁殖させてきたが、イヌの方でも私たちを利用している。私たちは彼らの餌代や医療費を払う。野生時代のイヌは人間の利益になるような特性を持っていたが、人間は自分にとってさらに好ましい存在となるようにイヌを繁殖させてきた。イヌの利点は人間の伴侶、あるいは精神障害や対人関係に問題がある人々のセラピーとしてさえ認められている。そのお返しに、私たちは種としてのイヌの将来を保証している。人間が存在する限りイヌは消滅することがないだろう。

どこか、もしかしたらそれほど遠くないどこかの丘陵の中腹奥深くに、巧妙につくられた恐るべき地下壕(ごう)があるかもしれない。大惨事が切迫したとき、そこは緊急の地域政府の避難所になる。その時がきたときに誰が入るのだろうか。支配するエリート、軍人、各種のパートナー、恋人、愛人と子供たち、そして彼らのイヌやネコだ。クモはおそらくすでにそこにいるだろう。

このように私たちは大体において人間がつくった世界に住んでいるが、シロアリは大体シロアリが築いた世界に住み、クモは大体クモの網の世界に住んでいる。動物のつくり手は、自分に対して作用する選択圧と特別な関係に置かれている。そして動物自身がその環境の一部をつくり出している。この章での以下最後の部分は、つくり手である動物にとっての進化ばかりでなく、何らかの方法でそれに依存する全ての生物種の進化によってもたらされる進化的な結果の理解を助けることを目指している。これは

「ニッチの構築」というテーマで、つまりは生態系工学というのと事実上の同義語だ。

生態系工学とニッチ構築は、どちらも生物の活動を通して変えられた環境を研究する。しかし前者が生態学的な影響を強調するのに対して後者は進化的な影響を強調する。「ニッチの構築」という言葉は「生態系工学」と同じように、有用というには定義が広すぎるという批判に直面している。それでもなお、生物がもたらす生息環境の変化は広範囲にわたる進化的な影響を及ぼすこと、そしてそのうち私たちが関心を持つものである建築行動はその重要な一側面であることが、ますます認識されるようになっている。

もしもクモの網のデザインが両親から受け継いだものであれば、そのクモは網を張る行動特徴のための遺伝子を持つに違いない。構築行動の遺伝に関することは第5章で取り上げようと思うが、この網の構築にあたって、放射状の糸（縦糸）の数に、ある種では個体間で遺伝的に違いがあると仮定しよう。そうすると、この遺伝子座には縦糸の数に関して代替え遺伝子の型（対立遺伝子（アリール）と呼ばれる）があるということができる［ある遺伝形質を決める染色体上の位置が遺伝子座。遺伝子座は複数の代替え遺伝子のどれかによって占有され、これら各遺伝子は他に対する対立遺伝子と言われる。たとえばABO式血液型に関する遺伝子座は、各染色体ごとにA・B・Oという対立遺伝子のどれかによって占有される］。自然選択がこの変異に作用する。その結果として、風の強い場所で強い巣の方が耐久性に優る場合には、縦糸の数の多い巣の方が成功率が高くなり、縦糸の数が少ない対立遺伝子をもつクモは選択されない方向、つまり縦糸の数の多い対立遺伝子の頻度の高まりがもたらされると考えられるかもしれない。これは進化的な変化を対立遺伝子の頻度における変化として表現し、それを単刀直入に自然選択で説明していることになる。

クモの網は、風の有無にかかわらずそれほど耐久性がない。それをつくったクモよりもはるかに寿命は短い。しかしミミズの排泄物はどうだろうか。ダーウィンの研究からわかるように、事情は大いに異なる。若いミミズは、穴を掘る能力だけでなしに、穴掘りによって変化した世界を先祖から受け継いでいる。これは相続の二つの経路であって、変化した環境が、現在のミミズに作用する選択圧を変えている。

この章の冒頭部分を思い出してみよう。「ウォンバット、宇宙から発見される」だった。いまわかってきたように、ミミズだけでなくシロアリやビーバー、またその他のつくり手たちも何世代にもわたって蓄積してきた行動によって、生息環境を変えることができるし、その変化を後の世代に伝えることができる。ニッチ構築を行う種が、環境的な伝達を通してその進化に影響を与える可能性を予測する試みが、いまなされている。どのような生物でも、たとえばミミズのように比較的単純なものでも、こうした試みを自然集団でやってみることは非常に難しい。ここで理論生物学者の出番となり、その数学モデル化は貴重な指標を与えてくれる。そのようなモデルが考案され、試みられて、二〇〇三年に出版されたジョン＝オドリング・スミ、ケルヴィン・ラランド、およびマーカス・フェルドマンによる興味深く読み応えのある本『ニッチ構築——忘れられていた進化過程』の中で説明されている。(10)

彼らのモデルは進化の問題を最も簡単なレベルまでそぎ落としている。そして次のように問いかけている。「何世代にもわたって生息地に変化をもたらす構築行動は、その後に続く生物世代の進化のある種の側面に、どのように影響を与えることができるのか」。ところがこれが対立遺伝子の頻度で表されているので、この問いは「構築に関係している単一遺伝子座上の対立遺伝子が、どのようにして、何か他の遺伝子座上にある対立遺伝子の頻度に、世代を超えて影響を与えるのか」という問いになる。彼らのモデルはわずか二個だけの遺伝子を持つ仮想生物だ。このようにきわめて単純化したモデルを、生息環境の変化に関する人工的に選んだパラメータを使ってコンピュータ上で実行することから、何がわかるのかと問うのは、なるほどもっともかもしれない。それに対して言える最上の返答は、どこかからか始めなければならないのだし、ともかく始める方がいいということだ。それに理論的なモデルには、知識がまだ不十分なので何か仮定を組み込んでいく必要はあるにしても、少なくとも仮定ははっきり明言されているという利点がある。やがて追加の証拠によって一部の仮定が無効になれば、それに応じてモデルを改善していくことができる。その間にもモデルは、私たちが実世界で何を探すべきかという見当がつけられるような、動的関係の結果を示してくれる。

さてこの二遺伝子モデルでは、生物が構築（建設）を通じて環境変化に及ぼす影響を、一つの遺伝子座にある対立遺伝子によるものとして描く。この遺伝子座をEと呼ぶことにしよう。環境には何らかの資源（R）が含まれ、それは現在と過去におけるニッチ構築のレベルによって変化するものと考える。言い換えれば、Rは最近数世代における遺伝子座Eの頻度の関数になる。少し具体的にするためには、仮想のミミズにおいて、対立遺伝子Eは穴掘りの量を決定すると考えることができる。これは土壌の肥沃度に影響を与え、植物の生長をもたらし、その結果より多くの枯れ葉が生じて、ミミズが食べられる食料源（R）を供給することになる。

次にはこの環境内の資源量が、第二の遺伝子座Aにある対立遺伝子による生物の適応度に対する寄与を決定する。いま考えている仮想のミミズの場合には、Aにおける対立遺伝子が、ある行動——穴から葉を取ろうとして体を伸ばす素早さ——に影響を与えるとしよう。これによって、環境を通した構築者へのフィードバックが完成する。E上の対立遺伝子が生息環境にもたらす影響はRの有効性を変え、RはA上の対立遺伝子として一定タイプのものを選び、これでAにおける対立遺伝子の頻度が変わり、私たちのミミズの場合には先祖よりも多少敏速に穴から葉を取るものが生じることになる。

このモデルはいくつかの意味のある予測をもたらすが、説明のための一事例として、遺伝子座E上の対立遺伝子の頻度変化をもたらすさいのタイムラグが、遺伝子座Aの対立遺伝子に影響を及ぼす場合を考えてみる。対立遺伝子Eは、資源すなわち葉（R）の得やすさに影響するわけだが（ミミズの穴掘り行動を通して）、これは長期にわたる何世代ものミミズを経てから、Rに有意な影響を及ぼし始めると仮定する。この結果として、Eにおける対立遺伝子がAの対立遺伝子に影響を及ぼし始めるまでに長いタイムラグが生じてくる。これによって進化的慣性がつくり出され、たとえばEにおける対立遺伝子が有利な方向に環境を変えているにもかかわらず、Aにおける特定の対立遺伝子は減退を続けるようなこともあるだろう。これほど明白ではないが、フィードバックのタイムラグは進化的な惰性をもたらすこともある。これはEにおける選択が停止しあるいは逆行したときに見られる。変化するRに対するタイムラグのせいで、資源の蓄積が数世代に及んで妨げられることなく続き、Eにおける選択が停止しても、Aにおける進化的な変化（対立遺伝子の頻度変化）はもとの方向にしばらく続く。換言すると、タイムラグは進化の方向に「超大型タンカー」効果をつくり出す。進むのが遅く、方向を変えるのも遅いということだ。

このように、ニッチ構築は二系統を通して継承される情報——親からの遺伝情報と変化する環境の受け継ぎ――を通して、進化に対して確かに重要な意味を持つように見える。しかし世代を通しての情報伝達には、第三の経路がある。それは人間にとって非常に重要なもの、学習した情報の伝達だ。人間は何世代もの間に蓄積してきた知識を図書館やデータベースに貯蔵し、それを公式教育の入念なシステムを通して次々と新世代に伝達する。他種の生物でこれに匹敵するものがあるだろうか。人間以外の動物には教育が事実上欠けているというのが、それに対する答えだ。西アフリカのギニアではチンパンジーが石の台にアブラヤシの実を置き、石のハンマーでたたき割る。若いチンパンジーがこの方法を学ぶのには少なくとも三年、上手になるにはさらに長く掛かる。これを獲得するために、若いチンパンジーは大人のチンパンジーがすることを注意深く観察して真似をする。しかし大人がハンマーや台をそこらに放置する事実はあっても、彼らが若者たちに形の決まった教育を施そうとしているという確たる証拠はない。

もちろん学習のできる動物はたくさんいる。巣をつくる昆虫（アリ、ハチ、シロアリなど）は、どれも巣に戻る方法を学ばなければならない。多くの脊椎動物では、若い個体が親や大人の例を真似することによって一つの世代から次の世代へ学んだ情報が伝えられるが、人間以外の動物の大部分は、環境を変える影響の伝達には二通りの経路しか持たない。遺伝的な経路、そしてすでに変化した環境の伝達（つまり生態学的な経路）だ。

人間の場合、状況は劇的に異なっている。私たちが自分の環境を変える能力を継承する方法は教育（文化的経路）による場合が圧倒的だ。学生たちは世界を変え続けることができるようになるために、そして変化の新しい方法を発見するために工学や科学の学位を取る。そして発見は次の世代に伝えることができる。それならば、伝達の他の二つの経路である遺伝的および環境的な伝達経路には、私たちにとってどのような重要性が残されているのだろうか。

ＤＮＡ分子に記された情報の伝達は、送られるメッセージが比較的簡単なものであり、今の世代と同様に次の世代でも適用可能であるときに、非常に効果的だ。それは漸次の変化によく対処できる。世代を通しての教育による文化的な伝達は、遺伝的伝達を通して可能な変化をはるかに上回る速度で、行動の変化をもたらす。一つの世代で生じた全く新しい考えが、次の世代では広く理解されて適用されることもできる。しかしこれ以上さらに速い社会的な変化が、個人の学習によって可能になる。環境的な変化が急速に進みすぎて旧世代の人間が新世代の人間に教えるものがほとんどないときに、個人的学習は効果的になる。両親は子供に食事のマナーを教え、子供たちは両親に携帯電話の特殊機能を教える。人間の創造性は、そのような急速な変化をもたらすことができる。

技術の変化がこれまでにない速度で進行するのを見ると、親は子育てにおいて今後の役割があるのかどうか疑問になってくるかもしれない。しかし私たちは世界を変える速度、したがって私たちに作用する選択圧の変化の速度を誇張しているということもありうるだろう。獲得した知識を文化的に伝達してきたおかげで、私たちは世界の卓越したニッチ構築者になっている。しかし私たちは、ある特定の環境で生活するようにすでに遺伝的、文化的に適応していることから、過去のものに似た新しい環境をつくり出す傾向がある。サーモスタットで管理されたセントラルヒーティングはあるかもしれないが、私たちがつくり出そうとする室温は、おそらく人間が簡単な避難所や天然の洞窟に住んでいた頃から好んできた環境に似たものであることだろう。オーストラリアのノーザンテリトリーのシロアリ、アミテルメスの塚で、一日の気温変動や食糧供給の季節変動をどんなふうに和らげるかというやり方のことは、すでに見てきた。この流儀はシロアリの生活をいっそう予測可能なものとし、そして彼らの予測可能な生き方と群の相対的な恒常性は、生息環境全体にいっそう大きな安定性をもたらした。あのシロアリ塚は、変化に対する保守的な影響だ。私たちのニッチ構築も、新しい手法であるにもかかわらず、やはりそのような特徴を帯びている。しかし人間の歴史は、それが長くなり人口が増加するにつれて、私たちにより多くの考古学をもたらす。すなわち、より多くの変化した生息環境を後続の世代に伝える。これらの変化は私たち現在の利益を求めたことによる場合、あるいは私たちの多様な活動から生じた偶然の産物である場合もあるが、良くも悪くもそれは私たちの子孫に対して作用する選択圧の一部分を形成することになる。

第3章

つくり手に脳はいらない

それは数百個の石を貼り合わせた球形で、底に円形の穴が開いている。丸屋根のてっぺんには七、八本の頑丈なスパイクがある。これは石が積み上げられたもので、より大きな石が基部に積まれ、最も小さいものが鋭い先端を形づくっている。もっとも特徴的な部分で、これをつくる動物の種名にもなっているのが円形開口部の襟の構造だ。それはひだ状の冠で、材料をつなぎ合わせるセメントと区別がつかないほど小さな粒子でつくられている。これは住居なのだが、ただしその全体の直径は約一〇〇分の一・五ミリメートル（一五〇マイクロメートル、μmと記す）にすぎない。文章のピリオドよりも小さいこの構造物はディッフルギア・コロナータという有殻アメーバの一種がつくる携帯式の住居だ（図3・1）。

第1章で見てきたように、アメーバは動物でなくて原生生物界の生物だ。この生物の単細胞は生物に必要なすべてのこと、摂食、排泄、移動、繁殖などをやってのける。それは池の底のような場所の堆積物の上を、氷河流のように「偽足」を伸ばし、不規則な体型をまとめ、一方向に流れながら移動する。移動するときに小さな食物粒子を飲み込み、消化して、通った跡に残存物を排出する。アメーバはこうして成長して、定期的に体とそれを支配する核を二分して繁殖する。こうしたことほどよく知られていないのは、このアメーバは殻を運ぶカタツムリのように自分を守る携帯可能な家をつくれるということ

図3・1 アメーバの殻。神経系を持たない単細胞のアメーバ（ディッフルギア・コロナータ）は砂粒でこのように複雑な携帯式の家をつくることができる（©The Natural History Museum, London）。

だろう。アメーバの中でもそれをするのはほんのわずかな種にすぎない。ディッフルギア・コロナータはそのうちの一つだ。

この単細胞生物はどのようにしてこうした素晴らしい家をつくるのだろうか。実はよくわかっていない。今のところわかっている情報は観察できることだけだ。個々のディッフルギア個体は自分の殻を運びながら流れ回っている。その間に、食物粒子を飲み込むばかりでなく、細かい砂の粒子も飲み込み、それはアメーバの内部で蓄積して大きな球になる。繁殖を行う時がくると、アメーバは核のDNAを複製して、完全な核を二個つくる。次に細胞質（身体の材料）が分裂を始め、それぞれの半分に一個ずつ核が入り、二つの独立した生物ができる。このうち一方が元の殻を受け継ぎ、もう一方は細胞質の中に石の球を取り込む。二個体の生物がつくられる間に、この石は表面に移動して新しい殻の配列を取る。

最後の文章は、かなり物足りないかもしれない。その瞬間を楽しむよりも、仕掛けがどうなっているのか知りたくなるマジックを見ているようなものだが、私たちにはその情報が本当にないのだ。これとは別の不満も残るかもしれない。アメーバは単細胞生物だ。だからこれは行動の話でなく細胞生物学の話で、この本の内容とは無関係ではないかということだ。けれども、ディッフルギアの殻の構築は構築行動に関する基本的に重要な点を表していると私は考える。つくり手に脳はいらないのだ。

持ち運びできる殻を持つか否かにかかわらず、アメーバに行動があるということには同意が得られることを願う。偽足をあちらではなくこちらに伸ばすというのは、何らかの決定にもとづく行動を示すわけだ。選んだ方向はランダムだと言いたくなるかもしれないが、それでもその生物の中では何もしないのでなく何かをする、あの粒子でなくこの粒子を飲み込むという何らかの指示が働いたに違いない。それがどういうふうに行われるのか、私には見当もつかないが、ここで本質的に機械的な過程を考えてみよう。砂の粒子のうちには、捕らえて細胞質に取り込むには小さすぎるものや大きすぎるものがある。その結果選択が行われる。しかし、家をつくるアメーバは明らかにそれ以上の決定を行っている。新しい家をつくるために十分な砂粒子を確保しなければならない。集めすぎないようにしているかもしれない。大きな粒子と共に非常に小さな粒子も必要だ。途中で、ごく小粒の砂がまだ不足していることがわかるだろうか。最後に、構築の過程はどうなのだろうか。粒子を適切な場所に移動させて極めて特殊な方法で配列する過程があることは明らかだ。その過程には構築材料を扱う何らかの装置が必要だ。私たちは煉瓦（れんが）とモルタルを扱うときに手を使う。ディッフルギア・コロナータは何らかの細胞内装置を用いる。このアメーバは確かに構築行動を示し、そのためには、なすべきことを決定する装置と構築の指示を実行する装置が必要だ。もしも単細胞生物にそのようなことができて、あのように巧妙な結果をつくり出せるのであれば、私たちが用いる構築方法よりもはるかに簡単な方法があるはずだ。決定と構築装置のどちらについても、より簡単なものが。この章では複雑な構造物をつくる簡単な方法について探っていこう。

動物は原生生物と違って多細胞で、細胞は分化して様々な組織、脳、神経系、筋肉を形成している。決定と伝達は神経系の仕事だ。運動は筋肉の収縮によって行われ、必ずではないがしばしば骨格と呼ばれる梃子（てこ）のシステムがそれによって操作される。人間の脳は重さ約一四〇〇グラム、容積約一四五〇立方センチメートルになる。円形の網をつくるクモの中で最大のものの全中枢神経系の容積は三〇三×一〇六立方マイクロメートル（cu μm）だ。したがって平均的な人間が決定と指図を行う脳の大きさはクモの約五〇〇万倍になる。このような比較から、人間以外の動物、特に無脊椎動物の構築行動の構成についてある種の予測をすることができる。

これらの予測は、三箇条の予想として言い表される。第一に、動物の構築行動は簡単なものであるだろう。自然選択の過程は、行動のレパートリーが限られていて各レパートリーがかなり型にはまっており不変であるような構築方法に対して有利に作用する。これには確かにある種の難点も伴う。特に、個体が学習によって構築技能を上達させる能力を切り捨てることになり、しかし学習にはさらに多くの脳細胞と回路が必要となる。ここで第二の予想が生じる。動物は標準化された材料を使う傾向があるだろう。構築材料が予測可能な特色を持っていれば取り扱いの過程も不変のものとなり、定型化した機械的な構築ルーチン（一定の反復行動パターン）の見通しが開ける。

私たち人間の場合にも、構築過程が簡単であることは利益が無いわけではない。時間と労力の節約になり、それは経費の節減を意味する。煉瓦塀を築く場合を考えてみよう。これはちょうど、他の動物の予測される行動を説明する事例になる。トラック一台で煉瓦を運び込み、新石器時代の家族が住む洞窟の前に一括荷下ろししていけば、私は電話で煉瓦塀のつくり方を教えられるだろう。単純化するためにモルタルは使わずに済ませることもできるし、彼らは素早くその原則も理解するだろう。ただここには大きな障害がひとつある。それは穴居人たちを、まず塀づくりに取りかからせるという問題だ。すでにつくり始められている塀に新しく煉瓦を加えていくルールを説明するのは簡単だ。それ以後の各煉瓦も同じ一連の簡単なルールに従って、同じようにやっていけばいいわけだが、塀の最初のつくり始めについてはどうか。洞窟の入り口は平らだろうか、凹凸があるか。入り口に大きな木が生えているかもしれない。行動にある種の柔軟性が求められるのは、こうした偶発的な事態が生じた場合だ。構造物をいったんつくり始めてしまえば、既存の部分に新しい構造を付け加えていくことで済む。この部分はつくり手の制御のもとにあるから、常同行動（ステレオタイプ）で済ませられる。ここで第三の予測に直面することになる。一連の構築行動のうち、つくり手がもっとも可変的で複雑な行動を示すのは取りかかりの部分のはずであるということだ。

ところで構築装置の方はどうなのだろうか。単純な動物が構築に使用することが考えられる個別の装置（骨格と筋肉の構造）については、どのような予想ができるだろうか。構築行動は、元々は構築と無関係な行動から生じてきた。この点について議論の余地はない。行動にせよ生理学的、構造的なものにせよ、これが進化のやり方である。委員会がテーブルを囲んでゼロから熟考しデザインを練るようなことはしない。それは、前の世代で多少違う方法とか機能を持っていた何かが修正されて生じてきたのだ。それならば、構築に必要な体の構造はどこから生じたのだろうか。

テレビのSF番組、『スタートレック』によって確立され、それ以来受け入れられてきた愉快な特性の一つは宇宙人の外見だろう。彼らがいかに奇妙で見慣れぬ文化から、宇宙のどこからやって来ようと、頭の鱗（うろこ）やこぶの数や色がどうであろうと、彼らには二つの眼、二本の腕があり、二本の足で歩き回る。誰か平凡な俳優に奇妙な頭をつけるのがエキゾチックな生物をつくるいちばん安上がりな方法だというスタジオ側の言い分もよくわかるが、私はこれが現実であって、宇宙のどこかに変わった都市があり、通りには、こぶや鱗がなければ私たちのように見えなくはない通勤者たちが溢れていると思いたい。これには生物学的正当性がある。主張したいのは、どのような問題に対しても解決策はわずかな数しかなくて、私たち人体のデザインには、良い解決策がすでにいくつか取り込まれているということだ。

私はこの主張を、ある程度は憶測的に、つくり手の身体構造の進化に適用してみたい。言い換えると、人間であれ魚であれクモであれ、どのような生物でも、構築をするための装置として手直ししていくのに適した体の部分の数は限られているということだ。そしてそれらを有効に修正する方法も限られている。これはかなり説得力に欠ける主張かもしれないが、ともあれ証拠に照らすことによって確かめることのできる明確な予測を伴った一つの仮説ではある。そのようなわけで、つくり手の形態の特性について次の三つの予測が立てられる。

第一は、つくり手の形態に見られる特殊性の程度はそれが元の機能を持ち続ける程度によって決まるということだ。第二に、良い解決策の数は非常に限られるという考えにもとづくと、構築に用いる体の部分は脊椎動物でも無脊椎動物でも——魚でもクモでもウォンバットでもハチでも——似た起源を持つことが考えられる。

構築することにはある程度の操作技術が必要だから、身体構造の適応にもこれが反映されるはずだ。しかし構築にはもう一つの側面もある。それは力だ。私の第三の予測は、構築で力が必要なところで、身体構造の適応がもっとも明白になっているということだ。このことは、穴を掘る動物の場合に最もはっきり見ることができる。掘る仕事にはかなりの力が必要だからだ。さしあたっては、根拠を特に詰めないままの単なる言明としておくが、あとで戻ってくることにしよう。

これらの予測はいささか漠然としているように聞こえる。そこで、いくつか例を挙げることにする。ツバメとイワツバメの嘴（くちばし）が第一予測の例で、特殊化の程度が使用程度を反映する。ショウドウツバメ

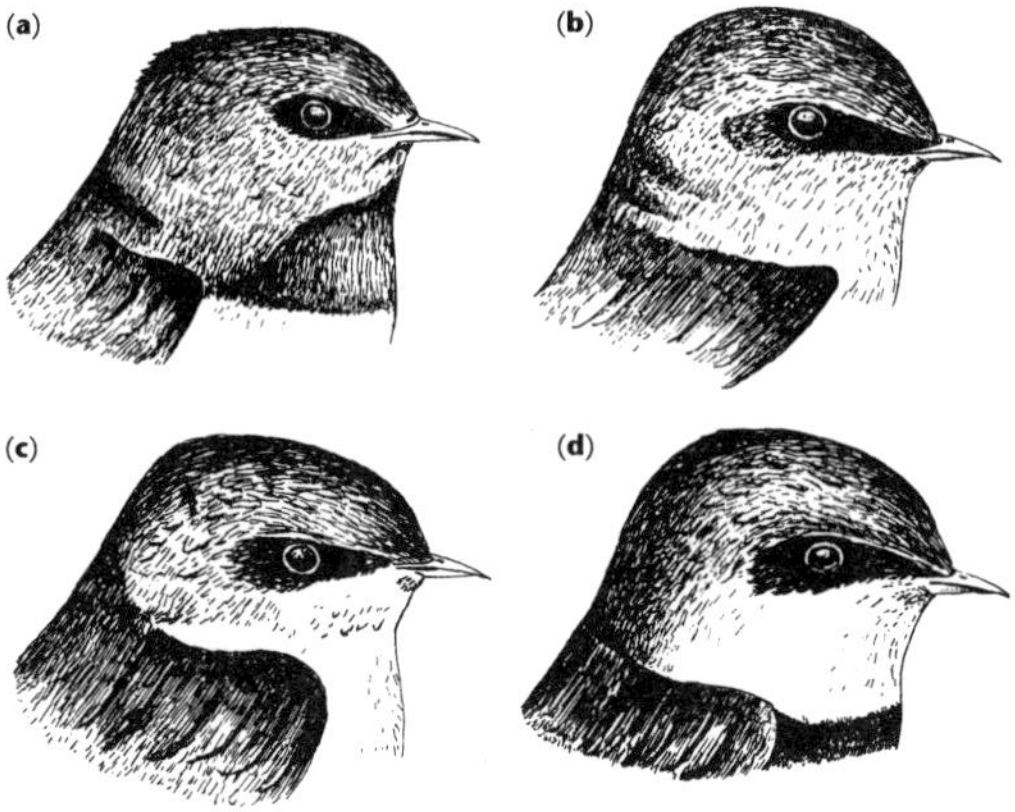

図３・２　似た嘴、似ていない巣。(d)ショウドウツバメは巣穴を掘る。その他３種(a)ツバメ、(b)サンショクツバメ、(c)ツバメはどれも泥のペレットで巣を作る。

は巣穴のトンネルと窪みを掘る時に嘴と足を使う。ムラサキツバメは天然の窪みや、現在では巣箱を利用して、わずかな構築材料を集める時にだけ嘴を使う。ツバメ、サンショクツバメ、イワツバメは、泥の小さな固まりを集めて様々な複雑度の巣をつくるときに嘴を使う[1]（一五七頁、**図5・2**）。以上のことを念頭に置いて、上記の四種の頭部を示した**図3・2**を見よう。説明文を読まずにどれが穴を掘るか当ててみよう。そう、どれもほとんど同じように見えるだろう。それぞれの特徴的な構築方法に対する明らかな特殊化は嘴の形には認められない。それならば嘴は何のためにあるのだろうか。嘴は構築ということに加えて、獲物を捕らえて処理するために使うので、以上のどの種の場合にも、飛びながら昆虫を捕らえるのに用いられる。

二番目のテストをしてみよう。今度は鳥の食性に関することだ。今度はハワイミツスイ類というハワイ島にしか見られない鳥の例で考えることにする。

この鳥はチャールズ・ダーウィンがガラパゴス島のフィンチに関して発見した例ほど有名でないが、さらに印象的な例を見せてくれる。異なる特定の生息環境に適応した一握りの種の一つの先駆種から、多様化が生じた例だ。ハワイ八島の全面積はガラパゴス島に比べていくらか大きいが、最高峰が一七〇〇メートルのガラパゴスに比べて豊かな植生と四〇〇〇メートルを超える山々がある。このことが、この鳥の一群に見られる適応に大きく貢献している。図3・3に示したハワイミツスイの頭部を見てみよう。そして今回も説明を読む前にそれぞれ何を食料にしているか考えてみよう。

説明文を読み、考えが当たっていて嬉しかったのではないだろうか。では次にそれぞれの種がどのような巣をつくるか考えてみよう。見当がつかないのではないだろうか。嘴は情報を全く提供しない。実のところ、どの種でも巣は一般的にカップ型で、木の枝の上に作られる。材料の大部分は植物性の素材だが、本質的には種間でそれほど違いが認められない。このように、どの種も嘴だけで巣づくりを行うにもかかわらず、嘴の形から巣づくりに関することは何も推論できないのだ。

私の庭の鳥の餌箱にやってくる鳥の中で最も魅力的なものの一つはゴシキヒワだ。これは小型で格好のいいヒワの仲間で、赤い顔、白い頬、そして黒い頭部で彩られている。冬になると朝の光と共にやって来て夕暮れまで去らない。一日の大部分の間、ゴシキヒワは小さな種子を割るために鋭い三角の嘴を使っている。それではゴシキヒワは、巣づくりにどれくらい時間を掛けるのだろうか。これに関する正確な情報はないが、一日三時間で四日かかるとしよう。そうだとすると、ゴシキヒワが嘴を巣づくりに使うのは一年に約一二時間ということになる。しかもそれは雌に限られている。ふつう雄が手伝うことはない。ゴシキヒワはコケ、細い根、植物の軟毛でカップ状の美しい巣をつくるが、それでもこの鳥の

図３・３　嘴は食性を表す。ハワイミツスイ類はそれぞれの種の食性に適応した著しく異なる嘴を持つ。４種の主な食糧は(a)花蜜、(b)小さく柔らかい果実、(c)堅い種子、(d)小さな昆虫。（注記：(a)、(b)、(c)は絶滅した可能性がある。）

嘴はほとんど摂食行動だけに適応して、その用途だけに用いられている。集団としての鳥は、構築行動を行う体の形態に関する私たちの第一の予想を支持する。その特殊化の程度は、構築に利用される時間の割合を反映しているのだ。

構築行動に関する第一の予測について考えてみよう。それは限られたレパートリーと定型化された反復的な行動を有利とする方向に選択されるということだった。これに対する証拠は、脳の解剖構造と行動の両方から得ることができる。構築行動が脳の特定の領野に関係しているという証拠はほとんどない。これは研究者の好奇心が不足していることによるのではないかと私は考えるが、ここで再び鳥の例を取り上げてみよう。証拠は何を示しているのだろうか。鳥は、たとえばクモなどと比べると比較的大きな脳を持ち素晴らしい巣をつくるが、脳の中の特殊化された巣づくりの領域については、何もわかっていない。これは鳥の歌（さえずり）について知られている状況と対照的だ。鳥には歌の学習と創作に関係する少数のはっきりした「神経中枢」（核と呼ばれる）がある。それは限られた局所に離散して集中した神経細胞の集まりが平行な神経線維の幹線道路によって結ばれたもので、歌を生産する専用のシステムだ。生物学者たちが最初驚いたように、このさえずりの核のうちには動的な構造を持つものがあり、一回の繁殖期が終わるとサイズが縮小して、新たな繁殖期が近づくにつれてまた新たな脳細胞が生産されて大きくなる。

餌を探す行動に関する脳の特殊構造が発見されている鳥もある。これには私の庭の餌箱にやって来るヒガラの例がある。冬の夜明けと共に最初のヒガラがやって来てヒマワリの種子をついばみ、石垣の向こうの小道の方へ飛び去る。一分もしないうちに二個目の種を取りに戻ってきて、同じような過程を中断することなく五、六回繰り返す。何をしているかといえば、塀の割れ目の間に種を隠しているのだ。夕方になると、ヒガラは戻ってきて夕食にそれを食べてからねぐらにつく。夏が来て、石垣からひょろひょろ生えているヒマワリを見ると、ヒガラの特徴的な行動が思い出される。

アオガラとシジュウカラも庭の餌箱からヒマワリの種子を取るが、彼らは餌箱に近い茂みに種を運び、種皮を割って中身を食べるだけだ。鳥（そして哺乳類）の脳には海馬と呼ばれる領域がある（形がタツノオトシゴ［海馬］に似ている）。この左右一対の構造は、空間学習に関連することが知られている。ヒガラの場合には、脳全体に対するこの部分の大きさがアオガラやシジュウカラに比べて大きい。これは隠した食料の回収に適応しているのだ。鳥の巣づくりはそのような特殊領域を必要としないようだ。

無脊椎動物の脳の仕組みに関する情報はほとんどないので、鳥の場合と同じような比較をすることはできない。精巧な繭をつくるケムシの場合、その脳には繭をつくらないものにない特殊な構造があったり、脳全体が大きかったりするのだろうか［昆虫では、比較的独立した神経節（神経細胞の集塊）があり、そのうち頭部神経節を「脳」と呼ぶ］。私たちにはまだわからないが、現在の証拠にもとづくと構築行動は神経回路を必要としないと言えるだろう。

構築行動自体から得られる証拠はどうだろうか。予想される通りに、簡単で定型化されているだろうか。体長が数ミリメートルにすぎない小さなオタマジャクシ形の動物オタマボヤがいる［原書の記述で直接挙げられているのはワカレオタマボヤだが、多くのオタマボヤ類は全世界の水域に分布。近縁のホヤ類も幼形はオタマジャクシ形。原索動物亜門に属し、分類上、脊椎動物と近い］。それは自分でつくった粘液のカプセルに収まって、プランクトンの中を漂っている。種によってはそのカプセルが約一五ミリメートルになるものもあり、吹雪のように高密度で見られることもある。この粘液状の構造物は、家と食料採取の両者のためにデザインされているので非常に興味深い。つくり手であるこの生物は、脊椎動物全体も含まれる脊索動物門に属している［魚類をはじめ普通にいう脊椎動物は、すべて脊索動物門のうちの脊椎動物亜門］。しかし彼らは尾虫類あるいは幼形類とも呼ばれる綱(こう)に属しており［これらはオタマボヤ綱の古い別称。尾虫類（*Appendicularia*）は、オタマジャクシ形の尾があることから。幼形類（*Larvacea*）は、最初ホヤの幼形と理解されたことにより、命名は詩人のシャミッソー］、真の背骨を持たないから、脊椎動物の進化や体制の複雑さの尺度にもとづくと単純な生物だ。家の中に収まったワカレオタマボヤを**図3・4**に示す。

オタマボヤは尾を動かして家の中に水を通す。これによって生きるために必要な食物粒子や水に溶けた酸素を取り込むことができる。水は一組の漏斗(ろうと)状の流入口から入る。それぞれの流入口の中には三〇×一〇〇μm（μmは一〇〇〇分の一ミリメートル）の規則的な網の目のネットがある。このネットは大きな塊や不要な生物の侵入を防ぐバリアの働きをしている。水は次に一組のフィルターネットを通る。〇・三×〇・三μmのメッシュを持つ上下二枚のフィルターネットの間に、それを支えるメッシュの大きい足場のようなネットが挟まっている。オタマジャクシ状のこの生物はフィルターネットから食物粒子を集め、フィルターを通った水は家の中から大洋へ戻っていく。

ではオタマボヤはどのようにしてこの巧妙で精巧な構造をつくるのだろうか。食物摂取の時の行動と同じこと、つまり尾を振るだけなのだ。と言っても、それよりは少しばかり複雑だが大したことはない。(2)まず、頭にある腺から粘液状のヘルメットを分泌する。最初、それは尾を激しく動かして頭を打ちつけることで大きくなる。こうしてカプセルはオタマジャクシが尾を中に入れられる十分な大きさになる。

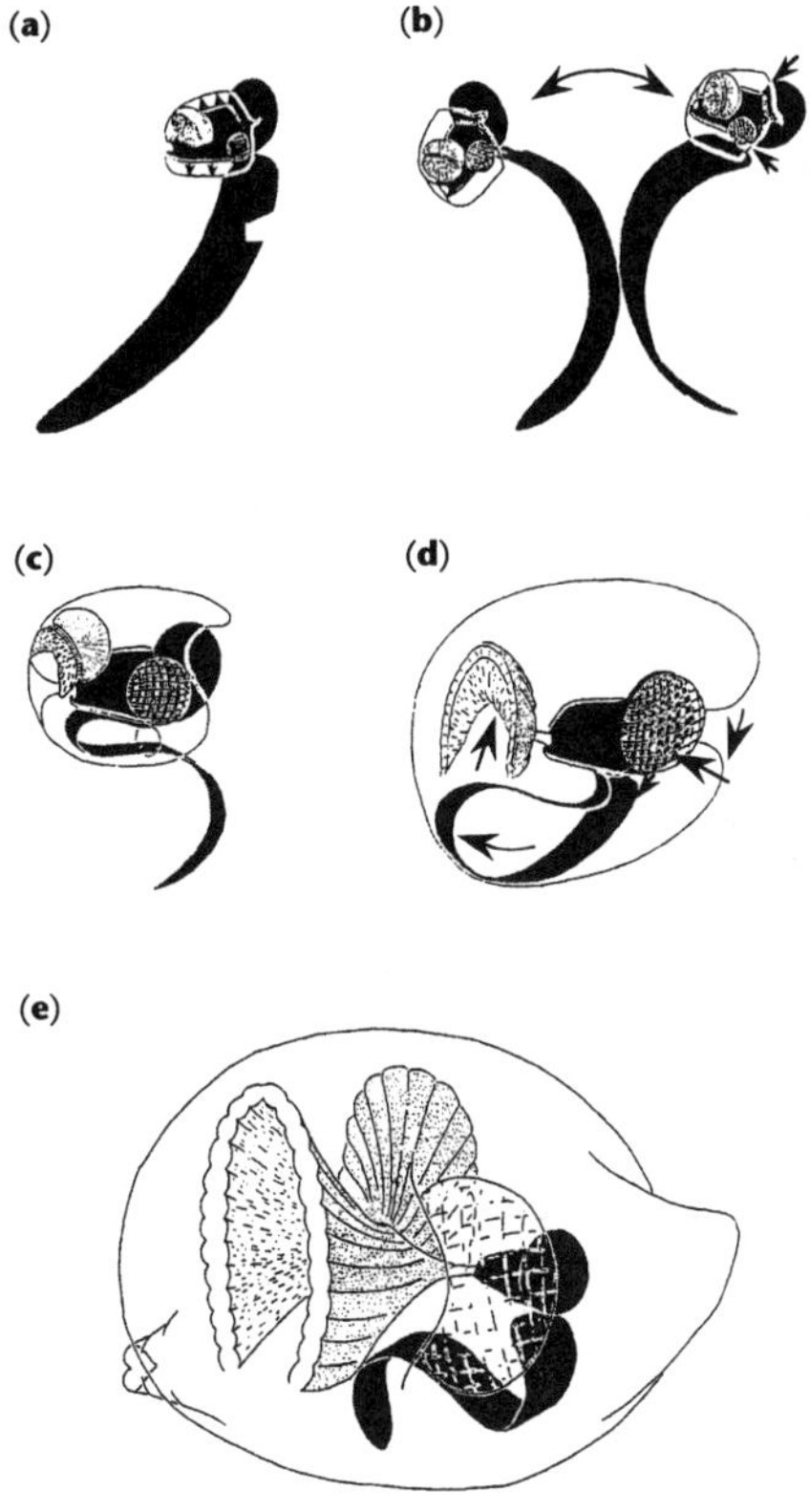

図3・4　オタマボヤの家。この生き物は巧妙な材料を用いて単純な行動で複雑な家をつくる。最初、頭部のまわりに粘性のあるカプセルを分泌してから（a)、頭を激しく動かしてそれを伸ばす（b)。尾を打ちつけるこのような単純な行動で家は十分な大きさまで拡張される（c-e）(Flood, P. R. 1994. Appendicularian-Architectural wonders of the sea. In *Evolution of Natural Structures* (Proceedings of the 3rd International Symposium Sonderforschungsbereich 230), pp151-56. Universitat Stuttgart and Universitat Tubingen より)。

するとオタマジャクシは中に入り尾を振り回して直接カプセルをふくらませて、カプセルを完成させる（図3・4）。

だがフィルターネットやバリアネットはどのようにしてつくられるのだろうか。単に出現するのだ。この答えに、はぐらかされたような気がするかもしれないが、そうではない。ここには重要な事実が含まれている。「どうやって複雑な構造物を小さな脳、極めて単純な行動、特殊化されていない構造の生物はつくりだすのか」という問いに対する答えは、「巧妙な材料を用いることによって」そうするのだ。

獲物の捕獲に用いられる巧みな材料の重要性については第6章で詳しく述べるが、いま注目したい重要な点は、オタマボヤが自分でつくる材料で家をつくることだ。脳が小さくて行動のレパートリーも限られている単純な動物でも、巧妙な分子生物学と生化学を持っている。これによってオタマボヤは構築材料も含めた特殊な分泌能力を進化させられたのかもしれない。構築材料を自分で分泌することによって構築行動に重要な利点がもたらされる。第一に、構築に用いられる材料が標準化される。分泌腺自体が構築材料の組成の品質管理を行うのだ。第二に、構築材料を集める必要がない。構築段階が始まる準備が整ったときに材料はすでに準備されている。

もしも動物のつくり手にとって材料の標準化が行動の単純化にそれほど重要ならば、材料を分泌する代わりに集める動物にも、それを標準化する方法が見られるだろう。そのような証拠はたくさんあり、二つの方法のいずれかで実行される。周囲の世界から特定の材料片を選び出すか、原材料を選んで製造段階で標準化する方法だ。標準化された構築単位が煉瓦である場合にも、両方の方法が見られる。

第一の方法を用いる例はトビケラの幼虫だ。トビケラの一種、シロ・パリペスの幼虫は砂粒を探し当てるまで前肢で川底をひっかく。それから大小広い範囲のサイズや形の粒子を拾いあげる――大きすぎず小さすぎなければ何でも。拾い上げられた粒子は全部の肢で何回も回転され、ひっくり返されて、時には拒絶されることもある。このテストをパスした砂粒は家の前方に運ばれ、全部の脚で各種各様の方向、位置に据えられ、口器で収まり具合が確かめられる。このテストに合格せずに拒絶される粒子もある。幼虫は明らかに三通りの決まったテストで材料を標準化している。しかし取り扱いと操作には、石壁職人に特徴的なある程度の柔軟性も確かに認められる。その柔軟性の程度が将来の研究の有益な目的になるだろう。

石壁職人は技能者と考えられ、煉瓦職人はそれほどの技能がいらないと考えられる理由は、煉瓦職人が均一の規格でつくられたブロックの助けを借りるからだと言っても公正を欠くことにはならないだろう。（実際、標準化された煉瓦というのがある。大きさは二一五×一〇二・五×六五ミリメートルで、セメントの厚みを一〇ミリメートルにすると二二五×一一二・五×七五ミリメートル、つまり六対三対二の比率になる）。トビケラの仲間の多くは煉瓦で、正確に言うと自分という個体の大きさを規格として、それに従って切った葉のパネルで家を造る。カクツツトビケラの一種、レピドストマ・ヒルトゥムの幼虫は大体四角形をしたパネルを切り出して、各面にパネルが一列並んだ四面の箱桁をつくる。隣り合うパネルはパネル半枚分ずれていて、屋根は両側面よりも半分、側面は床よりも半分前に突き出している。これによって幼虫の頭部は上面や側面で少し守られ、家の前方から身を乗り出したときに少し脚が動かしやすくなる。

新しいパネルを切り出したトビケラの幼虫は非常に簡単なルールに従って、設置場所を決める。それは四面のうち最も引っ込んでいるところだ。これはもちろん「床」で、それによって床の端は屋根と同じ長さになる。設置ルールによると、次のパネルは元の側面のいずれかになるが、その内のどちらか一方、仮に右側とすると、それが新しい屋根になり、元の屋根と床は左右の壁になり、元の左側は床になる。幼虫はケースの中で回転して新しい家の構造に対応する。シロ・パリペス種と比較した場合、トビケラは自分の煉瓦をつくり出すことによって組み立て過程の複雑さを減少させているが、一片のパネルをつくる最初の段階である程度の複雑さが加わっている。

構築行動を簡単にする上で煉瓦の重要性は非常に高いから、実際に構築材料を煉瓦の形として自分で分泌する動物種もいる。これはいくつかの種に独立して生じてきたもので、構築に用いる煉瓦は糞の塊だ。

私は小学生のころイモムシを捕るのが好きだった。中でもコエビガラスズメの幼虫は特別だった。毎年夏になるとその幼虫がいる茂みは小道を覆うように茂っていたから、そこで均一な樽型をした大きな糞を探した。ケムシの糞は乾燥して堅いことが多く、本当に煉瓦のようだ。「ミノムシ」というミノガ科のガの幼虫がいる。トビケラの幼虫と同じように筒をつくり、それが蓑（みの）に似ていることからこのように呼ばれる。この幼虫は木に住んでいる。私は世界各地でこの幼虫の蓑を集めてきた。そしてマレーシアで一個取って来て何年も経ってから、思いついてその細長いなめらかな筒の組成を顕微鏡で調べることにした。それは新発見だった。裸眼で見るとさしたる事がなかった表面には小さな糞のペレットが規則正しくらせん状に並んでいた。オーストラリアのある種の幼虫は、糞を改良して煉瓦でなく梁をつくった。この種のガの糞は煉瓦状のペレットでなくて三、四個のペレットの端と端がつながった棒の形で排泄される。幼虫は棒を絹糸でまとめて垂直材や屋根の梁をつくり、その上を絹糸の膜で覆って閉じた管をつくる。絹糸と糞という自分の二種類の分泌物を高度に標準化された材料とすることによって、構築行動を構築に限定する。

絹糸は粘液とも同じように、可塑性のある（つまり融通が利く）自家分泌の材料だ。どちらも粘性のある形で産出され、絹糸の場合には糸の形に引き伸ばされる。集めてくる材料にも可塑性を持つものがあり、とりわけ最も広く見られるのは泥だ。鳥の各種の約五パーセント、そしていくらかの昆虫も泥を巣づくりの主な材料にしている。狩人バチの中には泥で小部屋をつくってその中で幼虫を育てるものが良く知られている。大部分の人にとって、泥というのは大雨の後の土にすぎないが、陶器をつくる人は粒子の細かい粘土を選び、固くなる前に形をつくりやすいように水分の含有量を慎重に調節する。陶芸家にとって「泥」は陶芸の原材料を適切に表さない。昆虫の陶芸家も同じように泥にこだわりがあると考えるべきだろう。

泥で巣をつくるハチのうちには直接泥を集めるものもいるが、その粒子の大きさや水分含有量に関することはほとんど何も知られていない。トックリバチの場合、ハチは自分が選んだ土の場所に嚢で水を運び、それを吐き戻して泥をつくる。これによって泥をつくる時に必要な土と水の両方を自分で管理する機会がハチに与えられる――構築に適した標準化された泥をこしらえる機会だ。

私も土をひねってみた時期があったが、現実に降参して、陶器は収集することにした。しかし私はその経験を通して「ろくろ」でつくった陶器、「たたら板」の陶器、「ペレット」を使う壺づくりなどの陶芸の技法を知ることができた。ろくろは、もちろん回転台に乗せて回すやり方だ。たたら板というのは、粘土板を菓子の生地のように伸ばしたもので、好きな形に切って、例えば箱をつくるとしたらそれを貼り合わせる。ペレットによる壺づくりは、柔らかな粘土の玉を押しつけて陶器をつくる。動物のつくり手が用いるのはこの最後の方法で、扱いやすい量と標準化された単位の材料を用いる。

ペレットでつくるにせよたたら板の陶器にせよ、あるいはろくろでつくった陶器に把手を付けるにせよ、問題になるのは割れてしまうことだ。粘土は乾くにつれて縮む。だから干上がった貯水池の底の泥はひび割れる。私が陶器をつくっていたころ、マグカップに把手を付けるときに水分含量がわずかに違う粘土をうっかりくっつけてしまうことがあった。本体と把手が異なる割合で縮んで、マグを釜に入れる前に割れ目が入り、そこから把手はもぎれてしまった。すべての陶芸家は（人間でも動物でも）この問題に直面するが、それでも解決法がある。それはティキソトロピーという特性で、素材物質が静止状態では安定していて、機械的刺激を加えると流動的になるものである。

水辺から数メートル離れた砂浜に立って、足で砂を急激に踏みつけると、砂が液状になるような感じで足が沈み始める。これがティキソトロピーだ。左官仕事をするジガバチ科のトリゴノプシスは、口器で泥の塊を運んでつくりかけの巣に戻ると、泥のペレットを巣に押し当てて、それと同時に嚢の水をペレットに少し加える。次にハチはブンブンと柔らかな翅音を立てて、その震動で泥を液状化させ、それを後ろ向きに広げて巣をつくる。ツバメも泥のティキソトロピー特性を利用するようだ。彼らは家や農場のまわりの水たまりから泥のペレットを集め、嘴で素早くはねかけて新しいペレットを巣に溶接していく。はねかけることでよって泥の中の水がさらに可動的になり、やや乾燥した巣の泥の中へ流入するので、「溶接」という言葉が適切であるように思われる。ペレットと巣の間の結合部分は水を共有して、一緒に震動して、震動が止むと共通した粘度を持つようになる。

だが、隣り合うペレットは粒子のサイズという点で似たような組成を持っているのだろうか。全てのツバメが用いる標準化された泥があるのだろうか。その通りだという興味深い証拠がある。ある研究では同じ地域の納屋に巣をつくるツバメと崖に巣をつくるサンショクツバメの巣に用いられた泥の組成が比較された。前者は浅い張り出した型の巣、後者は入り口のある深い鉢形の巣をつくる（図5・1）。この研究のデータからは、ツバメの巣の泥はサンショクツバメの巣の泥よりも砂が少なく、粒子の細かい沈泥が多いことを示しているように見える。私はこの研究が再度行われることを望んでいる。追認されれば、次にはそれぞれの泥のタイプが何に対する適応であるかを調べる必要がある——扱いやすさだろうか、完成した構造物の強度だろうか。これはちょっとした研究プロジェクトになる。しかし今の話の流れとしては、これも動物の構築行動を単純化する上で重要な要因の一つ、すなわち構築材料の標準化に関する一連の証拠の小さな一例ということだ。

泥による巣づくりは、構築が小片をただつなぎ合わせる以上のものであることを示している。小片が離れないようにしなければならない。これには特別な「結合させる」行動が必要になることもある。泥を使うつくり手は材料を震動させる。ロッククライマーは特殊な結び方、例えば二重てぐす結びなどで二本のロープをつなぎ合わせる。ロープには別のロープと自然に結びつく傾向はないから、結びつける時には複雑な行動が要求される。それに対してヴェルクロ式［二面の一方が微小なフックの並びになっていて、相手面のループの並びをとらえる］になっている二つの材料を結合させるときには、二面を押しつけるだけでいい。材料が複雑で、行動は単純である。ここで問題になるのは、動物は材料を結合する行動を単純化するために材料が持つ結びつく傾向を利用することがあるのかということだ。

二つの構築材料をつなぎ合わせるときに接着剤を用いる方法は、行動よりも材料側の責任を重くする。エントツアマツバメは建物の壁の内側に小さな張り出した巣をつくる。この鳥は唾液を使って、その他の唯一の材料である短い小枝を貼り合わせる。トビケラの幼虫は砂粒や木の葉のかけらをつなぎ合わせるのに絹糸を使い、口器から二本取りの絹糸を前後に吐いて携帯家屋の前部に新たな材料のかけらを貼り付ける。かなり簡単なこの反復行動だが、ヴェルクロテープを貼り合わせるほどには簡単ではない。しかし実際に、動物の中にはヴェルクロテープの原理を使うものもある。鳥の巣づくりではかなり広い範囲に見られる使用法で、少なくとも二五科の鳥にそれが見つかっている。ヴェルクロ法のよい例がエナガの巣に見られる。これは柔軟性のある袋状の巣で、てっぺん近くに小さく丸い入り口があり、ハリエニシダやキイチゴの茂みの低いところにつくられていることが多い。そして断熱のために一般に二〇〇〇本以上の羽が羽毛布団のように詰められ、外側は淡い色の数百枚の小さな地衣類のかけらで覆われている。巣全体をまとめている袋はヴェルクロの袋で、その二つの構成要素は小さい葉を持つコケの一種とジョロウグモなどのフワフワした卵嚢(らんのう)だ。細かい葉とコケは「フック」の働きをして、クモの卵嚢は「ループ」の働きをする。

エナガの巣は巧妙で優雅だ。それは約六〇〇〇の小片をつなぎ合わせたものだが、たった四種類の材料しか含まれていない。地衣類、羽、コケ、クモの卵嚢だ。ノーベル賞受賞者のニコ・ティンバーゲンがこの巣について一九五三年に次のように書いている。「それ〔構築行動〕について最も驚異的なのは、それほど少なく、単純で、それほど柔軟性のない運動が合わさってそのように素晴らしい結果をもたらす点だと思う」。植物性の材料とクモの糸をヴェルクロとして利用する鳥は、巣づくりの簡単な方法をうまく利用している。「なるほど、クモの巣は確かに粘着性のあるテープとして利用できるんだ」と考えるとしたら、それは間違っているだろう。クモの網のうちには獲物を捕らえるための粘性のある液体で覆われているものもあるが、それもじきに乾いてしまう。多くの種類の小型の鳥が卵嚢の絹糸と同じように、あるいはその代わりとしてクモの網の絹糸を使うが、それはどの場合にもヴェルクロのループとして用いられるのであって、粘着テープとしてではない。絹糸は非常に重要な構築材料だ。クモのほか、ケムシやトビケラの幼虫を始め、他の昆虫にも自分で使う絹糸を自分で分泌するものもいるが、ここで見たように、多くの小型鳥にとってはその中古品が巣づくりの重要な材料になっている。彼らはヴェルクロの部品として、あるいは第1章で取り上げたようにコクモカリドリの巣を留める打ち込みリベットとして、またある種の鳥では縫いつける絹糸としてそれを利用する。

縫うためにはある程度の技能が必要だ。ホテルのバスルームに小袋や瓶と共に置かれた裁縫セットを実際使ったことがあるかもしれない。取れたボタンを縫いつけようとするあなたは、行動の問題に直面する。布とボタンの穴に針を通すと、その針を手から離して裏側で持ち直してからもう一度刺さなければならない。それほど難しいことではないかもしれないが、それができる他の動物は非常に少ない。そしてそれらは事実上全部、鳥である。サイホウチョウというぴったりの名前を持つ鳥は［英語では「仕立て屋鳥（tailor bird）」。学名の種小名 *sutorius* も英語の「縫合（suture）」と同語源］、絹糸と植物の軟毛を混ぜて短い糸をつくり、隣り合った生きた葉を縫い合わせてぶら下がったバッグをつくり、中に細かい草を詰めて巣をつくる。二枚の葉を縫い合わせる時に、鳥は嘴で糸を葉に通し、糸を離し、反対側から糸を取ってもう一枚の葉に通す。同じ糸で二目あるいはそれ以上縫うことができるが、二枚の葉をしっかり縫い合わせるには二本以上の糸が必要になる。この鳥はこの行動においてかなりのレベルの複雑性を見せているが、いわゆるハタオリドリと呼ばれている鳥にはとてもかなわない〔「ハタオリ」は英語 weaver（織り職人）の訳。種は多いが、概してアフリカ産〕。

一般にハタオリドリの特長である「機織り」は私たちが織機で布を織るときの縦糸と横糸の規則的な上下によるものではない。この鳥は私たちがロープを扱う場合と同じ問題に取り組む。互いに付着する特性を持たない二本、あるいはそれ以上の材料をいかにしてまとめるかという問題だ。人間と鳥のどちらにとっても、まず細長い材料の入手方法の問題がある。私たちは植物繊維から糸を紡ぐが、鳥の場合にはそれよりも簡単だ。彼らは単子葉植物の葉の特長を利用する。イネ科植物、ヤシ、ユリなどはどれも単子葉植物で、葉脈が端から端まで平行に通っている。広葉樹、バラ、大部分の植物は双子葉類だ。双子葉植物の葉脈は分岐して、レース状のものもある。双子葉植物、たとえばスズカケノキやニンジンなどの種を蒔くと、最初に二枚の丸いヘラ状をした葉が地面から顔を出す。そしてその二枚の間からそれぞれの植物に特徴的な葉が出現する。これら胚由来の葉が子葉であり、それが二枚であることから双子葉植物なのだ。イネ科植物の子葉は一枚なので単子葉植物という。

植物学の余談はこれくらいにして、ハタオリドリに話を戻そう。ズグロウロコハタオリドリは細長い構築材料をどのようにしてつくるのだろうか。この鳥はナピアグラス〔丈の高いイネ科草本。アフリカ原産で、帰化植物として沖縄などにも定着〕の葉の基部に降りて、嘴で数本の葉脈を切断する。そして切断した部分を嘴で持ち、葉を細く裂きながら飛び立つ――きわめて単純な手順だ。

この鳥が次に直面する問題ははるかに難しい。本質的に直線的な構築材料から、どのようにして三次元の吊り籠をつくるのだろうか。巣づくりがすでに始まっていたとしても、巣の素材に糸を通し、糸を元の面に通し返し、そして糸全体が素材の一部になるまでそれを繰り返さなければならない。この行動には慎重で継続的な嘴と眼の連携、そして認識可能な縫い目を用いることが必要になる。一九六〇年代の古典的な研究でハタオリドリが様々な縫い方や結び方を用いることが明らかになった。普通の裏表の縫い方を始めとして、船乗りなら誰でも知っている結び方、らせん綴じ、半結び、簡単な一つ結び、引き結びなどが含まれていた。(3)

実のところ、一種類ではなく二種類の鳥が独自に「機織り行動」を進化させてきた。ハタオリドリ亜科に属する鳥には、アフリカのほかアジア等に見られるものもある［原文では village weaver がアフリカとアジアとなっているが、この英語名に相当する和名の鳥（ズグロウロコハタオリ）は図鑑ではアフリカのみに分布。訳文では適宜書き換えた。］。この仲間の鳥はイエスズメと同じ科に属する。これら「旧世界」（ヨーロッパ、アフリカ、アジア）のハタオリドリは四〇〜六〇グラムの鳥で、雄が巣づくりの大部分をする。これとはほぼ無関係に、新世界のオオツリスドリやツリスドリの仲間——フィンチや新世界の多数のフウキンチョウに近い——も吊り籠型の巣をつくり、巣づくりの大部分は雌が行う。オオツリスドリはハタオリドリと全く同じ方法で平行脈の葉で工作材料をつくる——葉に切り込みを入れ、切った部分を持って飛び去るのだ。このグループの鳥が巣材を結びつける方法に関する知識は限られているが、らせん綴じと半結びが含まれていることはわかっている。一般にオオツリスドリやツリスドリは旧世界のハタオリドリよりもかなり大型だが（オオツリスドリの雌は二二五グラム）、嘴は長くて先端が尖っている。旧世界のものの短くて三角形の嘴よりも、こちらの方が機織りに適しているようにも思える。

これら二つのグループに属する鳥が巣づくりに用いるテクニックは構築行動の複雑さに関するこの章の中で、今までのところ最も強力な例を表している。材料同士が結びつくことはないのだから、それらを結びつける複雑な行動が必要になる。嘴だけが操作に用いられることを考えると、同じ細長い糸をたどったり回収したりするらせん綴じや、結び目をつくることは熟練を要する仕事のように見える。もしもそうであれば、練習すれば完璧な技術が得られることを示す証拠が期待できるかもしれない。ハタオリドリは練習すればもっと上手に巣をつくれるようになるのだろうか。この場合も入手できた証拠はごくわずかだが、それは少なくとも単なる観察でなくて実際の実験から得られている。

これは四〇年以上前になされた実験で、最初の年に若い雄のズグロウロコハタオリドリに新鮮な青い巣材を扱う経験をさせた場合（対照区）と、させなかった場合（実験区）が設定された。両方の実験区で一年目の鳥の技術を比較したところ、実験区の雄はアシの葉を与えても最初の一週間は一本も草を織ることができなかった。三週間練習しても、経験のある対照区の成功率が六二パーセントに対して実験区は二六パーセントにすぎなかった。与えられた葉から細い構築材料を裂く場合にも、実験区の鳥の方が不器用だった。鳥における構築技術の学習に関する研究がこれほど少ないこと、そして巣づくり行動が遺伝的に決定されたもので学習の必要がないという考えが広く行き渡っていることに私はずっと驚きを覚えている。この実験結果は大部分が事実かもしれないが、私たちには知る必要がある。さしあたりは、つくり手たちが直面する問題で最も難しいと思われる材料を一つに結びつける点で、技能学習の証拠が見られているのは興味深く価値のあることだ。

「技能」と私が言うとき、それは効率のいい機械的な実行でなく、構築材料を使って練習を繰り返したことによって生じてくる熟練を意味している。あなたは靴紐を蝶結びに結べる。私もできる。しかし私たちが同じ結果を得たとしても、きっとあなたの指の動きや握り方は私のやり方とは違うはずだ。私たちには誰でも独自の癖がある。ハタオリドリの巣づくりにはそれぞれ各個体に合わせた能力の発達を示唆する癖や「こつ」のようなものがあるのだろうか。私が探っているのはそのようなことだ。

一片の材料を巣に織り込むのも難しいことだが、鳥にとってたぶん最も難しい部分について私はまだ話していない。それは巣をつくり始めることだ。ハタオリドリの巣は、たいてい細い小枝の先からぶら下がっている。これは木に登る蛇のような捕食者に対する防御策だ。鳥にとって第一の難関は、最初の一本の材料を両足で正常な位置に保ちながら嘴の操作だけで小枝の先に取り付けることだ。

この章の始めに私が述べた第三の予測によると、構造物に着手するには最小限の標準化と最大限に多様な構築行動の必要性が考えられた。ハタオリドリにとっての問題が、このことの実例になる。一本の細い植物片には小枝に付着する本質的素質は備わっていないし、小枝の先端部分の分岐の数や構造も多様だ。こうしたことが、構築行動における標準化を困難にしている。

ひとたび枝先に巣がつくり始められれば、すでに組み込まれた部分に新しい材料を追加していくことができる。こうなると構築過程は完全につくり手の支配下に置かれるようになり、単純で反復的な行動がうまく進むようになる。私の予測に対するこの問題と証拠は、これまでまだ系統的な方法でほとんど調べられていない。しかし問題自体は、木に営巣する数種類の鳥の巣の取り付け方法の多様性を指摘する一九五〇年代のある科学論文で確認されている。たとえばオオツリスドリの近縁種であるボルチモアムクドリモドキは枝の上から吊したり、上下から何本かの枝——二本、三本、あるいは四本——に固定したりすることがある。ボルチモアムクドリモドキの巣は、いったん付着部分を確保すれば、他の点では予測可能で種に典型的な植物繊維で織られた深い袋型の巣をつくることから、構築行動にはそれほど多様性が見られないことが示唆される。

ハタオリドリの巣づくりは、構築行動における即興から予測可能性への移行のさらに詳しい実際例となる。丸天井を持つ巣は、いつも枝の先端からぶら下がっている。経験のない鳥は大変な苦労をして最初の数本の草を枝先に取り付ける。デーヴィッド・アッテンボロー［一九二六年生まれ。英国の動物学者で、ことにTVの自然番組で有名。サーの称号を得ている］のテレビ番組で、私が科学アドバイザーをやった『生命の挑戦（*Trials of Life*）』では、経験の浅い雄のハタオリドリが、ぶら下がった小枝の先端に最初の三、四本の草を取り付けようとして悪戦苦闘する様子を長々と見せている。なんとか突破口が得られたように見えたその瞬間、巣の基礎になる部分が全部外れてしまった。翼を半分開いた状態で逆さになった哀れなハタオリドリは画面の下に姿を消し、鳥がつかまっていた巣の付着部分だけが後に残った。

この鳥は、ぶら下げた草の先に草で編んだ垂直な輪をつくろうとしていたのだ。この輪の中に立って、いつも一つの方向に向かうようにすれば、鳥の届く距離から、巣の寸法が決まる。前に嘴を伸ばすと、その先端は巣の窪みのサイズと形を決める弧を描く。上方に体を伸ばし、後ろへもさらに伸ばすことによって、嘴の先端は巣の窪みへと、それに続く入り口を守るポーチ部分のカーブした輪郭をつくる。鳥は自分の体の届く距離を鋳型として利用する。

身体を鋳型にする方法は、構築行程の単純化を助ける方法として広く使われている。トビケラの筒の美しい円形部分は、幼虫にとってつくりやすい部分だ。前方の縁の突き出しがいちばん低い部分に次の砂粒を付け加えていくというルールを適用しながら、体を伸ばし、脚で砂粒を持って、絹糸で貼り付けていけば済む。脚の寸法が貼り付け位置を決める。それはどの方向を向いても同じ距離になるから、完全に丸い管ができる。鋳型の話には後に再び出会うことになるが、これは構築行動を簡単にするもうひとつの方法だ。

ちなみに、ミツバチは巣の小部屋を仕切る蝋の円筒を、自分の体を使ってその周囲につくる。だが、ミツバチは確かにあのように素晴らしく完璧な六角形をつくるので、それは彼らの優れた構築の技量を表すのではないかとして、異議を唱える人がいるかもしれない。実のところそれはミツバチがつくるのではないし、技量でもない。ハチがやるのは巣の上に塊を置くことで、その塊の中で何匹かのハチが円筒をつくり始める。それと同時に、ハチが集団で飛翔筋を震わせると塊が熱せられ、半ば溶けた状態の蝋が流れて、石鹸の泡の塊のような美しい形状がつくり出される[4]。スズメバチが紙のパルプでつくる六角形の巣はどうなのか。この場合には、溶けた蝋の魔法は使わない。構築の過程でさらに調整が必要になることは確かだが、その方法についてはほとんど情報がない。

このあたりで、構築行動に関する私の予測を復習しておこう。自然選択が単純な構築行動に有利に働いたことを示す証拠が動物には確かに見られる。予測で考えた通り、標準化された材料を使うことはこの問題に対する広く行き渡った解決法であり、これは行動を伴わずに標準化が可能な自己分泌物を用いる場合だけでなく、標準化された材料の収集と生産を通して行われることもある。行動を単純化するのに鋳型が用いられる場合もあるが、ただしつくり始めの段階では行動に何らかの柔軟性が不可欠かもしれない。私が「かもしれない」と言ったのは、着手から完成までの構築の全行動に関して、まだ細部で欠けている部分が確かにあるからだ。様々なタイプの構築行動の難しさを比較する場合には、行動レパートリーの広さや学習能力に関する情報が必要になるが、そうした情報はまだ断片的すぎる。やるべきことはたくさんある。

ここで、構築に必要な身体構造に関する私の予測を少し詳しく考えてみよう。予測したことの第一として、構築に利用される構造が示している適応の程度は、その部分が構築に用いられる程度を反映しているということがある。

鳥は巣づくりに嘴を利用する。だがこの章ですでに見てきたように、嘴は圧倒的に摂食行動に適応したものであり、巣づくりでは補助的なものにすぎない。しかし摂食行動にはかなりの操作的技能が要求されるので頭部と嘴がまず摂食行動に適応した結果から、おそらく巣づくりに必要な行動も最大限それを利用できるようになったのだろう。それにしても、巣づくりのための嘴の特殊化に関する証拠がいかに少ないかには驚かされる。鳥の中で最も技能に長じた巣づくり行動をする二つのグループの「織り屋」の嘴のデザインには、相似が認められない。旧世界のハタオリドリの短い嘴は種子を食べるために特殊化されている一方で、オオツリスドリの直線的で鋭い嘴は果実を主とする食物に適応している。口達者な弁解のように聞こえるかもしれないが、それならばなぜ、雄が実質的な巣づくりをするハタオリドリ類や、雌だけが巣づくりをするオオツリスドリで、雌雄の嘴に明確な違いが見られないのだろうか。私は「明確な違いが見られない」と言ったが、これらの種の雌雄の嘴に見られる小さな違いを誰かが実際に探して見るべきだろう。実際何らかの違いが見つかるかもしれない。そうだとしても、鳥の嘴の形は圧倒的に食物［の種類］を指し示している。そのために主に用いられるからだ。

技能的な構築用として特殊化された動物の身体構造には、鳥以外ではどのようなものがあるだろうか。私が好きな例はテッポウエビが縫うために使う構造だ。本来は二対目の「脚」の働きをしていた爪で、藻類の糸を繊維質の藻類のマットに通して縫い合わせるのに使う。藻類のマットの裏に糸が通ると、再びそれを摑(つか)んでもとの表側に通す。これには慎重さと技能が必要で、特殊化された行動が必要に見えるかもしれないが、その情報は少ない。また、特殊な体の構造が必要とされるようにも見えるが、このエビは確かにそのような構造を持っている。

テッポウエビは小型のロブスターのように見える。一対目の「脚」は挟むことができる巨大な爪で、片方の爪がはるかに大きい。その理由はあとで述べる。その後ろには四対の細く繊細な付属肢がある。最後の三対はどれも同じように見える。いずれの脚も蝶番でつながった七つの節で構成されて、最後の節は簡単な鉤爪(かぎづめ)になっている。この三対は歩くためにだけ使う。この脚の手前にあり、大きな爪の後ろにある第二の付属肢が構築行動に用いられる。この付属肢は、先端の二節が小さな親指ともう一本の指のように変形した爪になっている点で歩く脚と異なっている。歩く脚よりも長くて柔軟性を持つ点でも違いがある。また、歩く脚では先端から三節目に相当する節が、関節のある五個の節になっている。これこそ技能的な構築行動のために特殊化された身体構造を示す優れた証拠ではないだろうか。ところが実は、そうでもないのだ。テッポウエビの仲間には、藻類のマットでなしに砂に掘った穴に住んでいるものもある。だが、そのようなエビでも、大きな爪の直後、歩く脚の手前に高度に特殊化した脚がついている。テッポウエビはこの脚を使って体のどの部分に着いたゴミでも取り除くことができる。これは身づくろい用の爪なのだ。[5]

脚の主な仕事は体を移動させることだが、その間にも直接操作を行わずとも構築に大きく関わることがある。オビカレハ［この蛾の幼虫が「テンマクケムシ」。原文で引き合いに出されているオビカレハは日本の種と違い、ケムシの方も「トウブ（東部）テンマクケムシと表記してあるが、内容は共通と思われるので「トウブ」は省略］は、絹糸でつくった樹上の天幕内のコロニーで生息する。彼らは絹糸の生地を集団でつくり、絹糸を口器から押し出しながらある特定の方法で歩き回って生地を補強する。それゆえ糸の経路はケムシの頭部の動きと一致する。ケムシが歩くときに、頭は当然前を向いているが、しばしば尾に向けて円弧を描きながら頭を大きく振って戻す。ケムシは頭を右や左に振りながら歩き続ける。時々歩く方向を右や左に変える。たくさんのケムシがこのようにして絹糸を口から吐きながら天幕の表面を歩き回ることによって、天幕の壁を強化する何層もの絹糸が積み重ねられる。

テンマクケムシの脚の動きと頭を振る運動は餌を探すあらゆるケムシの運動と同じように見えるが、天幕を張る場合の行動の方が、より定型化している。重要な点は、幼虫が餌を探す時も天幕を張る時も、脚はほとんど同じ仕事――歩くこと――をしていることだ。同じことが円形網をつくるクモの網づくりについても言える。完成した網に見られる糸の配列は、クモが脚で移動した経路を表している。動物界では移動器官としての脚が、慎重に調整された運動のための適応を繰り返してきた。巣をつくらないケムシの先祖がしてきたこと、そしてケムシやクモなどは、現在は構造物をつくっていないものでも、歩く仕事はやり続けている。巣を張るのに効率の良い脚を持つには、特段の変更は不用だろう。鳥の例ですでに見てきたように、口に関してもほぼ同様のことが言える。鳥は食べるときにしっかり操作できるように適応した嘴がある。それを巣づくりにも適応するものとするのに、少しは変更が必要だったかもしれない。

つくり手の身体構造に関する私の第二の推測、それは、良い解決法の数が限られているということだった。構築に関する構造でも、その進化的な起源は食物摂取と移動に関するものが圧倒的であり、一般に構築機能と併せてもとの機能も保持されている。構築行動を行う動物のどれ一つを選び出しても、この結果は良く当てはまるだろう。生物学で絶対的な結論を主張することは危険ではあるが、先祖が口として使ったものを現在構築にだけ使うつくり手の例を、私は一つも見つけられない。

食物摂取と移動に用いる器官だけが、構築に使う身体構造になっている例は、動物界に広く行き渡っている。イトヨの雄は巣をつくり、雌がその中に卵を産む。雄はその後、巣に産みつけられた卵の世話をして、孵った稚魚を守る。巣は植物を腎臓からの分泌物で貼り合わせたものだ。繁殖期の雄は行ったり来たり泳いで、営巣地まで材料片を口で運ぶ。次に巣材に腹を押しつけて粘性のある物質を分泌して、材料同士を貼り合わせる。このように様々な体の動き（速く、遅く、前へ、後ろへ、回転）は鰭の運動によって行う。鰭は、鰭がやる通りの仕事をするわけだし、口は物体を銜えて持つ。魚の構築者にとって、構築用の特殊な鰭や特殊な口は必要ないだろう。紙で巣をつくる社会性スズメバチは、顎の噛む運動によって木屑を集めてパルプをつくる。これは獲物の昆虫を噛むのと同じ顎だ。口と顎が構築に用いられる時にも、食物摂取器官としての第一の機能は常に保持されている。結果として、これらは構築器官としての明確な特殊構造を驚くほど持っていないのだ。

だが、ちょっと待ってもらいたい。動物が構築に用いる体の構造がそのように明確な特殊性を持たないと簡単に片付けるわけにもいかない。第三の予測があったことを思い出そう。力が必要なところには形態的な特殊化が生じ、それは穴掘りを行う動物に最も明確に表れるということだった。

地面を掘るのは難しい。地上を歩くのと同じ距離の穴掘りをする場合のエネルギー・コストは、土壌の質によって違うが、三六〇～三四〇〇倍も大きくなる。穴掘りは重労働であり、効率的に仕事をするには特殊な装置が必要になる。それは理解できると思う。

ここでまた、クイズ式の質問を出してみよう。**図3・5**に示した六種類の動物のうち三種は昆虫、三種が哺乳類だが、どれが穴を掘るだろうか。もしも(a)と(b)、(e)と(f)という答えだったら、そこまでは正解だが、(c)と(d)を答えに入れなかった点では不正解だ。実のところ、図の動物はどれも穴掘りをする。では補足的な質問。六種のうちで、おもに地下で生活し、地表にほとんど現れないのはどれだろうか。この場合の答えは確かに(a)、(b)、(e)、(f)になる。体の構造の変化の程度は、行動に対して予測されるものと一致する。構築用の特殊化の程度は、その行動に費やされる時間を反映する。

ウサギ(c)は哺乳類だ。ウサギは確かに穴を掘るが、餌は地上で餌を食べる。そこで、捕食者が突然出現した時には急いで巣穴に走る必要がある。速く走るには長い後脚が必要だ。ヨーロッパモグラ(a)も哺乳類だ。ミミズを食べ、それを探して地中を掘り進む。やはり哺乳類のフタイロデバネズミ(b)は地下に生息する齧歯(げっし)類で、餌になる球根や塊茎を求めて穴を掘る。

穴掘りをする昆虫も似たパターンに従う。ジガバチ科の一種であるキズジツチスガリ(f)は昆虫である。このハチは砂質の土に小部屋を掘り、幼虫に与える甲虫を入れる。獲物を探して捕らえるには葉の上や下を飛んだり走り回ったりしなければならない。穴掘りにかける時間はごく僅かな部分にすぎない。ケラ(e)やカゲロウの一種ペンタゲニア・ヴィッティゲラの幼虫(f)は、大部分の時間を穴の中で過ごす穴掘

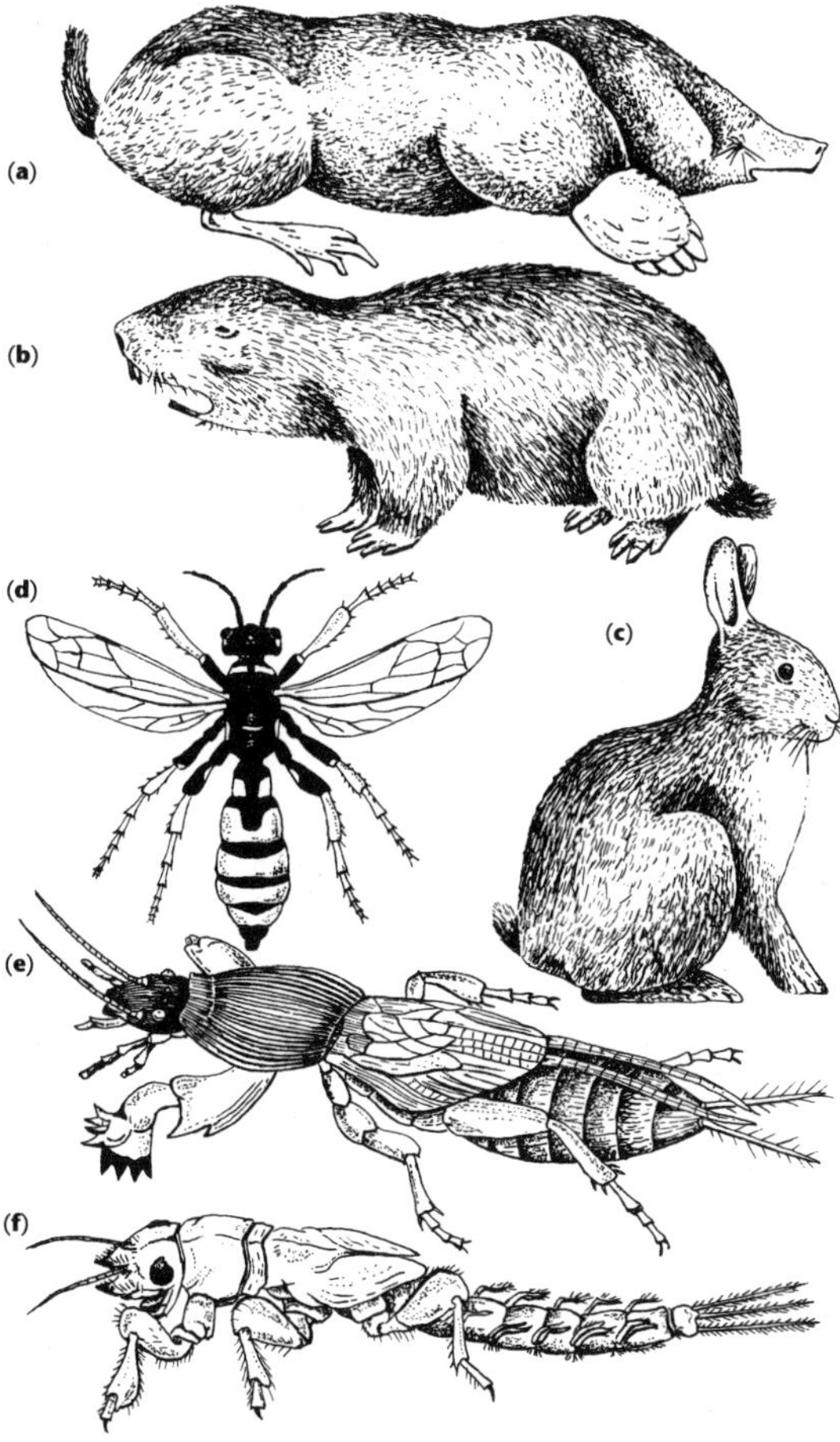

図３・５　６種の生物のうち、巣穴を掘るものはどれか。(a)ヨーロッパモグラ、(b)フタイロデバネズミ、(c)ウサギ、(d)単独性のジガバチ（*Cerceris*）、(e)ケラ、(f)カゲロウ（*Pentagenia*）の幼虫。説明は本文参照。

り専門家だ。

哺乳類には二つの異なる特殊化された穴掘りのテクニックがある。一つは脚を使う方法、もう一つは歯で掘る方法だ。モグラは筋肉質の短い腕でシャベルのように変形した前肢を動かす。筋肉質であることは骨格を見るだけでもよくわかる。強い筋肉が強い梃子を動かさなければならない。その結果、脚骨の筋肉付着面が拡大される。筋肉の仕事は、次に手先の強い力に変換されなければならない。梃子の端に届いた仕事は、力と梃子の先端から蝶番（支点）までの距離の積に等しい。その結果、同じ仕事に対して短い梃子の先端は強い力をつくり出すが動く距離は短く、長い梃子の先端は長い距離を動くが比例的につくり出す力は小さい。モグラは短い脚で掘り、ウサギは長い後ろ脚で走ることで、より多くの利益を得る。

デバネズミ［英語名は「モグラネズミ（mole rat）」］は齧歯類の動物で、上下の顎の一対の長い門歯が特徴的だ（齧歯類［*Rodentia*］の名前の通り、かじる［ラテン語*rodere*］歯［*dens*］の動物）。齧歯類はほとんどのものが菜食で、歯を使ってかじる。しかし地下に住む齧歯類は、掘るために歯が特殊化している。一回に大量の土をすくい上げられるように伸びていることが最も顕著な変更だが、門歯の後ろで口を閉じることができるように唇も変形している。デバネズミは口の中を土で一杯にすることなしに歯で掘ることができる。力を強化するための顎の筋肉と頭骨の適応も確かに認められるが、それほどはっきりしない。

昆虫の穴掘り専門家にも動物と同様の適応を見ることができる。顎と肢の両者あるいは一方に変更が見られる。ケラ［英語名は「モグラコオロギ（mole cricket）」］は驚くほどモグラに似ていることから、このように呼ばれている。骨格が外側にあるので、短くてずんぐりした前肢の先端に刃のついたシャベルが見える。カゲロウの幼虫では、顎と前肢の両方に変更が認められる。この幼虫は圧縮された粘度の中で、おもに短くずんぐりした牙状の口器を使って粘土を押しのけながら穴を掘る。広くて毛の生えた前肢は掘った土を後方へ押しやり、同時に脚の先端近くにあるずんぐりした距（けづめ）状態の突起がトンネルの両側を広げる。

ここで取り上げた穴掘りの名手が用いる装置の進化的起源は一目瞭然だが、さらに興味深いのは、それぞれの道具が、手際よく操作ができるように自然選択を通して採用されたのと同じ身体部分、すなわち歩くための脚とか、顎とかが変更されたものであることだ。特殊な穴を掘る他の動物もいて、木材や石のような非常に固い材料に穴を掘る。多くの昆虫の幼虫は木を食べる。木は非常に消化しにくいから、成長するまでに何年もかかる。何種類かの昆虫の幼虫は木に穴を開ける。具体的にはガや甲虫などがよく知られており、これらは一般に大きな顎を穴掘りと同時に食物摂取にも使っているので、私たちがすでに確立したパターンの裏付けになる。しかし私はテッポウエビに戻って、力を放出するための身体構造の適応例を最後に取り上げたい。この場合の力とは、岩に穴を開けるような力だ。

テッポウエビの仲間は一般に砂の中の天然の窪みや穴に生息する。その一種、アルフェウス・サクシドムスは岩の窪みに住んでいるので、とりたてて素晴らしい家とは言えない。テッポウエビでは、大きな二つの爪の片方が引き金の働きをして、収縮した筋肉の力を放出する。それによって水中に衝撃波が生じるほどの速さで爪を閉じることができることから、このように呼ばれている。この衝撃波で小魚のような獲物を気絶させたり殺したりできるが、アルフェウス・サクシドムスの巨大な爪の先端は、すり切れて傷ついている。これはおそらく岩で摩耗したものと推測される。どうやらこのエビは岩の表面に爪をあてて、繰り返し引き金を引いて岩の中に窪みを掘るらしい。(6) たしかにユニークな方法ではあるが、この例もこの章で取り上げてきたテーマを再確認するものになっている。単純で反復的な構築行動。構築のための最も顕著な身体構造が力を放出するために適応したものであること。そして構築行動やそのための体の構造が顎の運動とか、あるいはこの場合の脚［歩脚の変形である「はさみ」］の運動とかのように、食物摂取など他の機能のためにすでに適応したものであることだ。

そのようなわけでほとんどの動物の場合に、つくり手であるためには脳も特殊な体の構造も必要がない。そうだとすると、シロアリのように何万もの生物が助け合って一体の構築物の中に都市国家をつくり出す場合には、どうなっているのだろうか。これが次章のテーマになる。

第4章

ここの責任者は誰だ?

クアラルンプールのペトロナス・ツインタワーは一九九八年の完成時には世界一高い建物だった。高さ四五二メートル、八八階建てで、二〇〇三年までその座を保っていた。先細りの先端を空に向けた同形の二つのタワーは、大地を覗いている二台の巨大な望遠鏡に少し似ている。いささか古くさい流儀での未来派ふうの感じがあり、なぜか四一階と四二階でタワーをつないでいるスカイブリッジがその印象を強めている。優雅には違いないが、一九二七年に制作されたフリッツ・ラングの『メトロポリス』［ラング（一八九〇〜一九七六年）のモノクロの超長編映画。未来都市の出来事を描き、SF映画の原点とされる］に描かれた都市景観の中にある方がしっくりする。ラングは最上層が文字通りの社会の設計者、次層がエリートクラスの「思想家」、最下層が職人や労働者階級からなる厳格な階級社会を構想した。力が上層に集中して、命令は下に向かって流れる社会だった。人間以外の社会でこれと同じようなものはあるだろうか。人間以外の社会のうちでは社会性昆虫が最大の労働力を擁している。この章ではそれが組織化されて巣づくりを行う仕方を取り上げる。

七、八年前だったと思うが、『ニュー・サイエンティスト』誌にオーストラリアのシロアリ、アミテルメス・ラウレンシスのアリ塚の写真が掲載されて、六・七メートルのこの塚が世界一高いものである可能性が示唆されていた。私にはこれが本当かどうかわからないが、アミテルメスやアフリカのマクロテルメスの塚では、どちらも六～七メートルの高さが記録されている。それが人間で言うとどれくらいの建物に相当するか考えてみよう。ペトロナス・ツインタワーは四五二メートルにも達し、それは身長一八〇センチの大人二四七人が、次々に頭の上に立った高さになる。二棟のツインタワーは、オフィスその他の労働者を合わせて約二万人に場所を提供している。シロアリが頭の上に次々に立つというのはどうも見積もりが難しくて、何匹で六・七メートルになるか、およそのことしか言えないが、ざっと計算してみると約八〇〇匹になるだろう。相対的にはペトロナス・タワーの三倍以上の高さだ。そのように大きな塚に住むシロアリの数は、大ざっぱではあるが、五〇〇万匹前後で、ペトロナス・タワーの二五〇倍に相当する。シロアリの匹数の見積もりはかなり大きすぎるかもしれないにしても、私たち人間がつくる構造物の規模は、まだシロアリの塚の足元にも及ばない。

ペトロナス・ツインタワーはシーザー・ペリ・アソシエーツ［ペリ（一九二六年～）が率いる設計事務所］のデザインチームが設計した。創造的イマジネーションと豊富な設計知識をもつ彼らは、思想家の階層の頂上にいる。命令系統の一番最後にはコンクリートを混ぜたり煉瓦（れんが）を運ぶ人々がいる。これらの階層の間には様々な程度の思考や行動に関係する無数の専門家がいる。原価を管理監督する建築積算士がいる。建築工学技術者、そして電源供給、暖房装置、照明、換気装置の設計に関わる各種の設備技術者もいる。そして非熟練工に比べて評価が高く報酬も多い熟練工や整備工もいる。これらの全専門家集団にわたるコミュニケーションも重要だ。そのための連携や会合の段取りを決める専門のコミュニケーターやマネージャーがいる。

シロアリの労働力の組織は後でこの章で取りあげるが、人間の場合とは大違いで、設計者が一人もいないのに、つくり出すものは間違いなく建築物だ。アフリカのシロアリ、マクロテルメス・ベリコーススの塚の内部構造を見よう。女王の居室があり、育児室やキノコ畑もあり、これらが全部、シロアリを外気や捕食者の危険から守る地下の壁に囲まれている。この壁はシロアリを光と空気からも遮断しているが、シロアリは光がなくても困らない。他の感覚、特に触覚、味覚、嗅覚がそれを補っている。その一方で新鮮な空気の供給は深刻な問題だから、換気システムを構造に取り込んで対応している。

マクロテルメスの大きな塚の換気システムはまさしく「システム」であり、昆虫の各個体に比べて巨大なものが、塚の構造に取り込まれている。塚にはたくさんの経路や空間が通じて、空気を心臓部に運び込み二酸化炭素を運び出している。居住部分にある多数の小部屋は開口部でつながり、短い廊下は、シロアリと［培養している］菌類組織に酸素を与えて二酸化炭素を運び出す循環系の毛細管と考えることができる。そして換気システムを動かす力は可能な二つの方法の一方によって生じる。一つは塚の中の圧力差、もう一つは温度差だ。塚の中には前者を利用するものもあり、後者によるものもある。(1)

気圧差システムは、第1章のハキリアリのところで説明したものに似ている。マクロテルメス・スブヒアリヌスは高さ一～二メートルのドーム型の塚をつくる。その表面にはいくつかの大きな開口部があり、一部は頂上近くにあるが、他のものは塚の周縁の基部近くにある。塚の上方を風が通ると、塚の頂上の気圧が塚の基部に比べて低くなる。これによって空気が基部の開口部から吸い込まれ、広い経路を経て地下の心臓部へと運ばれる。そこで、シロアリの居住空間と菌類の畑の小部屋を通って拡散する。それから再び広い経路に引き込まれて塚の上部に運ばれ、古い空気は放出される。

マクロテルメス・ジャンネリの塚には、この誘発された流動システムの変形型が見られる。この塚には一本の排気経路があり、それは塚の居住空間の上から巨大な煙突のように垂直に三、四メートル突き出している。巨大なというのは、その断面積がシロアリを何百匹も並べた広さに相当するからだ。このシステムでは、空気が塚の基部にある無数の小さな細孔から引き込まれて煙突の上から推測毎分三〜四リットルの速度で流れ出る。

気圧の差によって生じるこれらの誘発された換気システムは、「開いた」システムと呼ぶことができるかもしれない。空気が流入して流出する換気経路が明らかに開いているからだ。これに対して、これに代わるマクロテルメス・ベリコーススの換気システムには直に外部に通じる明らかな開口部がない。この場合、空気は暖かな空気が上昇する原理に従って塚の中を循環する。もちろんこの塚の空気循環システムが外界から完全に遮断されたものであれば、古い空気を入れ換えることはできない。しかしこの換気システムには 塚の外壁を縦に走る多数の細い経路があり、壁は多孔性なので、二酸化炭素を塚から吐き出し、酸素を吸うことができる。

この「閉じた」換気システムを動かす温度差は、サバンナにつくられたマクロテルメス・ベリコーススの塚の例で知られるようになった二つの方法で生じる。日中、塚は直射日光にさらされる。これによって塚の表面は熱せられ、その壁に走る経路の空気も熱せられる。熱せられた空気は居住地域の上部にある閉鎖された巨大空間に放出される。この空間内の比較的涼しい空気は、コロニーの小部屋と菌類の畑を通ってその下にある巨大な地下室へと流れていく。地下室には人間の大人一人がすっぽり入るほど大きなものもある。

このような地下室は、多数のシロアリがその上にそびえる塚を建てるために土を集めた結果としてつくり出された単なる採掘場でないことは明らかであり、それは換気システムの不可欠な構成要素なのだ。地下室には空気を冷却する効果があり、そしてその結果湿度をいくらか調整する働きも持つと考えられる。いずれにせよ、この涼しい空気が塚の外壁内部の上昇する熱い空気の後から経路に引き込まれて空気の循環は完了する。(2)

夜になると、空気循環は逆方向に働くようだ。塚の外部の気温が下がって表面を冷やすと、塚の心臓部が最も暖かい場所になる。それは居住区を通って上部空間へと上昇する。それによって塚の上部にある空気が塚壁の表面にある経路を通って地下室へと引き込まれる。そしてそこから居住空間へと引き上げられてサイクルが完成する。

私がここで説明したのはマクロテルメスの十分に完成した塚の話だが、最初からそうだったわけではない。塚はかつて短い結婚飛行後に交尾したばかりの若い女王が雄の配偶者と共に着地して、翅(はね)を落として地面に小さな小部屋を一つ掘った場所に立っている。その女王は卵を産み、その卵から不妊の働きアリが孵り、コロニーは増殖して塚も大きくなった。塚は長年の間に成長して五〜六メートルの高さにそびえ立つようになったのだ。

これをペトロナス・ツインタワーがつくられた方法と比べてみよう。タワーは国営の石油会社ペトロナスを収容するための、威信をかけたプロジェクトだった。このプロジェクトで、一連の複雑な決断と行動が動きだした。契約が結ばれて様々な専門家の募集が始まった。建築が始まり、多くの異なる技能が集結されて、クアラルンプールのスカイラインを支配するツインタワーが建ち上がった。そしてマレーシアの独立記念日にあたる一九九九年八月三一日に開会式が華々しく行われた。その時になってようやく建設工事の作業員は引き上げて、オフィスで働く人々が入居した。高さ六メートルになるマクロテルメスの塚ではこのような入れ替わりは決して行われない。建築作業員は居住者でもあり、女王と雄のロイヤルカップルが最初の小部屋をつくったとき、「入居」したと言えるからだ。それ以後塚は徐々に成長を続け、建設現場であり続けて、一部のシロアリたちが塚の建築と保守に携わっている。

シロアリの労働力構成の可能なありかたとして、二つの極端なモデルを考えてみよう。第一のモデルによると、全部の個体が建設に関係するあらゆる仕事をこなすことが可能で、遺伝的にどこでどのようにすればよいか理解している。これによると、様々な部分における労働力間の調整システムが単純化されるはずだ。しかしこのことは、個々の昆虫が建築に関係する全体的な計画に関して何らかの概念をもっている――各個体がメトロポリスの設計図を持っている――ことを意味することになるだろう。シロアリの学習能力が限られているとすると、大変な量の複雑な情報を遺伝で受け継ぐ必要があり、建築行動を指示してその結果を監視するためには個々の働きアリに大きな脳が必要になる。

第二の労働力モデルでは、ある種の建築的特徴を持つ建築物に専門家集団が配属されるので、つくるべきものの全体像は誰も知る必要がない。しかしこれはこれで、また別の問題が生じる。それは仕事が間違いなく正しい場所で正しい順番に運ばれるようにする専門家集団の間の連携だ。人間の巨大な土木計画に、きわめて複雑なコミュニケーション・ネットワークが必要であることを目の当たりにすると、この可能性は考えられない。そのためにはおそらく大きい特殊化された脳も必要だろう。実際、社会性昆虫の脳が単独行動を行う近縁種の脳よりも大きい、あるいは行動のレパートリーがより複雑だという証拠はあるのだろうか。

答えはノーだ。シロアリに最も近い現存する昆虫はゴキブリの仲間だ。社会性のアリ、ミツバチ、スズメバチの場合には、単独行動するハチが近縁種となる（現在見られるアリの種は全て社会性だが、ただしコロニーの大きさにはかなり差がある）。ゴキブリのうちには家族集団や大きな集団をつくって、ある程度の社会性の連携があるものとか、穴を掘るものもあるが、大部分は構造物を何もつくらない。非常に大型で体長六センチから八センチのゴキブリもいれば、六〜八ミリという、平均的なシロアリのサイズに近いものもいるが、塚をつくるシロアリで全身に比べての脳の大きさが、ゴキブリの場合に比べてとりわけ大きいという証拠はない。実をいうとミツバチの脳は、同じような大きさの甲虫のものよりも大きいが、単独行動者ではるかに単純な巣をつくるハチのものも同じくらいの大きさだ。ミツバチの脳は、仲間と協力して蜂の巣をつくるという問題に対応するよりも、食物源の場所と質を学習して覚えるために発達しているようだ。大きなコロニーをつくり活動にいそしんでいる社会性昆虫を見ると、非常に複雑な行動があるような印象を受けるが、そのようなことはない。アリで小さなコロニーをつくる種と大きなものをつくる種の異なる行動の数を比較する研究の結果では、後者により多く行動の多様性は確認されたが、その違いはわずかなものだった。社会性昆虫は、巣を全くつくらない場合が多い単独行動の昆虫とほとんど違いのない脳で巨大で複雑な巣をつくる。

社会性昆虫が巣の構造の特徴を学習して覚えることができないと言っているわけではない。たとえば野生のミツバチの群が新しい巣穴を探すときには、木に開いた穴の大きさを計算する。コロニーに新しい女王が誕生すると、群は分かれ、半分は元の女王と共に偵察バチが探した新しい穴に引っ越す。偵察するハチは内側の壁を歩き回って穴の大きさを推定する。このことは、壁が回転する円筒の中をハチに探らせる独創的な実験からわかっている。偵察バチがドラムの回転方向に歩いたときには、容易に入り口に戻ることができるので、穴の大きさを実際よりも小さく見積もった（階段の代わりに「上り」エスカレーターを歩いて上るのと同じ）。偵察バチがドラムの回転と反対方向に歩いたときには（「下り」エスカレーターを歩いて上るように）、入り口に戻るまで余分な労力がかかることから、穴の大きさを大きく見積もった。私たちは彼らの見積もりを目で見ることができる。巣に戻った偵察バチはご馳走を発見したことを知らせる場合と同じように、巣の上でダンスをして満足な大きさの穴があることを知らせるからだ。自然界でも、適当な代わりの場所を発見したハチは仲間に知らせる。すると動員されたハチがこうした場所を訪れ、巣に戻って好みの場所であることを知らせる。最後に、群は巣に戻った偵察バチのダンスをもとにして十分な支持が得られた場所を判断してそこに移り住む。

これは確かに、ごく限られた例ではあるが、空間関係を学習して情報を学び取る昆虫の能力を示している。しかしシロアリは、自分の塚の周辺の様子を一部分でも覚えていられるのだろうか。実際には、これはわからない。想像できることだが、塚の中で個々のシロアリの後を追うことなど事実上出来ない相談で、巣の仲間から分離して迷路学習をさせることも非常に難しい。シロアリは確かに自分の塚の中で上手に行き先を見つける。しかしこれは、道を知っていることと同じではない。あなたは自宅の中の様子をよく知っているが、頭の中には家というものの知識が十分にあるので、全く知らない家でも素早く台所を探し当てることができる。同じような建築上の手がかりを理解する力が、シロアリにも遺伝的に備わっているのかもしれない。私たちよりも単純な動物であっても、効果的でなおかつ単純な能力を身につけるその能力は、決して過小評価できない。これはテルムノソラックス・アルビペンニスというアリが新しく巣をつくる場所の大きさを評価する事例で見事に示されている。

このアリは体長約三ミリメートルで、岩の割れ目に五〇〇匹程度のコロニーをつくって住む。住む場所は文字通りの「割れ目」——巣穴はほとんど二次元と言ってもいいほど——で、頭上には自分が入れるだけの上部空間しか空いていない。コロニーを収容する十分な大きさをアリがわかる仕組みを私たちが知るのには好都合だ。研究室で、適当な隙間幅のある実験的な巣を与えて、十分な広さがあるかどうかとアリに訊ねさえすればいいのだ。

テムノソラックスのコロニーが新しい巣を探すとき、送り出された偵察アリはミツバチの場合と同じように可能性のある割れ目を調べる。適当な場所を見つけると、偵察アリは巣に戻って新たなアリを動員して点検を行う。しかしアリは巣穴の適性をどのように判断するのだろうか。アリが割れ目の床面積を見積もる方法に関して、三つの仮説にもとづく巧妙な実験プログラムによって、テストがなされた。実験はどの仮説が結果を説明できて、どれができないかを検定するように計画されていた。三つの仮説は……と種明かしする前に、ちょっと立ち止まって、真っ暗な部屋に入るとき、自分ならその部屋の大きさをどうやって大雑把に見積もるかという方法を考えてみよう。

実験者たちは、偵察アリの行動について次のような推測をした。(3)

第一の場合。アリは出発点に戻るまで壁に沿って歩き、内部周囲の距離を測定する。読者の場合だったら、片方の靴を脱いで、この脱いだ靴に再び出会うまで手探りで部屋に沿って歩けばいい。

第二の場合。アリは壁から離れ、反対側の壁に到達するまで歩く。これを違う出発点から数回行うことで、向こうの壁と離れ方の平均距離が得られ、そこから穴の大きさが推定できる。

第三の場合。アリは一八世紀フランスの博物学者で数学者でもあったビュフォン伯爵、ジョルジュ＝ルイ・ルクレールが提唱したビュフォンの針の原理を採用する（ビュフォンは、ある面積を持つ一枚の紙に何本もの平行線を引き、長さのわかっている針を何度もその上に投げるとき、針が線の上に落ちる確率からその面積を算出できることを示してみせた。アリがまず最初に来たとき、その場所に長さのわかる経路を残しておき、次に点検にきたアリがそれを見つけることができれば、この原理を用いて巣穴の面積が算出できるという理屈が考えられたのだ）。

第一の仮説は却下された。アリは円形の領域と、壁の総延長は同じだが狭い壁に挟まれた面積の小さな細長い空間を区別できたのだ。第二の仮説も却下された。同じ面積を持つ場所であれば、片方の中央部分に直線状の障害物を置いておいても、アリは両方の空間をどちらも適切なものとして認めたからだ。もしも平均距離による推定を採用しているならば、障害物にたびたびぶつかる場合には面積が少なく見積もられるはずだ。

ところがビュフォンの針の仮説は支持された。おまけに、アリがそれをする方法も実験で実証できた。見込みがありそうな巣穴を最初に探る偵察アリは、この空間を横切って、かなり標準的な長さの匂いの跡を残していく。この調査の段階で一セットの線が置かれる。しかし偵察アリは部屋を再点検して、第二の跡を残す。最初と第二の二組の匂いの跡の線が交差する頻度から、穴の面積は算定される。これをやるには、偵察アリはちょっとした「計算」をする必要がある他に、別に訪れた他のアリが匂い線を置く場合もあるから、自分の匂いを認識する必要もある。これもその通りであることが証明された。

ついでながらビュフォンは一八世紀の科学界における巨人の一人だった。彼は一七四九年から数年にわたって出版された三六巻から成る歴史的に有名な『一般と個別の博物誌』で最も良く知られているが、著書の中で世界はキリスト教で言われている六〇〇〇年よりもはるかに古いかもしれないこと、そして人間と類人猿が先祖を共有する可能性を示唆した。

さて、社会性昆虫の群が集団で大きな巣をつくる方法に話を戻そう。今までのところ、私たちは各昆虫個体が自分のいる空間の大きさをある程度認識できるのかもしれないことを立証してきた。そこで今度は昆虫個体の集団が労働力として作用を発揮できるのか、そしてできるという場合には、その方法を立証する必要がある。人間の場合には、建設作業チームで目立つ特徴の一つはコミュニケーションだが、生物学者は動物のコミュニケーションに関する証拠もたくさん持っている。一九七三年のノーベル医学生理学賞の受賞者の一人はカール・フォン・フリッシュだった。彼はミツバチが食物源や、あるいは新たな営巣地となる可能性のある場所までの距離とか品質を、巣に戻ってから踊るダンスのなかで、体の方向や腹部を震わせる頻度によって仲間に知らせる「ダンス言語」の研究によって受賞した[4]。アリはいろんな揮発性の有機分子を化学信号（フェロモン）として使い、食糧の調達や巣の防御などの活動を調整することが知られている。シロアリはコミュニケーションのためにフェロモンをはじめとして触覚や振動も使う。こうした信号は建築仕事の調整にも用いられると予想できるだろう。けれどもこれと関連して、もう一つ可能な調整用の信号が考えられる。それは巣それ自体だ。

ハチが巣の外壁の穴に気づいたとする。するとハチは巣材を集めて損傷を部分的に修復する。巣は少しばかり様子が変わり、わずかに違う場所にもう少し余分の巣材が必要となる。ハチはこのことを検出すると、さらに巣材を集めその箇所に付け加えて巣を完全な形に近づける。ハチは刺激と反応の連鎖を通して巣と対話しているわけだ。実際、材料を集めて付け加えるハチが同じ個体である必要はない。一群のハチたちが関係し合い、そこの各個体がそれぞれ材料を集めて修復を行うこともありうる。巣は、居住者同士のコミュニケーションがなくても労働力を調整することができる。数匹の個体が独立して仕事、今の場合には巣の修復ということだが、それに同時並行で手をつけて終わりまで進めるこの種の調整は「並列＝直列」式と呼ばれる。この方法に対して、専門家の集団がある一連の行動を開始して、それを次の専門家集団へと伝えていくのは「直列＝並列」式である。たとえばスズメバチの巣の修復の例では、一つの集団が材料を集めて、それを修復を行う別の集団に渡すという二段階しかないかもしれない。これには並列＝直列に比べて理論的利点がある。直列＝並列の場合には、巣材集め専門の一匹のハチが仕事を完了できなかったとしても、それは修復努力のわずかな部分の妨げにしかならない。修復を行う個々のハチはどのハチから巣材を受け取っても構わないからだ。一個体が最初から最後まで仕事に従事する場合には、どの段階でも失敗すると、一連の仕事全体が失敗に終わることになる。おまけに、専門職を置くことには別の利点もあるだろう。彼らはその道の名人になり、一連の仕事の各段階をより効率的に運ぶことができるのだ。

実際、社会性昆虫の仕事では、体形によるか年齢によるか、二通りの専門化が見られる。ハキリアリの働きアリの寸法は、体形による場合の実例となっている。この働きアリの中で最大のものでは頭部の幅は三・〇ミリメートル以上あって、これは最小の働きアリの一〇倍の大きさに達する。あなたの頭の横幅は二〇センチくらいある。頭の幅が二〇〇センチもある人の隣に立ったらどんな具合だろうか。たぶんその人物の頭の幅の方が、あなたの身長よりも大きいだろう。

ハキリアリのコロニーには様々な中間的な大きさの働きアリがいるが、頭部の典型的な幅には各一・〇、一・四、二・二、三・〇ミリメートルという四つのタイプがある。コロニーの仕事はこの四つのタイプに割り当てられる。一番小さな働きアリは、女王が産んだ卵の世話、幼虫の給餌、菌類畑の手入れを行う。一・四ミリメートルのグループは巣内の何でも屋で、いくらか建築活動にも関わる。次のサイズは食糧探しや穴掘りを行う。最も大型のグループは兵隊アリで、捕食者からコロニーを守る。

仕事のために特殊化した体を持つことは、スペシャリストをつくり出す素晴らしい方法であるように思われる。体が工具一式になり、それぞれのスペシャリストが自分自身のものを一式持っている。しかし体形による特殊化は、社会性昆虫のコロニーでは、年齢による特殊化ほどは一般的でない。実のところ、アリの各種の属のなかで体形（形態）による専門化が見られるのは二〇パーセント以下に留まる。シロアリの場合も形態的な階層化は少数派だ。ハチや狩人バチでは、労働力となるハチに形態的な階層化は見られない。女王はすぐ見分けられるほど大きいが、働きバチはどれも同じように見える。ハチや狩人バチに形態の特殊化が見られないのは、飛ぶ必要があることに関係するのかもしれない。極端な体形は飛行に大きな制約を与えるが、地表から離れることがないアリやシロアリには関係がない。理由はともあれミツバチ・ハナバチ等（bee）とスズメバチ・ツチバチ等（wasp）のどちらの群でも、年齢による仕事の専門化を示す証拠しか得られていない［以下 wasp と bee は単に「ハチ」とも表記する］。

未成熟段階のハチ、アリは無力な幼虫であり、成虫に世話をしてもらう。そこで、成虫の仕事が年齢につれてどう変わるのかが問題となる。たとえばミツバチの場合には、巣の個室から羽化したばかりの働きバチの最初の数日間は、仲間の成虫が最近出たばかりの空の個室の掃除係だ。彼女は個室にいる幼虫に餌を与える仕事もする。羽化後三、四日するうちに、働きバチの腹部下面に蝋（ろう）をつくる腺が発達する。すると建築家としての仕事が始まる。腹部から分泌される蝋を掻き取って口に含み、噛んで唾液と混ぜ合わせて蜜蝋をつくり、これを使って新しい個室をつくる。しかし、蜜腺は間もなく収縮し始め、一五日齢を過ぎると働きバチは巣の外に出る仕事をするようになる。幼虫に与える花粉を集めたり、花蜜を集めて巣穴に吐き戻して蜂蜜として蓄えたりするのだ。

年齢に関係した専門化でこれに似たパターンのものは、スズメバチ類にも見られる。チビアシナガバチの一種ロパリディア・マルギナータは原始的な社会性の狩人バチだ。この場合の「原始的」というのは、真の不妊の働きバチが現れる以前の先祖の状態で、コロニーに雌の成虫がおそらく四〇匹近く住んでいる状態を意味している。そのようなコロニーでは、生まれてくる全部の雌に巣で産卵する可能性、あるいは新しいコロニーをつくる可能性がある。それでもやはり、年齢に関連した仕事が行われてミツバチと同じようなパターンをたどる。羽化したばかりの雌には幼虫に餌を与える傾向が見られ、帰巣してくる調達係から食物を受け取り、それを小部屋の幼虫に分け与える。その後続いて、雌はパルプの調達係から材料を受け取って新たな小部屋をつくる段階を通ると思われる。その後になると、巣をつくっていたこれらの雌は巣から出て自分でも材料を集め始め、最終的にはこのハチの典型的な獲物である昆虫を調達するようになる。

社会性昆虫のコロニーでは、幼虫の世話、巣づくり、調達などの個々の仕事を専業とする個体を確保する上で、年齢別の専門化が効果的で簡単な方法であることを確信するようになったかもしれない。けれども、ミツバチのコロニーが急速な成長段階にあって、世話が必要なたくさんの幼虫の他には非常に若い働きバチしかいないような場合を想像してみよう。すると、本来は調達係の重要度が高いときに、掃除係や建築係が一時的にだぶつくようになる。そのような状況下では、働きバチの仕事が年齢で厳密に決定されるのでなくその時々の必要性に応ずることができるようになっていれば、さらに効率が上がるだろう。ミツバチの労働力にこの柔軟性が存在するか否かを調べるために異なる年齢層のハチの数を実験的に変えて、その結果ハチが行動を変えるかどうかが観察された。彼らは行動を変えたのだ。

一つの実験では八〜一三日齢のハチをコロニーに加えた。これは通常ならば巣の中で活動に従事する働きアリだ。その結果、もともとは巣内の仕事をしていた働きバチのうちで日齢の高いものが即座に巣外活動に移ったが、追加を行わない対照群では日齢が高くなるまで待った。逆の実験でも同じような結果が得られた。実験で、若い働きバチ（巣内の仕事に当たるはず）をコロニーから取り除くと、経験を積んだ調達バチのうちで若いものが巣内活動に戻った。働きバチの活動は齢に関係しているけれども、絶対齢で厳密に決められているものでもないらしい。齢が進むにつれて、巣から外に出る仕事をするようになるが、齢にふさわしい仕事の選び方は、その時々のコロニーの必要に応じたものであるようだ。

以上でコロニーの全体としての活動を見てきたが、巣のつくり方の組織化はどんな具合なのだろうか。社会性スズメバチは主に木のパルプを巣材にしているが、唾液の分泌物も混ぜ合わせなければならない。パルプは調達係が集めてこなければならない。これは、巣材を自分で分泌し、混ぜ合わせ、加工して巣づくりをする工程を一匹でこなすミツバチよりも複雑だ。スズメバチの場合には巣づくりの過程において巣での活動と外での活動を組み合わせる必要があり、それには何らかの専門分野を持つグループ間の協力が関係している。細かい点はハチの種によって違いがあるが、合衆国ウィスコンシン州マディソンにあるウィスコンシン大学のボブ・ジーンらが数年にわたって行った目覚ましい研究のおかげで、新世界の熱帯に生息するアシナガバチのポリビア・オクシデンタリスの巣づくりにおける組織化に関して実験的証拠が得られた。

このアシナガバチのコロニーは二〇〇〜三〇〇匹に達することもあり、ミツバチと同じように群をなして移動して新しいコロニーを創設する。新しい営巣地に到着すると群は巣づくりを始める。そして周囲が包まれて底に入り口が一つある円盤形の巣が完成する。コロニーが成長してくると、最初の円盤の下に次の層が加えられる。ポリビア・オクシデンタリスの労働には、すでに見てきたような加齢に関係した専門化が見られる。一般に巣づくりは二〇日齢までのハチの仕事になっている。これを過ぎると巣の外の仕事が主体になるが、それだけではない。

巣づくりの「労務」とでも言うべきものは、三つの「作業」からなっている。実際の巣づくりと、木のパルプの調達と、水集めだ。水はパルプの堅さを調節するのに用いられる。各個体に小さな色点をつけてハチを観察した結果、これらの作業は異なるグループに属するハチによって行われることがわかった。[5] 直列＝並列方式による仕事の専門化の明確な一例である。パルプを集めるハチと水を集めるハチは建築係に材料を渡し、建築係が一連の巣づくりの仕事を完結させる。並列＝直列よりも直列＝並列の方が理論的に有利であることは、すでに述べた通りだ。各専門家が受け持つことで、仕事の完成の見込みが高まり、質も高くなる。しかしここには別の利点もある。パルプの収集の効率化ということだ。パルプ調達係は、巣づくりをする一匹の働きバチが巣に材料を追加するときに扱える量の二・六倍のパルプの球を集められることがわかった。そこで収集係は、巣に帰ると荷物を分けて複数の建築係に渡す。並列＝直列方法で個々の建築係が巣に追加する分量だけを運んでくるのでは、運べる最大量よりもはるかに少ない材料を巣に持ち帰ってくることになるので、直列＝並列方式の方がはるかに効率的だ。

そうなると、作業グループは互いに効率的に統合される必要がある。調達係が持ち帰るパルプを受け取るには、建築係としての適切な数があるはずだ。同様にまた、パルプを柔らかくする水を建築係に供給する水の調達係の数も、釣り合っている必要がある。小さなコロニーではこのような統合化が非常に難しくなる。大きいコロニーに比べると、建築係がパルプや水の調達係に続けざまに素早く出会う機会が小さいからだ。その結果として、小さなコロニーでは各個体に柔軟性があって作業の切り替えができるようでないと、それぞれの作業にあたっている専門係の待ち時間が長くなる。実際そのようになっていることがわかった。大きなコロニーでは作業が変わることはほとんどないが、小さなコロニーではこれがかなり一般的に見られる――人間社会のビジネス管理でも見ることのできる原則だ。

このことはもちろん労働力の融通のきかせ方について、興味深い問題を提起する。このハチの三種類の作業群のどれか一つから、かなりの割合のハチを取り除いても、仕事が行われる速度にほとんど影響のないことが実験で明らかにされている。これは、社会性昆虫に関する私たちの理解に反することだが、不足になった専門家が、たとえば食糧調達のような他の仕事をしていた個体とか、あるいは何をするでもなく巣の周りをうろついていた個体によって補充されていることを意味する。

印をつけたハチの研究によると、調達のために巣の外に出掛けるハチは四種類の資源のどれか（巣づくり用のパルプか水、食糧にする花粉か花蜜）一つを探すもので、個体の仕事切り替えは一般に、食糧調達の中で（花粉から花蜜、あるいはその逆）あるいは巣材調達の仕事の中（パルプと水の間）で行われた。実験で巣を壊して、巣材を集める二種類の調達係を追加する必要が生じると、それは活動していない個体群から動員された。さらに、それは過去に食物調達でなく、建築材料の調達を行ったことのある個体からだった。専門仕事の予備役というわけだ。社会性昆虫の生活では必ずしもいつも一定した仕事をやっているものではない。効率的でなくて訝（いぶか）しく思うかもしれないが、予備役というのは何のために必要なのだろうか。これは非常事態用のものだ。この研究では巣をわざと壊したが、この熱帯性のハチは厳しい世界に住んでいる。自然のもとでも巣が破壊され（たとえば嵐によって）、そして素早い修理が必要となることは珍しくないだろう。

このハチの巣づくりが組織化されている様子はわかったが、その調整にはコミュニケーションが必要となる。それはどんなふうに行われるのだろうか。たとえば仕事をしていない個体は、何かの仕事を求められていること、あるいは仕事がすでにふさがっていて必要がないことがどうしてわかるのだろうか。他のハチから、あるいは巣自体から、あるいは何か他のことから合図があるのだろうか。これを明らかにするために、三種類の仕事を行うハチの大部分を取り除き、さらに修理箇所の近くの巣の外被に水を加えて利用可能な水を増やし、巣のすぐ横の小さな台に木のパルプを置いて利用できるようにした。(6)

この実験の結果、巣づくりグループのハチだけが直接巣から情報を得ることがわかった。巣の破損箇所を見つけると、彼らはそこに残って修理に専念する。修理に参入する余地がなくなるまでハチの数は増え続ける。実験的に余分なパルプを与えるとパルプ調達係の数が減少したことから、この任務グループは建築の要求量が少ないとパルプの調達をやめることが示唆された。この場合は任務グループ間のコミュニケーションだ。

巣に水を散布して水分を供給すると、水分調達係が減少したが、パルプ調達係を除去しても、やはり減少した。水分調達係の活動は、彼らが水を渡すパルプ調達係の数によって決まるようだ。この場合のコミュニケーションも任務グループ間で行われる。コミュニケーションは非常に単純だった。一連の建築の全行程は、破損された巣の発見で刺激された建築係のグループによって開始される。彼らは頭数の調整を行い、その建築材料の要求を通して、パルプと水の調達係の数が決まる。各個体が受け取る情報は単純で、下さなければいけない決断の選択肢は少ない。

社会性昆虫の巣づくりにおける組織系統の実態がわかってきた。それは私たちのものとは全く違い、リーダーシップが存在しない。「責任者」と言える個体とか個体群はいないのだ。階層的な構造や管理部門もない。完成しなければならない一連の活動があれば、コロニーの他のメンバーあるいは巣自体から受けた非常に単純な合図を通して活動を始めたり停止したりする。ここで問題になるのは、そのような労働力がどうやって構造物を造ることができるのかということだ。

社会性昆虫の巣のうちではシロアリの塚が最も大きく、そして少なくとも塚に通気路、地下室、女王の間、育児室、菌類の畑など、働きが違いデザインも違う場所があるという点で、ほぼ間違いなく最も建築的なものの一つと言えるだろう。人間の場合よりもアシナガバチに似ているシロアリの労働力の組織系統を考えてみると、彼らはいったいどうやってこのようなものをつくり上げることができるのだろうか。全部のシロアリに「青写真」（建築や工業に用いられる青焼き設計図）が備わっているというのが一つの可能性だ。もしも各個体が同じ青写真を持っていれば、コロニーに設計者がいなくても問題ない。しかしそのようなシステムにはいくつかの問題がある。まず第一に、マクロテルメス・ベリコーススのようなシロアリの場合、完成した巣は非常に大きくて複雑なので、代々受け継がれていく遺伝物質にその詳細が全部記される方法は想像しにくい。第二に、完成した巣の構造は最初の女王と雄のペアが築いた一部屋の巣にすぎないものから、数年かけて成長した結果達成されてくる。それぞれの段階で様々な要素の重要性が変わるにつれて、要素の相対的な割合は変化する。コロニーの各成長段階に必要な様々な青写真が、すべてのシロアリに本当に与えられていることなどがありうるだろうか。シロアリの建築家にとって三番目の重大な問題は、青写真のどれだけの部分がそれまでに完成されているかを検知することだ。昆虫は空間的な記憶をある程度もっているかもしれないが、事前の点検にもとづいて何をどこにつくるか決めることなど、シロアリにできるだろうか。そのような点検は、シロアリにとってどれだけ時間が掛かるかを考えただけでも不可能に思える。

動物の建築家が、自分がつくろうとしているものの青写真を頭の中に持つかどうかという問題には、動物行動学の分野で長い論争の歴史がある。一九六〇年代初期にケンブリッジ大学で研究を行っていたイギリスの研究家ビル・ソープは巣をつくる鳥が頭の中のイメージを利用して、ゴールに達するように建築行動に努めるという意見を述べた。これと正反対なのは、建築者は単にその局所で構造と関係をもち、単純な建築行動を引き起こす刺激を検知し、変化した刺激がまた新しい反応を促すという具合に進んでいくという戦略だろう。そのような刺激と反応の鎖が最終的に巣の完成をもたらすのであれば、そこには心の中のイメージ、あるいはそれまでに達成してきたことの記憶は必要がない。

心像の仮説を試そうとする検証は、たえず常に新しい証拠を更新してきた。実験的に鳥の巣を壊して、正常な巣のどの段階のものとも違う構造をつくらせた場合に、建築者は巣の完成に向けて最も経済的なルートを考え出すことができるだろうか。もしそうしたことができれば、鳥は自分の到達するべき場所を知っていて、実験者が設定した問題が何であるか理解できているに違いないと論じられるのだ。

このような実験の結果はいつもはっきりしなかった。キムネコウヨウジャク（黄胸紅葉雀）はぶら下がった巣をつくり、その入り口は筒状になって下方に突き出している。一九六〇年代になされた実験では、入り口の管とその上にある副室を取り除き、反対側の部屋に大きな穴を空けた。(7) 一部の鳥はすべての破損箇所を修復して元の状態を回復して、全体的な巣のデザインを理解していることを明らかに示してみせた。しかし入り口をふさいで、反対側に管のない入り口を残すものや、両方の穴をふさいで自分を閉め出してしまうものもいた。

その一方、刺激＝反応連鎖で構成される一連の建築行動の証拠も完全に納得できるものではなかったが、少なくとも建築行動のいくらかの部分がこの方法で誘導されることはわかっている。紙質の巣をつくるアシナガバチであるポリステス・フスカトゥスは、頭上の支えに付着した細い紙の柄から下向きにぶら下がった一層の巣をつくる。雌のポリステスは巣をつくる場所を選ぶと付着面に紙パルプの小さなかけらを平らにのばす。雌はこのかけらに、下向きに突き出して、先端が扁平な舌状になった柄をつける。巣の最初の部屋がこの平らな面の片側につくられ、二番目の部屋が反対側につくられる。この非常に予測しやすい一連の行動は刺激＝反応連鎖のように見える。これから後の建築パターンは個体によって違いがある。小部屋は巣の端のあちらこちらに付け加えられていく。巣をぶら下げている柄の部分は定期的に強化される。

ポリステスが巣をつくり始めるさいの一連の行動さえ、その厳格さを疑問視する研究者がいる。彼らは、ハチが構造物の進行のあらゆる面を、すでに点検し続けているのかもしれないと考えている。この最初の段階以後では、一連の行動は確かにもっと予想しにくくなる。雌は時々巣の上を飛んで、材料を付け加えていくが、いったい何をしているのだろうか。点検して構造全体の進行具合を比較しているのだろうか、それとも刺激＝反応説を支持する人々が言うように、建築反応を引き起こす刺激を見つけるまでウロウロしているだけなのだろうか。スズメバチ・アシナガバチやシロアリのような社会性昆虫が、材料を構造物に付け加えるに先立って、建築の進行に何らかの全体的な評価をどこまで下すことができるのかはまだよくわからない。しかし行動の観察や、コンピュータシミュレーションで仮想のつくり手を研究した結果から、巣の構築の相当量はきわめて単純な局所的反応で説明できることがわかっている。

フランスは社会性昆虫の研究に強い伝統を持っている。一九八〇年代にシロアリ研究の先駆者、ピエール＝ポール・グラッセがシロアリの働きアリたちを巣から取ってきて巣材と共に仕事場に置いたところ、働きアリは最初にほんの少しの巣材をランダムに置いた。しかしシロアリが新しい材料を積んだり、すでに積んだものを動かしたりするうちに、かなり等間隔に並んだ、より大きな材料の塊が姿を現し始めた。これが新たな材料を引き寄せ、塊の上に積まれて柱ができた。二本の柱が隣り合っているときには、互いに相手に向かって成長して頂上でアーチができていく。この過程の大部分は、シロアリが巣材のペレットにフェロモンを加えているのだとして説明できる。こうしたペレットが他のシロアリを呼び寄せ、そこに荷降ろしをさせるのだ。最初はどの場所も、引き寄せる力は同等だが、このシステムは正のフィードバックで作用する。一つの点に他より少しでも多くの材料が積まれると、そこが材料を運ぶシロアリをより多く引き寄せるのだ。

グラッセはこの建築システムを拠点準拠（スティグマージー）（大まかに言うと「作業の焦点」というような意味）と呼んだ。[8] 既存の構造が「刺激的な配位」を示していると、個体はいつもそれに反応して建築行動を示すという建築原則だ。そのような建築過程は、シロアリに理解や判断をほとんど要求しない。作業を行うアリ同士の直接のコミュニケーションさえ必要でない。それは刺激＝反応のやりとりだ。シロアリは仕事を探し回るだけで、作業の方法については自分の中から、そしてつくる場所は建物自体から、指令を受ける。いったん着手した仕事は誰がやっても、コミュニケーションの必要もないまま続いていくし、完成する。

グラッセが行った別の実験では、シロアリが同一の原則を使って、シロアリ塚の違う建築的特色を作り出せる方法――この場合はマクロテルメス・ナタレンシスという種でコロニーの女王の居室について――が示された。この部屋は女王の体形とほぼ同じ形をしているが、女王の体の周囲にはかなりゆったりした隙間が広がっていて、働きアリが女王の世話をしやすくなっている。女王は取り巻きの働きアリと比べると巨大に膨れた存在で、静かに拍動している白いソーセージ、卵を生産する巨大な工場だ。

この女王を巣から取り除いて、働きアリと一緒に開けた場所に置くと、シロアリたちは前と同じような部屋を女王の周りにつくることを、グラッセは示してみせた。最初に働きアリは元の部屋のように女王の周りに十分なスペースをとって低い壁をつくった。壁をつくりながら、彼らはそれを女王が体の上にアーチ状に積み上げ、上で閉じたドーム状の屋根をつくった。壁の位置を決めるのは女王の体全体から発散するフェロモンであると彼は結論した。雲状に立ちこめる匂いが女王の周囲に気体の勾配（こうばい）をつくり、匂いは近いほど強く、離れるほど弱くなっている。この勾配におけるフェロモンの閾値（いき）（限界値）が壁の位置を決める。雌を包んでいるフェロモンの雲が、女王の部屋のサイズと形を決めている。これは、自分自身の体形に合わせて建物の輪郭を決めるトビケラの幼虫やズグロウロコハタオリに似た建築用鋳型（いがた）の一例だ。女王シロアリのフェロモンの雲が「刺激的構造」を与え、部屋の構造的な出来上がりは、個々の建築係の集団が拠点準拠（スティグマージー）の原理を利用したということで説明が可能だ。私はあえて「説明が可能」という。働きアリの反応と、女王がつくっているフェロモンの鋳型と、建築素材の中に含まれている働きアリフェロモンという誘因だけをコンピュータモデルに組み入れると、仮想（ヴァーチャル）の女王部屋をつくらせることができる。建築過程の通例の組織化では、他にも複雑化させる要因があるのかもしれないが、観察された結果をつくるにはそのような詳細の必要がないことを示してみせられるのが、コンピュータモデルのポイントだ。

　したがってこのような理論モデルは、非常に簡単なルールのもとで、とりわけ働き手側がメンバー相互で相手に注意を払う必要がなく、生じつつある構造物だけに注意を払えば済むような規則に従って、それでどの程度まで複雑な建築を生みだすことができるかという程度を調べるのに、有用な道具になる。シロアリの女王の仮想の部屋をつくり出したダイナミックモデルに似たやりかたで、仮想の廊下をつくらせることもできる。これを行わせるモデルでは、空気が静止している状態でなく動いている状態で、建築過程が進むと仮定する。開けた場所に置かれた働きアリが柱を建て、アーチをつくり、そこを弱い風が吹き抜けるような状態では、巣材のフェロモンの作用によって建築は風下側で促進され、シロアリ自身の活動もその方向に向かう傾向が出てくる。シロアリは道しるべフェロモンを出すことがわかっている。その特徴をモデルに取り込ませると、それはより多くのシロアリによる方向性のある動きが促進される。そしてシロアリが進む道に沿って建築材料を置いていくことによって、廊下（通路）はできてくる。

現実的なチェックをしてみよう。いま取り上げているのはコンピュータシミュレーションであり、本物のシロアリのコロニーではない。だが、仮想（ヴァーチャル）シロアリが利用する建築方法の規則は一定のままでも、環境条件によって、この場合には空気の流れとその結果生じるシロアリ自体の運動によって、構造は変わってくる点に注目しよう。この場合もまた、シロアリ同士の間でのコミュニケーションは不必要であることがわかる。

もう一つ別の結論も非常に重要である。私たちは、シロアリが廊下をつくる意図を持っていたとか、あるいは働きアリが廊下という何らかの概念を持っていたとか主張する必要はない。廊下は局部的な刺激に対して各個体の集団が示す「創発的な特性（エマージャント）」だ。意外に見えるかもしれないが、そんなわけでもない。読者がこの本を持っている手というものを考えてみよう。あなたが胎児で、手が単純なひれのようなものだったころに、それを構成していた細胞は将来手をつくることを「理解」していただろうか。全部の細胞に何らかの先天的な規則が具わっていて、何か多少とも局所的な刺激、鋳型、勾配などに反応する。それぞれの細胞は分裂、移動、分化、あるいは死ぬことによって反応し、そうやって手が出現（創発（エマージ））してくる。

創発的な特性、つまり低次の指図の結果として高次の組織化が出現してくることは、生物学のみならずダイナミックな物理現象においても見ることができる強力な現象である。北極圏のツンドラ地帯の永久凍土には、地面が鋭い直線で一〇〜五〇メートル幅の多角形に分割されている場所がある。何か人間が関与したかのように見えるが、水が凍結と溶解を繰り返した結果、そうなったものにすぎない。冬の極端な低温によって、永久凍土の上層面が割れる。夏になると地表の雪や氷が溶けて割れ目に流れ込み、冬になるとそれが氷のくさびとなって、割れ目がさらに拡大する。このサイクルが何百回となく繰り返されるうちに、地面を多角形に分割する規則的な割れ目のパターンが出現(創発〔エマージ〕)してくる。

アリのテムノソラックス・アルビペンニスの例は、コンピュータによるシミュレーションでなしに、単純で局部的な建築規則によって高次の構造物が出現してくることの物理的な事例を与えてくれる。本章でもさきに取り上げた、ビュフォンの針の原理を利用して巣穴の面積を推定するものと考えられる例のアリだ。穴が適当であることをコロニーが決定し、そこに入居すると、コロニーの全メンバーはまず集合して塊になる。次に個々のアリ個体は小さな石を探しに出かける。そうした石が、コロニーを囲む外壁をつくっていくことになる。石を調達してきたアリは、仲間のところに戻ると、彼らに触れてからぐるりと一八〇度向きを変えて、体長二つ分外に進んでから荷物を下ろす。石が積み上がってくるにつれて、調達係は自分の顎で運んできた石でブルドーザーのように他の砂粒を外側に押して、石を壁に押し込む。

積み上げられた石の存在は、他のアリの積み上げ行動を刺激することにもなる。石が密にある場所にはさらに多くの石が積み上げられやすい。まばらなところの石は取り除かれる傾向が見られる。その結果としてアリの塊の周囲には、穴の天井まで届くようなほぼ円形の防御壁がつくられる。石を下ろす行動を抑える道しるべフェロモンによって、少なくとも一つの道、つまり出入り口が確保される。これらの単純な規則だけを取り込んだコンピュータモデルによっても、同じパターンの構造物がつくり出される。このシステムは、アリの塊を鋳型とする「自己組織化」のシステムになっていて、下位レベルの行動の創発的(エマージャント)な特性として、囲まれた巣の空間が生じてくるわけだ。

この物語には興味深いおまけの話がある。テムノソラックス・アルビペンニスが壁づくりに使う石の大きさの選択規則に関することだ。ある実験では、このアリに二種類だけの大きさの石粒を与えてみた。大きい粒は直径約一ミリメートルで、小さい方は直径〇・五ミリメートル強のものだが、どちらもアリの許容範囲に収まる大きさだ。予想は、アリに好きなように選ばせると大きい粒を選ぶだろうということだった。どちらも集める場合も時間は同じくらい掛かるので、大きい方を集中的に集めれば一定時間に、より多くの材料が集められるからだ。回収の距離が長くなるほど、アリが大きな粒子を選ぶ傾向が大きくなるだろうとも予想された。予想の根拠は、牛乳一本と卵パック一個なら近所の店に行くが、郊外の大型スーパーに車で出掛ければ家族で数日暮らせるほどの大荷物を満載して帰ってくるだろうというのと同じことだ。ところがこの予想は、あまりうまく当たらなかった。

テムノソラックスは石を集めるとき、距離にお構いなく大小両方のものを集めた。距離が長い場合、大きな石を集める割合はたしかに大きいのだが、壁の建築が進むにつれて、小さな粒を運ぶ傾向が高まった。石は単に労力を節約するというだけの基準で選択されていたのではなかった。壁の構造的な完全性ということが、どうやら問題であるらしい。

バケツに入れた乾いた砂を静かに地面に注いでみよう。砂が円錐形に積み上がるにつれて、砂山の勾配が急になる。そしてある一点までくると、砂は側面を流れ落ちてしまう。それ以後は、どれだけの砂を山の頂上に注ぎ、円錐がどれだけ大きくなっても、勾配の強さはそれ以上増すことはない。この角度が、いま注いでいる砂の最大安定角度なのだ。

この角度は砂粒の大きさや形、また違う大きさの粒の混ざり具合によっても違ってくる。テムノソラックスに与えた砂粒の場合には、大粒と小粒の割合がほぼ等しいときに最大安定角度が最大になった。さらに調べてみるとこの割合は、粒子を最も密に詰めた場合の比率、すなわち粒子間の空間によって占められる単位容積が最小になる粒子の比に最も近いことがわかった。アリが大きい粒と共に小さい粒も選んでいるのは、壁の安定性を最大にする必要から決まってくることで、単に材料を素早く集める必要だけによるものではない。

この種のように空洞に巣づくりをするアリは、社会性昆虫の巣づくりにおける基本的ないくつかの法則を研究するのに非常に便利であることが示されている。シロアリのコロニーを使って塚の構造建設を調べる実験は、あまり複雑すぎるように見えるかもしれないが、説明したいのはやはり同じ事柄だ。こうした間にもコンピュータモデルで、非常に単純化された仮想建築者によってつくられる構築物の複雑さの程度が、明らかにされてきた。アシナガバチなどの巣づくりをシミュレートするようにデザインされた、いわゆる「格子型の巣房（lattice swarm）」モデルは、こうしたことの格好の実例になる。(9) このモデルの仮想働きバチには、ごく限られた能力しか与えられていない。個体相互はコミュニケーションを交わすことができない。記憶も持たない。局部的な刺激だけにしか反応できない。彼らは建築行動において、柱やアーチや女王の部屋などをつくる本物のシロアリに似ており、言ってみれば拠点準拠的(スティグマジック)である。単純な建築規則をプログラムされた仮想のハチは「刺激をもたらす構造配置」を仮想の巣の表面に探し回り、そこに自分の分担分を付け加える。このハチの巣のモデルの場合、分担分というのは「煉瓦」、すなわちハチの巣房のうちの一つの部屋のような建築ユニットだ。ここで問題は、そのような生物(クリーチャー)のコロニーがハチの巣のようなものをつくることができるかということだ。

その答えは、意外かもしれないがイエスである。そのような一組の指示（アルゴリズム）を与えられた仮想のハチは、ハチの巣らしい形や配置の規則性を持ったデザインをつくり出す（図4・1）。これはいわゆる「協調的（coordinated）」アルゴリズムというものだ。協調的アルゴリズムによってつくり出される仮想の巣の設計特性の一つは、そのモジュール性、すなわち巣の要素が規則的配置を取って繰り返されるということである。これはアシナガバチやスズメバチの巣に広く見られる特性で、たとえば水平に並んだ巣が積み重なった形をとるなどの例がある。このような巣は、モデルからも考えられるように、単純な行動規則の創発的な特性として説明できるだろう。しかし協調的なアルゴリズムは稀(まれ)であることが判明している。アルゴリズムの大部分は「非協調的」だ。それは不規則な構造物をつくり出し、プログラムを実行するたびに違うものができてくる。

本物のハチの巣のデザインは、「格子型の巣房」モデルでシミュレートされるものよりもさらに多様であり、巣の一つあるいは二つの面が平らでなくて曲面になっているものもある。アシナガバチのアゲライア・アレアータ［この属には、数十万個体に及ぶ大形コロニーをつくる種がある］の巣のデザインは曲面状に成長を続けて、最後はボール紙を緩く巻いたような形になる。曲面はつくるのが複雑そうに見える。

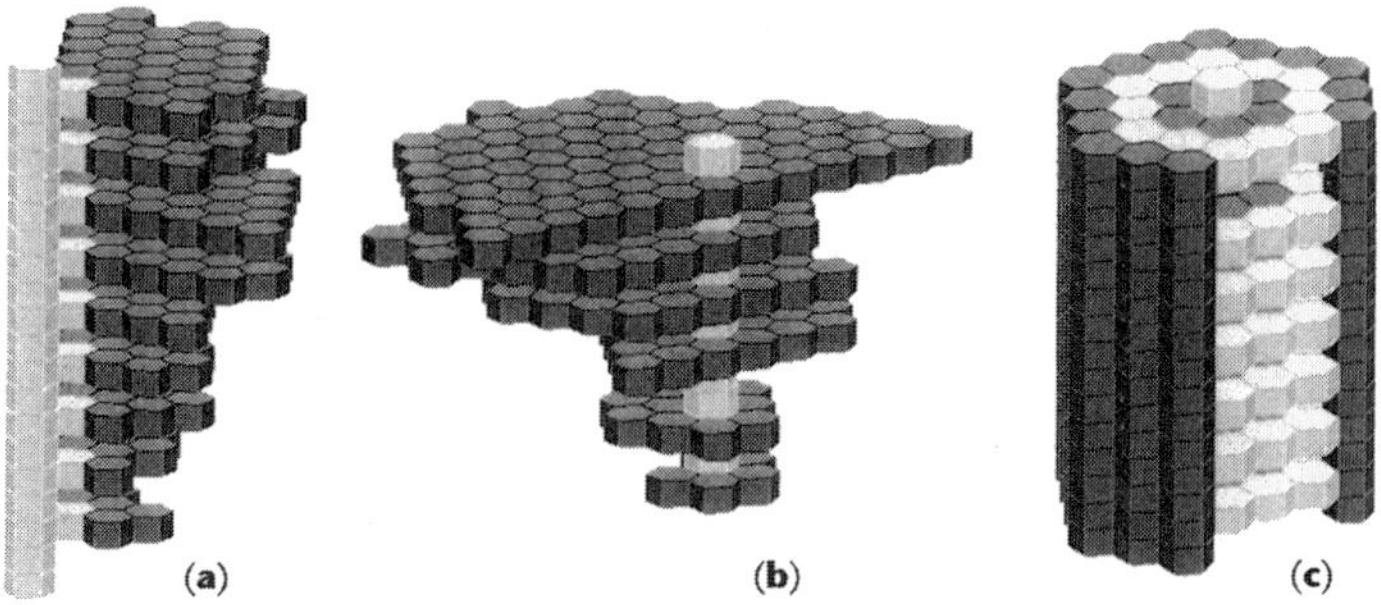

図4・1 協調的アルゴリズムによって生じた仮想のハチの巣。モジュール性を示す（Guy Theraulaz の許可を得て転写）。

たとえばフォスター・アンド・パートナーズ［ノーマン・フォスター卿（一九三五年〜）を中心とする世界的な建築企業で、斬新で意欲的な設計で知られる］は二〇〇〇年に開場した大英博物館の中庭（グレート・コート）にガラスの丸屋根をつくり、方形の敷地の縁と中央の円形パビリオンの間の空間を、それぞれ独自の形をした一六五六枚の三角形のガラスパネルで覆った。ミツバチやアシナガバチはどのようにして、均一な建築ブロックである育児部屋を繰り返し追加していくことによって曲面をつくり出すのだろうか。

ミツバチの巣の小部屋は、よく知られているように六角形をしている。これは、間に隙間を残さずに平面を規則的に繰り返し分割する一つの方法だ。繰り返し分割の方法としては他にも二通り、四角形と三角形があるが、同じ面積を三角形、四角形、六角形で囲むと、外周はそのうちで六角形が最小となる。それゆえ六角形の小部屋の壁は、同じ容積を持つ三角形や四角形の部屋のものよりも必要とする蝋が少ない。だから六角形は使用する材料の点で経済的であるし、丸々と太って最後は巣穴いっぱいに成長する幼虫にとっても、四角や三角よりも具合のいい形だ。

もしも巣を一つの面で曲面にすれば、六角、四角、三角の表面の形は曲がってくる——一枚の紙を丸めてみれば結果はすぐわかる通りだ。二つの面で曲げてドームの形にすると、全く同じ構成単位は一つも存在しないことになる。個々の単位に調整が必要となる。ハチは、どうやってそのようなことができるのだろうか。

一九八五年に六〇個の炭素原子が結合した驚異的な純粋炭素分子が発見された。それは、同じ形をした一六個の六角形と一二個の五角形を骨格とする球形の分子で、バックミンスター・フラーのジオデシック・ドーム［geodesic は「測地（の）」。球面（地球）の小部分の三点を測地線で結んだ小三角形をつなげれば湾曲面となる。アメリカの建築家・発明家のバックミンスター・フラー（一八九五〜一九八三）は、これを実用化してドームをつくった。六角形と五角形も三角形に分解して考えることができる］を思い出させる。それですぐさま、「バッキーボール」と覚えにくいようならば、サッカーボールを眺めてみることだ——あるタイプのものはバッキーボール形にデザインされていて、六角形は白いことが多く、五角形はくっきりと対照的な黒になっている。必要なのはこれら二つの構成単位だけである。同一の六角形を何個かと五角形を何個かを組み合わせれば、ドーム状の面をつくることができる。

アシナガバチの巣でも、少なくとも一部のものでは、六角形の中に五角形が混ざった結果として、曲面が生じていることがわかる。デザインが進化してきた初期には、五角形は「間違い」と見なされていたかもしれない。しかしこの祖先たちの環境のもとで、曲面をなしている巣に明らかな利点が認められて、「間違いづくり」のハチが代々続いてきた。

そうしてみると曲面状の巣ができるのは、個々の働きバチが六角形と五角形の巣を混ぜて付け加えることからの創発的な特性ということに尽きるのだろうか。この章の始めの方で、社会性昆虫は人間とは根本的に違うやり方で建築をやるに違いないということは了解した。ここまできて、小さな脳の生物の大群が、非常に単純な組織化の法則のもとで複雑な構造をつくる方法がともかく可能だということがわかったと思う。さらに研究が進めば、シロアリが塚を築きハチが巣をこしらえる方法に複雑さが発見されることも、もちろんありうるだろう。しかし、小さな脳と限られた行動レパートリーしかもたない動物が驚くほど手の込んだ構造体を作るという本書のテーマが、ここでもう姿を見せている。これは第6章での動物の罠づくりの吟味、第7章で論じる動物による道具の利用、そして第8章で取り上げる雄のニワシドリのディスプレーの議論にあたっても、一つの強力なテーマとなっている。しかしその前にまず第5章では、動物の構築物の進化のことを見ておこう。

第5章

一つの巣から別の巣へ

私が子供のころの恐竜は灰色で、重くて、動きもぎこちなかった。それから半世紀以上を経て彼らは機敏になり、まだら模様や縞模様、あるいは鮮やかな色をまき散らした外見を持つようになった。現在描かれているスピードと敏捷性は大部分が化石骨格の再評価にもとづいているが、色彩は完全に空想の産物で、科学的理解とは無縁の安っぽいカラー印刷のせいだ。それでは私たちが思い描く恐竜の生活の他の特徴には、どれくらいフィクションがあるのだろうか。私の手元に最近出版された生物学の教科書がある。地面に巣をつくるカモノハシ竜の小さなコロニーの巣の中にいる子供たち、そしてそれを気遣って覗き込む親の姿が描かれている。このような家族生活は感傷的なイメージにもとづいたものにすぎないのだろうか。意外なことに、そういうわけでもない。化石になって残っている産卵場所の残留物は、カモノハシ竜が簡単な低い壁に囲まれた円形の窪みに産卵したことを示している。卵内の胚の化石はそれがカモノハシ竜であることを裏付けるし、巣がまとまって発見されたことから集団で営巣していたと考えられる。

しかし世話をする親恐竜の方はどうだろう。その証拠はあるのだろうか。それは主として、いまの鳥類の雛の外見にもとづいている。一日齢のヒヨコを考えるときに思い浮かべられるのは、小さなフワフワした黄色いものがピーピー鳴いたりつついたりしながら走り回っている姿だろう。これはニワトリの雛だ。このような雛は孵化すると巣を離れる。母親はそばにいるが、その役割の大部分は雛の監視だ。一日齢のハシボソガラスの場合は全く違う。眼は閉じており、立つこともできず、まして食物を探すことなどできない。

近代の鳥が竜盤目という恐竜の主要分類群から生じたことは、各種の証拠にもとづいて現在広く認められている。竜盤目の仲間にはティラノサウルス・レックスのような大型肉食獣も含まれるが、鳥類が生じた系統に近いと考えられる小型のオヴィラプトルも含まれている。ゴビ砂漠で発見された八〇〇〇万年前の化石から、オヴィラプトルが卵の上に座っていることが明らかになった。(1) ただしそれが卵を暖めていたのか、死の瞬間に卵を守っていたのか、私たちにはわからない。だが、これとは別種の恐竜の「雛」の化石の形態は、それがカラスの雛のように親の世話がなければ生存できないこと、したがって巣の中で餌をもらっていた可能性を示唆している。

カラスは樹木のなかに枝でプラットフォーム状の巣をつくる。したがって地面に巣をつくる恐竜から、カラスのプラットフォーム状の巣に至るまで、巣づくりにも進化の歴史があるに違いない。九〇〇〇種以上の鳥が現存しており、それらは全部明らかに同じ先祖を共有しているので、恐竜の巣から小さなコビトユミハチドリがクモの巣で葉の先につくる固定された重さ四グラムの巣に至るまで、巣づくりの歴史もあるはずだ。この章の二つの課題は鳥類や、さらにはまたハチやシロアリの巣づくりの歴史をつなぎ合わせてみること、そしてその歴史の道筋を説明できる十分な仕組みを提案できるかどうかを考えることだ。本章は巣の進化についての章であり、私の説明は生物学的思考の基礎をなすダーウィンの元来の考えを、現代の遺伝生物学の洞察で裏打ちしたものだから、ネオダーウィニズム的とでも言えるかもしれない。その場合、意外なことでもないが、動物がこしらえる構造物に対する自然選択の作用の仕方は、たとえば昆虫の翅（はね）とか魚の顎などに対する働き方と比べるとやや特殊なところがある。そうした違いの理由が自明でないと読者が思うとしても、べつに気にすることはない。私自身にしても、それが自明だとは思わない。本章で後ほど多少詳しく説明しようとする理由も、そこにある。

草地で身をひるがえして牛の間を低く飛びかわして虫を捕らえるツバメは、いかにも英国の夏の牧歌的なイメージを与える。アメリカ合衆国ではこのツバメ「納屋のツバメ（barn swallow）」として知られている。浅い泥の巣を、農家の納屋の狭い張り出しなどにつくることが多いからだ。学名では *Hirundo rustica* という。春になると英国にやって来るもう一種類のツバメは「家のツバメ（house martin）」、つまりニシイワツバメだ。肥り気味の体型と、ツバメ（「納屋のツバメ」）ほど優美に「燕尾」していない尾のせいで象徴的な地位に就くことができないが、ツバメに比べて印象的な巣をつくる。泥製の深いカップ状の巣を、家の軒下の壁にじかに取り付ける。泥のカップの上部には狭い開口部があり、夏の終わり頃に雛が丸い顔を覗かせる。尾の分岐が控えめで、色も茶色で目立たないショウドウツバメは、この夏のトリオの中では最も魅力に乏しいが、その巣は他の二種とは全く異なっていて、川の上に張り出した砂質の岸に穴を掘る。ツバメの仲間に見られる巣のデザインの多様性はどのようにして生じたのだろうか。この問題には、進化の歴史と進化の仕組みという本章で取り上げる二つの概念が含まれている。

世界各地には約八〇種のツバメの仲間がいて、(2) その巣づくりは英国の三種よりもさらに変化に富んでいる。たとえば合衆国でインディアナ州ブラウン郡とか、その他各地をドライブしていると人々の家の

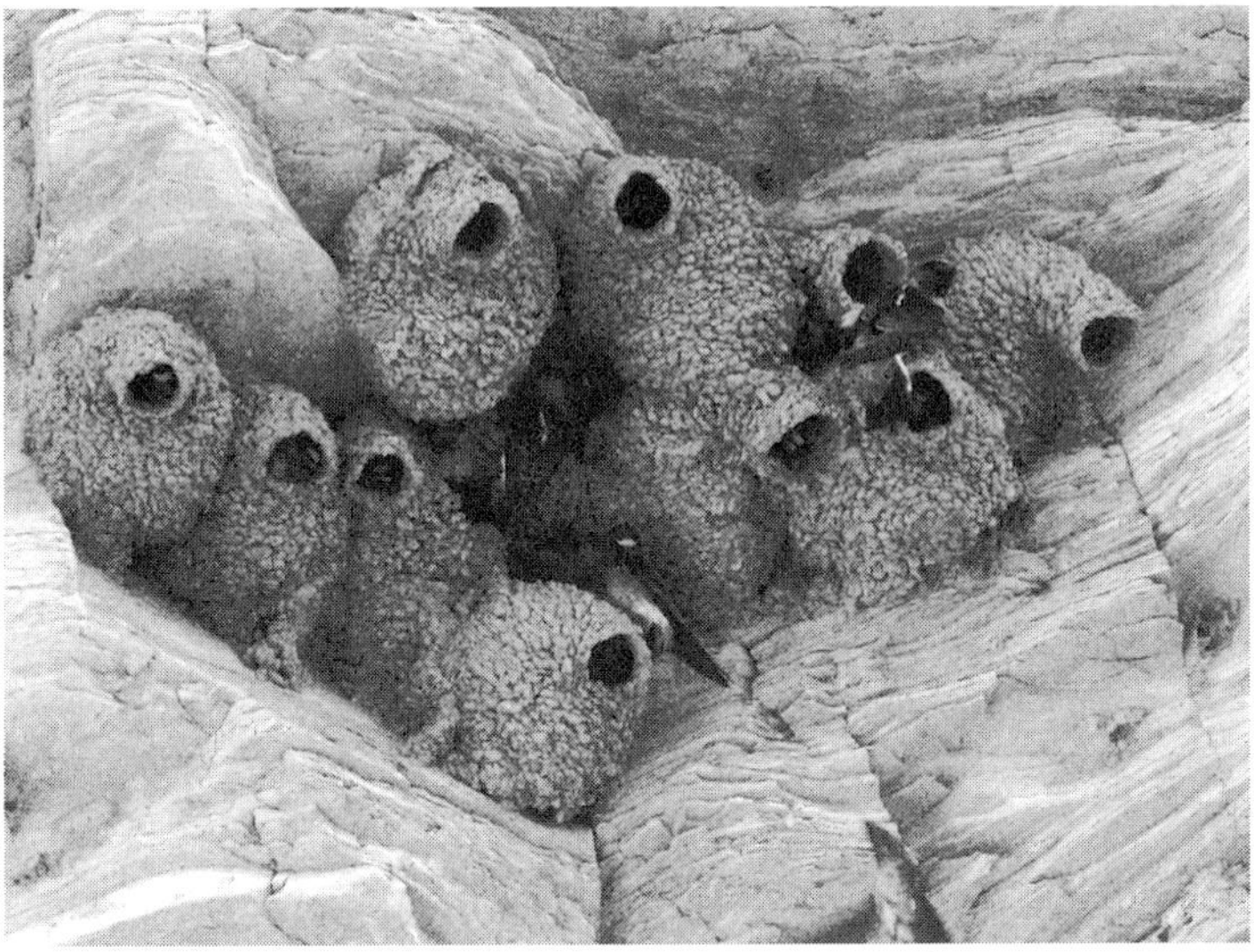

図5・1　サンショクツバメの巣。泥でつくられた球形の巣と突き出した入り口は、穴を掘る種に始まったツバメ科の進化の足取りを示す（Lee Rentz/Bruce Coleman Inc.）。

庭で、地面にさした棒の上にペンキを塗った人形の家のようなものが乗せてあるのを見掛けることがある。よく見ると、二階造りの家には六個とか八個の出入り口用の穴が開けてある。これはムラサキツバメのために愛鳥家が置いた巣箱だ。これに代わるデザインとしては、頸（くび）の長いヒョウタンをくりぬいて、分岐させた棒の先にぶら下げたものがある。これはムラサキツバメが村の周辺に巣づくりをするように、アメリカ先住民がおそらく何千年も続けてきた習慣を真似たものだ。ムラサキツバメは本来空洞に巣をつくり、人間の援助に頼るようになった今でも、時折古いキツツキの巣穴とか、それに似た自然の空洞に巣をつくっている。サンショクツバメ（**図5・1**）やコシアカツバメは、岸壁の張り出しにしがみついているような泥の巣をつくる。これはイワツバメの巣に似ているが、細長い出入り口が付いている。コンゴ盆地の稀少種アフリカカワツバメは、露出した川の中州に浅い巣穴を掘る。

ツバメ類の巣づくりに多様性がある理由として、これらの鳥は見た目は似ていても近縁関係がないということも確かに考えられる。たとえばアマツバメ（swift, *Apus*）は外見や行動がツバメと似ているが、詳しく比較するとたいへん異なる鳥であって、実際にはハチドリに近い。しかしツバメ（swallow）とイワツバメ（martin）は、骨格その他の身体的特徴を詳しく調べてみても近縁種であることがわかり、これらの種のうちから選ばれたもののDNAを比較した結果、これが裏付けられて、系統図の再構成が考えられるようになった(3)。

ツバメとイワツバメの系統図はDNAの類似にもとづいているので、巣のタイプは全く考慮されていなかった。この系統図で現存種の名前の横に巣のタイプを書き添えると、このグループ内での巣づくりの歴史を見ることができる。まあ、もう少し手控えて厳密に言えば、彼らの巣づくりの歴史として最も可能性の高いものを見ることができるということになるのだが（図5・2）。進化に関するこの種の研究では、種間のDNA（あるいは実際上は、骨格などその他どんな特色の場合も）を比較して系統樹をつくる場合には、二種類以上の答えが得られる可能性がある。そのような場合には最も経済的な、あるいは節約した（すなわち大きな進化的な移行が最小限となる）もののうち、全ての有効なデータと一致するものを採用する。これは中世の哲学者または神学者だったウィリアム・オヴ・オッカムの名前にちなむオッカムの剃刀（かみそり）という原理だ。説明は、得られる証拠を説明するのに必要な最小限度を超えて複雑になるべきではないというのが、彼の主張だった。つまり「剃刀」は、説明を必要最小限までそぎ落とす過程のことを言う。その後になって新しいデータが利用できるようになれば、説明をもっと精細にすることもできる。

ツバメ類の系統樹に話を戻そう。全ての現存種に共通する先祖、系統樹の根元にいるものが、ショウドウツバメのように地面に巣穴を掘るものだったことはかなりはっきりしている。ここからさらに二つの型として空洞の巣づくりと泥の巣が進化した。それぞれが数種によって代表されている。ムラサキツバメとミドリツバメが前者を代表しており、南米のアイイロツバメもこれに属する。このツバメは建物や崖や樹木、また第2章で取り上げたビスカーチャの巣穴の中で暮らすジカマドドリが掘った巣穴などのように、あらゆるものの空洞に巣をつくる。イワツバメの先祖のうちに、川の中洲の土手で穴を掘ることをやめて他の洞穴を利用するようになったものがいて、このような進化的変遷が生じたと考えることは難しくない。要するにすぐに使える自然の洞穴が見つかるならば、わざわざ掘る必要はないだろう。

泥で巣をつくるグループに関する限り、系統図に表したように共通の先祖を持っていることは、DNAのデータからもかなり確実だろう（図5・2）。泥でつくったデザインがさまざまに多様化することの想像にも、それほど無理はない。普通のツバメ（「イエツバメ」）がつくるような壁から張り出した初期の簡単な泥の巣は、やがてカップが深くなって、イワツバメの巣に似たものにつくり上げられた。その後に入り口の管も付け加えられて、現在のサンショクツバメの巣のデザインができ上がった。この管の部分は、天候や捕食者から巣を守るために生じたのかもしれない。地面に掘った穴の巣から、岸壁につくった泥の巣への移行はまだ説明されていない。これは予想がそれほど簡単ではない。

ショウドウツバメは、巣をおもに砂質の岸に掘る。しかし、ここで先祖の種がさらに粘土質の土壌の岸に穴を掘るところを想像してみよう。その場合には、巣穴をつくるために湿った土を移動することもある。この仮説種のうちに革新的な行動を取り入れた個体がいて、ほど良い堅さの泥を嘴（くちばし）で川岸から掘り出し、それを近くの出っ張りや割れ目に運んだと仮定する。そのような種が、近くの池や川の岸辺で泥を集めて営巣地に持ち帰って巣をつくる現在のツバメやサンショクツバメのような種の先祖だったかもしれない。これをさらに説得力のあるものにするには、失われた環（ミッシング・リンク）が、つまりこの移行的な行動に似た何かを現在持っている生存種が必要だ。これは少なくとも岸に穴を掘り、掘り出した材料を置き直して巣の壁の一部をつくり、さらに近所から泥を集めてくるような種でなければならない。ところがそのような生存種は見あたらない。そこで、このような移行が少なくとも可能ではあることを納得するために、移行がはっきりわかるスズメバチ科の巣づくりについて簡単に復習しよう。

私の家の中庭には二脚のベンチが置いてあり、毎年春になるとそのベンチの塗装していない木材に小さな薄い縞模様が現れる。ハチが紙の巣をつくるパルプとして、夏に成長した柔らかい部分の繊維を木目に沿ってかじりとるのでこのような模様ができてくるのだ。合衆国で「イエロージャケット」と呼ば

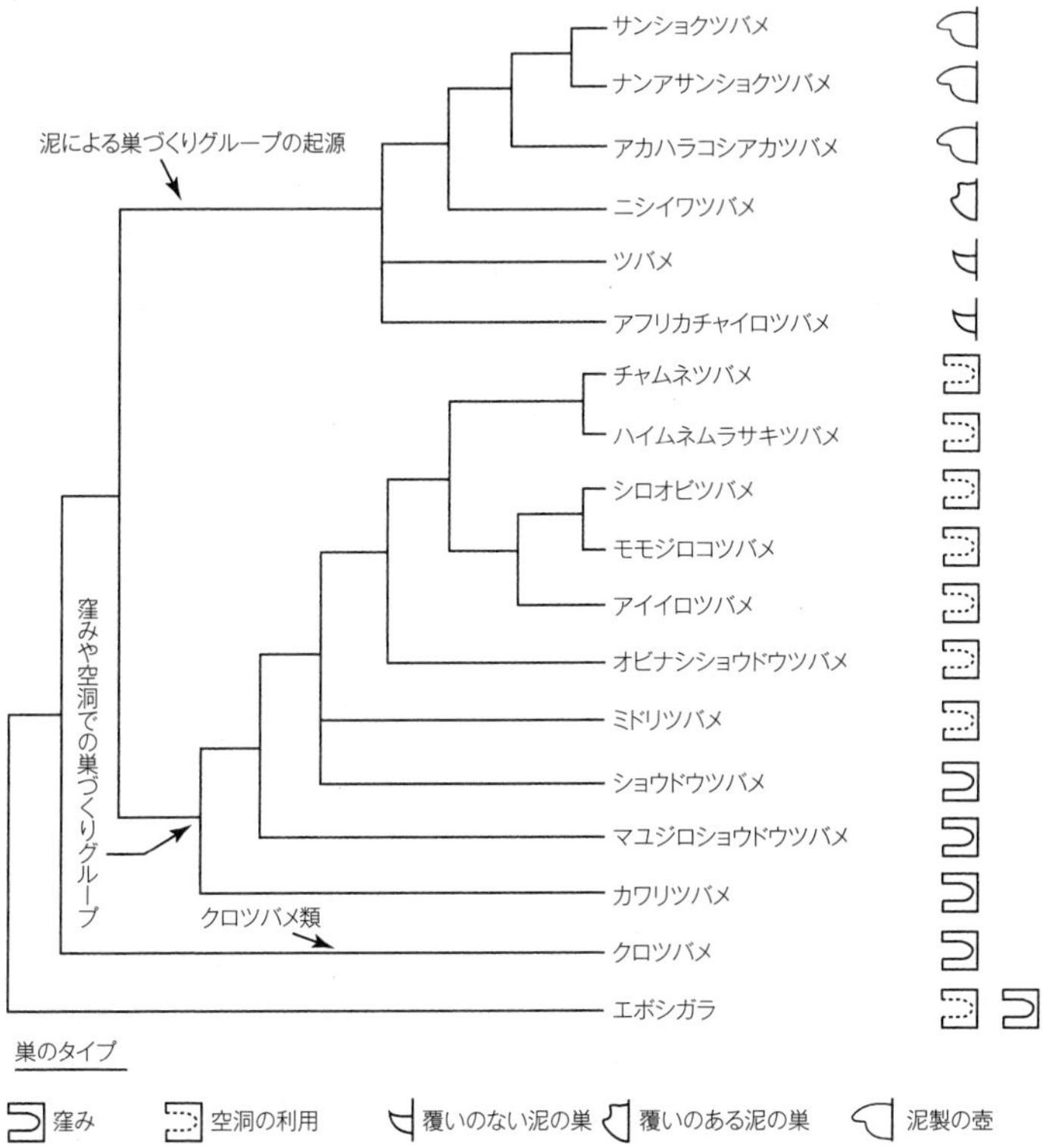

図5・2　巣づくりの歴史。現存するツバメ類の「系統樹」と、それぞれの種の巣の型を表す（D. W. Winkler and F. H. Sheldon (1993) Evolution of nest construction in swallows (Hirundinidae): a molecular phylogenetic perspective. *Proceedings of the National Academy of Sciences* 90, 5705-7. Figure 1 より）。

れるこうした社会性のハチは、熱帯や亜熱帯に住んでいて紙の巣をつくり約一〇匹から数十万匹のコロニーをつくるハチ集団と近縁関係にある。しかし、似たような昆虫でも詳しく調べると、同じスズメバチ科の中にも、成虫が単独行動を取り、雌がひとりで巣づくりをして幼虫も育てる種がたくさんいる［「ドロバチ」の類など］。このような単独行動を取る種のうちに、地面に穴を掘るものや泥で巣をつくるものがいる。モンテズミア属には穴を掘るものと巣をつくるものが両方いる。スズメバチ科のハチによる泥の巣づくりでは、既存の洞に泥を付け足していった結果と、あるいは洞や穴を掘っていったとき掘り出した泥を構造物の一部として付け足した結果と、二つの進化の道筋が可能性として考えられ、どうやらこの両方の道筋を通ってきたらしい。

単独性のパララストルは後者の例で、巣づくりする雌は穴掘りと建て増しを組み合わせる。岸に水平なトンネルを掘ると、掘り出した材料を入り口に付け加える。それは上向きにつくられた、からだ三つ分の長さの細い管だ。管の先は下向きに曲がって空洞になったステッキのような形になっている。ステッキの先端は下向きに鉢状に広がり、内側の壁はハチの顎で硬く滑りやすく磨き上げられている。

この特殊な管状の入り口が完成すると、雌は幼虫に与えるために麻痺させた昆虫を穴に運び込む。獲物を十分に集めると、雌はその上に卵を一個産んでから穴を仕切って小部屋をつくる。次に第二の幼虫のためにさらに獲物を集めて、同じ事を繰り返し、三、四個の小部屋をつくる。その後雌は穴の入り口をふさぎ、逆さになった鉢のついたステッキ型の管を取り除いてしまうので、入り口のありかを示すものはほとんど残らない。

巣の準備段階を観察していれば、穴の入り口の複雑な構造物が持つ役割が理解できるだろう。雌は獲物を捕らえようとして行ったり来たりしているから、入り口は寄生性の昆虫の侵入に対して無防備の状態になる。寄生性の昆虫は巣穴に産卵して、孵ったウジはハチの幼虫を餌にする。だが雌は椀の内側を非常になめらかに磨いているので、虫がとまろうとしても滑り落ちてしまう。このハチは土に穴を掘るし、掘り出した泥で構造もつくる。同じような移行がツバメやイワツバメにも起きたと想像してもらいたい。穴を掘る種は捕食者の侵入を防ぐために泥の壁をつくったのかもしれない。そのうちこの入り口の構造がさらに複雑になり、最後は巣全体が泥でつくられることになったのだ。

ハチの巣づくりに見られる進化の話をしているこの機会に、その他にどのような移行が見られるかを考えておこう。泥の巣から紙の巣への移行がある。スズメバチ科に属する社会性のハチがつくる巣は、コロニーの大きさ次第で小さなものも大きなものもある。また巣を包む外側の層をつくる種もつくらない種もある。この社会性のハチのうちで、ホーヴァー・ワスプは先祖の巣づくり型を示す。ほっそりとして繊細で攻撃性をもたないこのハチは、小さなコロニーで東南アジアの小川の岸の下や滝の岩棚の下で生息している。この亜科に属する種はさまざまなタイプの巣をつくり、材料としても土だけ、腐った植物のかけら、両者の混合物など、いろんな材料を利用する。元来は泥の巣をつくっていたが、林床から材料を集めてくるときにたまたま腐った植物のかけらが紛れこんだというもっともらしい解釈もあるが、確証はない。

植物片の割合が大きいほど巣は軽くなる。それによって岩の張り出しでなしに細い植物の茎に巣をつくれるようになったのかもしれない。新しい営巣地を利用して、むき出しの木材の表面から集めた繊維とか、ある種の場合には葉の表面から集めてきた毛などの植物材料だけで巣づくりをする新種のハチが進化してきた。このような材料によって、いっそう軽くて強い巣、つまりより大きな巣が可能になり、アシナガバチやスズメバチの現存種などに見られる大きなコロニーもつくられるようになった。ハチにとって、泥でつくった小部屋の壁には明らかな利点があるので、泥の巣をつくる種は今日まで存続している。泥は重いけれども、巣の壁に高い割合で含まれていれば、寄生バチが針のような産卵管を突き通して卵を産みつけ、そこから孵ったウジが先住しているハチの幼虫を食べてしまうのを防ぐことができるだろう。泥と紙という二種類の巣材はどちらにもそれぞれ適性がある。紙の巣の場合には大きな巣が可能となり、コロニーの成員は、寄生性の昆虫が巣に降り立つ前にそいつを発見する可能性が高くなったことが重要だ。このように大きなコロニーでは、群の防御が巣の材料から働きバチによる警戒に移譲されたわけだ。

ここで私は、つくられた構築物の移り変わりで見られる二つの異なるタイプを区別しておきたい。それは《デザイン》における変化と《技法》における変化だ。ツバメ類の浅い巣から深い巣へ、そして最後は入り口の筒の追加という一連の変化では泥という材料はそのまま変わらず、デザインに進化的な変化が見られる。ハチの方では、泥の巣から紙の巣へという建築材料に、技術の進化がある。これら二種類の変化ははっきり違うもので、考えられるその進化のパターンにも重要な違いがあるかもしれない。

ロンドンにあるキュー王立植物園のパーム・ハウスは、ガラスで覆われた繊細な鉄製の枠が大聖堂のような壮大なカーブを描いている。一八四八年にヤシの成木を納めるために建てられたこの建物は、当時世界最大の温室だった。全長一一〇メートル、幅三〇・五メートルにおよび、二階建てバスのルートマスター一三台を一二列並べた大きさに匹敵する。中央の丸天井は高さ二〇メートルで、ルートマスターを四台と普通のバス一台を重ねた高さだが、建築物としての重要性は温室としての大きさでなく、材料の革新的な利用法にあった。パーム・ハウスはアイルランドの鋳物(いもの)職人リチャード・ターナーと建築家デシマス・バートンの協同作業で誕生した。ガラス壁で覆われた鉄骨造りの歴史的建造物であるこの建物は、他の優れた温室の出現をもたらしたばかりでなく、その構造は英国全土にわたって駅舎の屋根に見られるすばらしい解決策として認識されている。リバプールのライムストリート駅もターナーの手になり、これはウィリアム・フェアバーンとの協同作業によるものだった。当時の新しいデザインを可能にした安価なガラスの大量生産と鋳鉄部材の鋳造は技術革新だった。パーム・ハウスは技術とデザインという別個の要素を組み合わせた建築における進化を表している。

ここで私は巣のような構造が自然選択のもとで進化する方法、そしてその過程が巣づくりの技術と巣のデザインの変化のそれぞれにおいてどのように違っているか、その可能性について考えたい。だが最初にその準備段階として、回り道をして生物進化における見解と発見の歴史について話しておきたい。

最初にいくつかのことをはっきりさせておこう。生物が何世代もかけて進化するという考えを発案した元祖はチャールズ・ダーウィンではなかったし、進化的変化が行われるべき首尾一貫した仕組みを提唱した最初の科学者が彼だったというのでもない。ダーウィンが生物学にとって重要なのは、彼が提案した機構が現在でもなお生物の世界を説明するのに役立つという点にある。実際のところ、彼が提唱した進化の仕組みは一つだけでなく二つあった。《自然選択》による進化と《性選択》による進化だ。前者は一八五九年に出版された『種の起源』にかなり詳しく述べられている。それは一五〇年前、ヴィクトリア女王が帝国を統治していた時代、蒸気機関車が革新的な技術だった時代のことだった。性選択説の方は一八七一年に出版されたダーウィンの『人間の進化と性選択』に詳しく説明されている。どちらも進化のパターンを説明する上で測り知れない力を持っている。

どんな種の場合にも、その集団内に見られる多様性（猛禽の鉤爪の大きさ、クモの巣の大きさ）は、各世代ごとにその効果が環境によって試されることを、自然選択説は提唱する。いちばん費用対効果が高い変異型を見せている個体が、より多くの子孫を残して集団内にその特色を普及させる。新しく生じてきた哺乳類に対して猛禽の大きな鉤爪が有利になったり、大量に発生する小さなハエに対して小さなクモの巣が有利になったりするように選択が働いたとする。もしもこの選択圧が何世代も変わらなければ、より良く適応した個体がより多くの子孫を残すことから、獲物の捕獲において一つの進化的な傾向が見られるだろう。

この説明には明白な一つの問題点として、ある種の動物がそのように簡単に片付けるには奇抜すぎる外見を持っていて、しかもそれが一方の性、一般に雄だけに現れ、雌の方は目立たないか、あるいは少なくとも雄に比べて控え目な外見を持つものがいることがあった。片方の性だけ（この場合も一般的に雄）が、他方の性にない異彩を放つ武器を持っていることもある。こうした形質、たとえば雌に近づくためにライバルを打ち負かす武器、こうした相手と競争して雌の気を引くための派手な色や音や動きなどを「適応」で説明するために、ダーウィンはその背景に有性生殖というものがあると唱えた。これが性選択説というものだった。

すでに触れておいたが、チャールズ・ダーウィンが生物的進化を聖書の創造と置き換える論争を始めたわけではない。彼は一八世紀に始まった論争、前章（一二四〜一二六ページ）で取り上げたビュフォン伯が始めた論争に寄与したのだ。だが私はパリ植物園で見ることができる、自信に満ちた姿で座る一八世紀の男性のブロンズ像にも注目して欲しい。彼の台座の一つの面には盲目の老人になった彼が思いやりのある娘に手を引かれている姿を見ることができる。これはジャン＝バティスト・ラマルクだ。彼は一八二九年に貧困のうちに一生を終えたが、彼の科学的功績はほとんど認められなかった。彼こそ進化的変化のメカニズムを最初に説明した人物としての功績が認められるべきなのだ。それは両親が各々発達させた形質を子が獲得する傾向があるという説だった。この考えはキリンの長い首を説明する方法としてしばしば引き合いに出される。高いところの木の葉を求めてキリンの先祖が首を伸ばすことによって、親よりも首が長い子が生まれるというのだ。今ならこの説は一蹴されるが、一七四四年生まれの人の考えだとしたら、革新的で、その点では賞賛に値する。いずれにせよ、ダーウィンが『種の起源』（一八五九年）に論理的な進化のメカニズムを発表したのはラマルクが一八〇九年の『動物哲学』にそれを発表してからさらに半世紀を経てからのことだった。

ダーウィンとラマルクのメカニズムの大きな違い、それは前者の場合生物が持って生まれた形質を次世代に伝えるのであって、一生の間に獲得したものを伝えるのではないことだ。だから子供は両親に似た特徴を持つのだ。この特徴を決定する情報が伝えられる方法に関してダーウィンは見当が付かなかったが、その他大部分の重要な点において彼は正しく、ラマルクは間違っていた。

偶然にもダーウィンが『種の起源』を発表した正にその時期にグレゴール・メンデルという僧が現在のチェコ共和国の僧院の庭で植物育種の実験を始めた。彼の実験によってダーウィンが知らなかった遺伝の法則が明らかにされて、これが遺伝学の基礎となり、ついに一九五三年（『種の起源』から約一世紀後）、ジェームズ・ワトソンとフランシス・クリックによって、何世代にもわたって伝わる情報が記されているDNAの二重らせん構造が発表された。

メンデルがやった仕事は一般によく知られているが、巣のような構造物の進化には特殊な生物学的特徴があることを理解するためには、ここで少し詳しく復習しておく必要があるだろう。メンデルはエンドウを材料として研究し、各種の形質の遺伝に見られるパターンを記録した。形質の一つは莢（さや）の中の成熟した豆の外見で、これにはなめらかで丸いものと、皺（しわ）の寄ったものがあった。彼が明らかにしたのは、皺の豆から育った植物の花を皺の豆から育った別の植物の花粉で受精すると常に皺の豆ができること、つまり皺の豆を実らせる純系の植物ができることだった。彼は丸い豆をつける純系植物を作出することもできた。丸い豆をつける純系植物を親とすると、皺の豆をつける親植物の花粉で受精しても、この雑種植物では、莢の中の豆は全部が丸くなった。しかしこの一代雑種同士を掛け合わせると、丸い豆と皺の豆が三対一の割合で生じた。一見して分かりやすくはないが、意味の深い結果だった。

現在の遺伝学の用語では、染色体には種子の質感を決める遺伝子があるという言う方をする。遺伝子には二つのタイプ（対立遺伝子（アリール））があって、一つには「丸」のコード、もう一つには「皺」のコードが記されている。それぞれの豆、あるいは豆の植物にはそれぞれの遺伝子座に親から受け継いだ一組の対立遺伝子がある。メンデルは種子の質感を決める遺伝子座に丸を決める対立遺伝子（慣例的にRRと記す）を持つ植物と、皺の対立遺伝子（慣例的にｒｒとする。理由は間もなく分かる）を持つ植物を親にして実験を始めた。すると、それぞれの親から一つずつ対立遺伝子を受け継いだ一代雑種の遺伝子型（遺伝子構成）はどれもRｒとなり、種子の表現型（見た目に現れる形）はすべて丸くなる。メンデルはこのことから、種子の外見の決定において丸の対立遺伝子が皺に対して優性であるというきわめて重要な結論に達した〔メンデル自身は遺伝子という語は使わなかった。このあたりの記述は、適当に現代化されている〕。ある個体が一個の「丸」用の対立遺伝子と一個の「皺」用の対立遺伝子を受け継いでいる場合には、表現型では「丸」だけがその影響を表すことになる。皺の寄った表現型は、両方の対立遺伝子が「皺」である場合にだけ出現することができる。メンデルは彼が用いたエンドウの場合に、黄色の種子をもたらす対立遺伝子が緑の種子の対立遺伝子に対して優性であることなども発見したので、この結果は大変重要だった。優性は確かに遺伝の一般的な法則なのだ。進化論の発展にとって不運なことだったが、聖職者でありやがて後には多忙な修道院長になったメンデルの洞察は、当時の著名な科学者たちに認められなかった。一八八四年に彼が世を去ったときの死亡記事には、新種の果物や野菜の育種、そして気象学の研究のことが記されていた。

さて、メンデルのエンドウの実験で一代雑種はどれも遺伝子型Ｒｒとなる。これは、この雑種植物が親植物体として同じ数のＲとｒの花粉、そして種子になるべき同数のＲとｒの未受精卵をつくることを意味している。花粉と卵細胞の間の受精は原則的にランダムであるから、受精した種子の遺伝子型はＲＲ、Ｒｒ、ｒＲ、ｒｒが同数になるはずだ。種子の形の決定では対立遺伝子のうちＲが優性だから、表現型では丸が三に対して皺が一の割合になる。もしもダーウィンがこのことを知っていたならば、エンドウやケバナウォンバットの集団で見られる形質は対立遺伝子の頻度に生じた変化によって何世代かの間に変わってくるということも言えただろう。だが、建築行動の場合にはどうだろうか。建築行動を決定する遺伝子座というものがあるとすれば、メンデルの法則が当てはまるだろう。そして巣の成功や失敗が、対立遺伝子の頻度に変化をもたらすことも考えられるだろう。

ペリカンには魚を捕らえる嘴の遺伝子があり、ハチドリには蜜を吸う嘴の遺伝子がある。このような対照的な嘴の表現型が自然選択を通してそれぞれの役割に適応してきた仕方を想像するのは難しいことではない。しかしハチドリの巣の場合はどうだろうか。巣には実際何の遺伝子もない。これは鳥の行動の産物だ。それでは、鳥にこの行動の遺伝子があるのだろうか、そして遺伝子が巣にないことは、進化のパターンに何らかの影響を及ぼすだろうか。この問題はリチャード・ドーキンスの著書『延長された表現型』（一九八二年）で提起された。[4] この本は、つくり出した生物とは別個に存在する表現型の重要性を論じて、鳥の巣をそのような表現型の例として取り上げていた。『延長された表現型』は、何世代も続く存続単位は生物でなくて遺伝子であると論じたドーキンスの画期的な著書、『利己的な遺伝子』（一九七六年）[5] の続編だった。ドーキンスは『延長された表現型』の中で、前の本で主張した遺伝子レベルでの選択の論拠を強化したいと思った。鳥の巣は表現型であるためこれを説明する助けになるが、その成功や失敗は、巣の中にある対立遺伝子でなく鳥の中の対立遺伝子を変えるのだ。

ハチドリの巣を取り付ける絹糸の取り付け部分の種類を決める遺伝子座があると想像してみよう。動物行動学の知識を持つ私のような人間が行動パターンの遺伝をインゲンの花の色の遺伝のように単純なものであるかのように話すのを聞くと遺伝学者は腹を立てるため、「想像してみよう」と言ったのだ。従って私の例は建築行動に自然選択が働く可能性を表わす具体例であり、事実に即した説明ではない。この遺伝子座に二つの可能な対立遺伝子、一つは巣を少量のクモの糸で巣を木の葉に取り付けるもの、もう一つは大量の糸を用いるもの、があり、大量の対立遺伝子の方が少量に対して優性だとする。もしも木の葉から落ちる巣の数が後者よりも前者の方が少ないとすると、ハチドリ集団の中で「少量」対立遺伝子の犠牲の下に「大量」対立遺伝子が多くなる。

実のところ、遺伝子が建築行動の特徴を支配する十分な証拠があるのだ。研究室で育てた白ネズミはディスペンサーから脱脂綿を引き出して巣づくりをする。他に比べてその行動が多く見られる個体もある。脱脂綿を引き出す頻度の高いものと低い系統を求めて選抜育種を約一〇代行う（つまり自然選択の代わりに実験的に人為選択を行う）と、「高」頻度の選抜系統の巣の脱脂綿の量は次第に増加して「低」選抜系統の脱脂綿は減少した。このことは行動に寄与する遺伝子座がいくつかあり、選抜育種を何世代も行うことで、脱脂綿を引き出す行動を促進（高系統）あるいは抑制（低系統）する対立遺伝子が発現される遺伝子座の数が次第に増加することを示している。

建築行動の遺伝的基礎をうまく表している別の例がある。二種類の北米産マウスの巣穴の例だ。ハイイロシロアシマウスは巣室に二つ以上の出口が開いた巣穴システムをつくる。それらのうちで、一つを除いた出口はすべて土で緩くふさがれているが、緊急避難の妨げにはならない。シカシロアシマウスは一本の短いトンネルの先に簡単な巣室を掘る。実験室のケージ内で穴を掘る機会を与えずに二〇代育てた後に、両種に機会を与えてみると、どちらも種に特有な巣穴を掘る。これはこの行動に学習が不要あるいはほとんど必要でないこと、つまり本質的に行動は完全に遺伝することを表している。二種のネズミの交雑を行った結果、遺伝の本質が明らかになった。

二種の研究室コロニーの雑種は、すべての点でハイイロシロアシマウスのような巣を掘ったが、二種間の一代雑種（幸いなことに繁殖力があった）の交配によって得られた子孫には、種々の組み合わせで二種の特徴を持つ巣穴システムが見られた。ハイイロシロアシマウスがシカシロアシマウスに対して優性を示すいくつかの遺伝子座が関係しているようだ。結果として、建築行動はメンデル自身も理解できるような方法で遺伝すること、したがって何世代も経る進化のなかで、自然選択が生じてくる可能性があると結論できる。

さてここでツバメ、ハチドリ、その他一万種に近い鳥に話を戻して、共通した恐竜に似た先祖から鳥類やその巣が進化してきた可能性について考える段取りとなった。すると巣に関する答えは、鳥自体に関する答えと少し違う可能性があることがわかった。

ダーウィンの『種の起原』は、新しい種が生じる方法が不明瞭だというもっともなところもある理由で非難を受けた。それから一五〇年後の現在、この点はもはや問題にならない。近代の集団遺伝学と進化学では系統が分かれて別個の二つの種が形成されるいくつかの異なる道筋が明らかにされている。そのうち最もわかりやすいのは、分布範囲の辺縁部分で小さな孤立した集団（個体群）になっている種だ。その種がツバメのようなものだったとして、そのうちで一つの集団が、巣の入り口に短い管を付け始めたとする。このデザインは（その土地の気候や巣の乗っ取りとか、その他の理由で）管のないものに比べて高い繁殖率をもたらす。この集団は他の集団とは孤立して生殖しているので、そこに独特の生殖行動とか、あるいは他の行動が発達してくる可能性がある。その後に気候の変化などによって、この種の分布が拡大すると、孤立していたこのグループは主流集団と再び混ざり合うようになる。しかし独特な生殖行動のせいで、このグループのメンバーはグループ外の個体よりも自分たちの仲間うちで頻繁に生殖して成功を収める。これは結局グループの独自性を強めて、遺伝的な分離をもたらす。そしてそのグループは新しい種となるが、もとの種もそのまま続く。こうして一つだった種が二つになる。どちらの種もそれぞれ独自に自然選択の影響下で進化を続ける。

建築行動それ自体は、種の形成に寄与できるのだろうか。できるという証拠がある。最も明確な方法としては、集団内で営巣地の選び方に違いがあれば、その結果として生殖の時期に集団の分離が生じてくる。ツバメ類では、これが種形成の一因となったのかもしれない。サンショクツバメはツバメと違って、下支えの棚になる部分がほとんど、あるいは全然なくても、垂直あるいは張り出した崖に巣をつくることができる。それゆえ、ツバメにとっては無理な場所にでも巣をつくることができる。ツバメ類の系統図は、ツバメの巣のデザインが祖先型であることを示している（図5・2）。もしもツバメに似た祖先集団で、もし崖に巣をつくれるようになった個体があれば、生殖の時期の営巣地の選び取り方によって、こうした個体が主要集団と分離されたかもしれない。サンショクツバメの場合には、雄が巣をつくり始めて雌は後から参加する。ツバメも雄雌両方が協力して巣をつくる。両親が選んでいた典型的な営巣地に引きつけられてくる雌は、当然そこで見つけた雄とつがいになる。崖に巣づくりをするものは崖に巣づくりをするものと、納屋に巣づくりをするものは納屋に巣づくりをするものとつがいになる。すると何世代も経るうちに、二つのはっきり区別できる種が生じてくることもできるだろう。

巣のような構造物の進化する方法は、巣づくりを行う動物自体の進化といくつかの点で違っていることとのヒントは、すでに論じた。今のところ、これがその通りだという明確な証拠はないけれども、私にはそれがたいへん重要なことに思われるので、この章の残りの部分は、この問題の説明にあてたいと思う。リチャード・ドーキンスの『延長された表現型』を読むまで、私はこの点をはっきり考えたことがなかった。そのことは最初に認めておくべきだろう。実際には彼の本は、動物の建築ということそのものを取り上げたものでなく、表現型が、それとは位置が離れ、あるいは切り離されている遺伝子によって制御される仕方についてのものだ。鳥の巣はそのような表現型の明確な例だが、一見それほど明らかではないけれども、寄生生物の遺伝子に操作される宿主生物の行動も同様な例である。これからクモによる網張りの話をするつもりだが、その前にいくらか脇道に逸れて、寄生虫が宿主の行動を支配する話をしたいと思う。さてそこで、バッタの行動を支配する寄生虫の話から始めよう。(6)

線虫のスピノコルドデス・テルリニイ［ハリガネムシの一種］という寄生虫はバッタやコオロギの体腔のなかで完全な成虫になる。だが成虫は水中で交尾産卵して、幼虫は水中で孵る。孵った幼虫は陸上の植物に戻ってバッタに食べられる。バッタの体中にいる成虫にとっての問題は、バッタが水中に住んでいないこと、そして喜んで水中に飛び込むはずもないことだ。だから寄生虫は、バッタにそうさせる必要がある。そこで線虫はバッタの血液系に化学信号を放出する。それがバッタを水に飛び込ませる。すると虫は溺れる宿主の体から飛び出し（リドリー・スコットの映画『エイリアン』（一九七九年）でケーンの体を食い破ってエイリアンの幼体が出現するのに似ている）、泳ぎ去って交尾する。つまりこの場合に、寄生虫の延長された表現型は宿主の変えられた行動だ。この行動上の変化は化学物質によって仲介され、その合成は寄生虫の体内に宿っている遺伝子によってもたらされる。

実際、宿主の建築行動を操る寄生虫というのがいる。この場合には、延長された表現型は作られた構造物であり、それはある生物によって、別の生物の遺伝子の影響を受けて作られる。この寄生虫は一種のハチの幼虫、そして宿主は網を張るクモの一種だ。(7) プレシオメタ・アルギラ［アシナガグモの一種］というこのクモは二〇本から三五本ほどの縦糸に、獲物を捕らえる横糸をらせん状に張った典型的な円形の網（クモの巣）をつくる。この網には少し変わった特徴が二つある。第一に、巣は水平に張られている。第二に、このクモは網の中心部分の糸を全部取り除いてそこで獲物を待つ。クモにとって不都合なことには、やってくる昆虫がすべて歓迎できるものではない。客がヒメノエピメシス・アルギラファガというハチ［小型のヒメバチの一種］の場合には、クモは餌を手に入れるどころか、腹部に卵を産み付けられてしまう。ヒメバチ科のこのハチの幼虫は寄生性で、卵が孵ると幼虫は小さく開けた穴からクモの血液を吸う。幼虫が成長する間、クモは一見何の影響もないように正常な網を張り、餌を捕り、成長する。しかし幼虫が完全に成長した時点で、状況が一変する。幼虫は成虫として羽化する前の蛹（さなぎ）の段階を過ごす繭をつくる必要がある。それには安全な場所が必要だ。なんと幼虫は全く新しい構造物である「繭網（cocoon web）」をクモにつくらせて、それを利用する。

ハチの幼虫が自分の繭をつくり始めてから数時間以内に、クモはこの特別な網をつくり始める。それは寄生されていないクモがつくるものとはかけ離れている。そのころになるとクモも弱ってきて、行動が支離滅裂になるからだと思う向きがあるかもしれないが、クモはむしろ意図的で経済的に行動する。クモは中心から放射状に縦糸を張るが、正常な網とは違って、一本どりではなくて繰り返し強化された頑丈な網をつくる。また、縦糸の本数は三〇本ほどでなく、ほんの少ししかつくらず、長さも正常な網のものに比べて短く、先端で繰り返し分岐して複数の付着点を持つ。さらに、この配列の中心には糸がぎっしり配列されて特徴的な中心部分をなしている。クモがこの特別な網を完成すると、寄生虫はクモに残っている体液を吸い尽くして殻を捨てる。そして網の中心部からぶら下がった状態で自分の繭を紡ぎ、蛹化する。

ハチの幼虫はクモの神経系と直接に接触せず、外側から血を吸っている。いったいどのような仕組みでこのように複雑かつ独特な方法でクモの行動を操るのだろうか。クモの血流に化学信号を注入するのが唯一の方法だろう。これは実験によって確認されている。繭をつくり始める数時間前に幼虫をクモから取り除いてしまうと、クモは生き続けて正常な網をつくり続ける。寄生虫を取り除くのが遅くなるほどクモの行動は大きく変わる。信号は確かに化学的なもので、かなり遅い段階で注入される。

この化学信号がこのように独特で巧妙な変化をもたらす秘密は、網を張る正常な行動と、操作されて以後の行動の詳細から明らかになる。寄生虫はクモに全く新しい行動をつくり出すのではない。正常な順序の一部が省かれてしまうだけのことだ。寄生されていないクモが最初に網の枠と固定する糸をつくる時には、線を切ったり位置を変えたり、新しい糸を繰り出して別の場所に取り付ける間に巻き込んで食べてしまったりして調整を繰り返す。これらの行動が、「繭網」をつくるさいの操られてしまった建築行動では欠けている。そのことの結果として、寄生されたクモに特徴的に見られる縦糸を繰り返し強化して網が形成する行動と複数の付着点を集中してつくる行動が生じてくる。さらに、中心部を取り除く行動がなくなることによって、中央に台が残る。最終的な結果として、この網は幼虫が繭を取り付ける場所になる。こうしてアリのような捕食者から守られ、蛹でいる間に大雨や落葉による物理的な被害から守られる場所が与えられるわけだ。

この幼虫がクモに注入する化学物質にはどのような生化学的特性があるのだろうか。数種類の活性成分が含まれているのか、あるいは一種類だけなのか。まだわかっていない。しかし一つの遺伝子が一つのタンパク質合成に関与するという考えにもとづくならば、クモの「繭網」という延長された表現型の決定には、おそらく実際上、幼虫の少数の遺伝子座が関与していると言えるだろう。

このような操作された行動は、どのようにして進化したのだろうか。化学信号の生産に関係している幼虫の遺伝子座には、それぞれ生化学合成に変異をもたらす対立遺伝子が存在しているだろう。自然選択はこの変異に対して作用する。網張りに対して及ぼす化学物質成分の効果が、代々の寄生バチのその遺伝子座上での対立遺伝子の頻度を決定する。表現型は遺伝子の持ち主とは別の生物によって、この場合には気の毒なクモだが、それによってつくり出されることもあるわけだ。しかし進化での結果は、従来のメンデル遺伝学の言葉で理解ができる。

こうしてみると、つくられる構造物は鳥の巣のように直接それをつくる生物体内にある遺伝子の表現型である場合と、寄生バチの遺伝子に支配されたクモがつくる繭網の場合のように、間接的な場合があるようだ。どちらの場合にしても、これらの延長された表現型は、それをつくらせる生物の表現型とほぼ同様に進化しそうに見える。しかしこの結論には問題がある。それは網にせよ他の構造物にせよ、二個体以上によってつくられるときに生じる事態であり、そうした問題はけっこう一般的に起きる。

サンショクツバメの巣はすでに見た通り一羽の作品でなくて、雄と雌の共同努力の結果である。だから巣によって表されている延長された表現型は一個体の遺伝子の産物でなくて、遺伝的に違いのあるつがいの遺伝子の産物だ。シロアリの塚は、遺伝的に同一でないおそらく一〇万個体もの集団的努力の産物だ。このことによって、共同作業でつくられた構造物の進化の性質には、それをつくった生物体自体の進化と何か違ったところがでてくるのだろうか。完成したマクロテルメスの塚には、コロニーを創設した女王と王のつがいがすべて産んだ三〇〇〜四〇〇万匹の個体が住んでいることもある。シロアリは私たち人間と同じような遺伝の仕組みを持っているから、兄弟姉妹の働きアリの行動には、人間の兄弟姉妹とほぼ同程度の違い（つまり表現型における違い）が見られる。読者も個人的な経験から、兄弟姉妹の意見が必ずしも一致しないことは知っているだろう。そうだとすると、これらの兄弟姉妹たちは作るものについてどのような合意を遂げているのだろうか。ここで、特に重要になるのは、前にも言っておいたことだが、構造物の進化における技術の変化と、デザインの変化の違いということだ。なぜならこれら二つの場合に、解決法が異なる可能性もあるだろうと私は信じているからである。

まず技術の問題から始めるとしよう。シロアリの塚の建築で自然選択が建築材料に変化をもたらす仕組みに関するリチャード・ドーキンスの一九八二年（『延長された表現型』）の説明を、要約しておきたい。仮想シロアリのコロニーの場合に、建築材料として使う濃色の泥と薄色の泥の選択は一つの遺伝子座の対立遺伝子によって決定されるもので、濃色を選ぶ対立遺伝子（Dとする）が薄色を選ぶ対立遺伝子（d）に対して優性だとする。もしも女王と王の両者とも遺伝子型がDdだとすると、両者は同数のDとdの配偶子（卵または精子）をつくる。ランダムな交配からはDD、Dd、dD、ddの遺伝子型を持つ同数の子孫が生じ、行動に見られる表現型では三対一で濃色の泥を選ぶ働きアリが生まれてくる。巣は莫大な数の働きアリが何千回も運ぶ泥でつくられるのだから、塚は濃色と薄色の泥がその割合で混ざったものになる。何世代もの間に自然選択によって塚の材料が変わる場合を考えるために、混合物の中で薄色の材料が支配的であるほうが有利だとしてみよう（たとえば雨による浸食を受けにくいとか）。その結果、淡色の材料が多い（つまりdd個体の割合が高い）塚の方がより多くの新しい女王や王を産出することになるが、彼らもまた働きアリと同様に、元の女王と王の子孫にほかならない。新たに巣の創始者となる新世代は、産出する子孫の数が少ない濃色の巣のものに比べて、対立遺伝子dを持つ割合が高い。その結果として、世代を経る間にシロアリ集団の中で対立遺伝子dの割合が対立遺伝子Dに対して増えてくる。

これが少し抽象的に見えるとすれば、東南アジアのホーヴァー・ワスプの巣材について再度考えてみよう。この章ですでに取り上げたように［一五九頁］、このハチには泥だけで巣づくりをするものや、腐った植物だけを利用するものもある。しかし中には両方の材料を用いるものもいて、材料の割合は巣によって異なり、それぞれの材料を集める個体数によって混合具合が決まる。すでに論じたように、鉱物材料にも有機物材料にもそれぞれ利点があり限界がある。泥は重いが、寄生性のハチが壁を突き刺して幼虫に産卵するのを防ぐことができるかもしれない。有機物を使うと、より広範囲の場所に取り付けられる軽い巣をつくることができる。

それでは泥と有機物の割合はどれくらいが最善なのだろうか。それはその場所の選択圧によって決まってくる。幼虫が寄生される割合が高い場所では、泥を集めるメンバーの割合が高い巣が有利になる。寄生がない場所では、コロニーのメンバーが主として植物材料を集める巣が有利になるはずだ。その土地の選択圧の長期の変化が、任意のコロニーが集める主要建築材料の進化、つまり巣の技術の進化につながってくる。巣材に関してコロニーのメンバーに個々の好みがあるとしても、巣は彼らの結集した努力が混合したものであり、その土地の選択圧に適応したものであることに注目しよう。いろいろなメンバーが各自いろいろな素材を集めるコロニーで、衝突や混乱が生じる明白な理由はないようだ。したがって集団がつくった構造物の場合にも、私が技術的変化（巣材の変化）と呼ぶものが進化を通して生じてくる仕組みの理解には何も問題はない。

ではしかし、集団でつくった巣のデザインの進化についてはどうだろうか。もしコロニーの各メンバーが違う構造をつくろうとしたら、衝突や混乱が起きるのではないだろうか。リチャード・ドーキンスは、これが技術に関する論争よりも予想が難しいことを理解していたが、彼が想定したシロアリのコロニーでは、多数が主流となる投票システムによる解決法の可能性が示唆された。この場合には当然、シロアリが自分の希望を他者に伝える必要がある。これは厄介なことだが、筋の通った考えではある。第4章で見たように社会性の昆虫はコミュニケートし合い、たとえばミツバチの場合には、新しい巣になる候補の洞穴がコロニーの引っ越しに適しているかどうかを多数決で決めるコミュニケーションのシステムがある。アリのテムノソラックス・アルビペンニスが巣をつくる洞の最適性を判断する際にも、同様のコミュニケーションのシステムが利用されている。しかしシロアリの女王の部屋の建築をめぐる論争を考えてみよう。

女王の部屋の再建に関するピエール＝ポール・グラッセの古典的な実験では、女王の体の周囲に雲のように広がるフェロモンの化学信号の勾配（こうばい）の閾値（いき）によって壁の位置が決定されるという、第4章で述べたことを思い出してみよう。この壁が働きアリの集団的な反応の結果生じると考えると、この説明法に問題が生じる。働きアリが持つ閾値の遺伝子が違っている場合にはどうなるだろうか。この場合、もしも平均以下の閾値を持つアリが女王から一定距離のところに壁をつくって、閾値が平均より高い「フェロモンに関して「鈍感」な」働きアリは壁の内側に材料を付け足して、必要以上に厚い壁をつくるかもしれない。閾値の高い個体が、少数派でも、この仕事は成功するだろう。全員が票を投じるのだが、多数派の意思は通らない。

現在のところ、私たちはシロアリのコロニー内のデザイン論争の程度や、それが解決される方法について何も知っていない。しかし第4章で論じた仮想のハチの格子型の巣房モデルは（図4・1）、構造物において働きアリの中の反対者の影響が最小限になる例を提供してくれるようだ。思い出してみると、格子型の巣房のモデルでは、コロニーの仮想メンバーが三次元空間を動き回って、特定の建築構造に出会うたびに規格の材料をそこに置いていった。複雑な構造の場合にも、相互のコミュニケーションなしに単純な行動的な反応だけを用い、局所的な刺激に反応するだけの働きバチが、複雑な構造をつくれることを実証するのがあのモデルの目的で、そのことは非常に効果的に達成された。

格子型の巣房モデルでは、コロニーの全メンバーが同じ規則を共有していると仮定した。今ここで問題になるのは、もしも全部のメンバーには同じ規則が備わっていない場合に、構造の失敗はどのように回避されるのかということだ。格子型の巣房モデルは、巣の構造自体がそうした失敗を許さないという可能性を示唆している。

格子型の巣房モデルは、二つのタイプのアルゴリズム、すなわち一組の建築規則の存在を明らかにした。協調的および非協調的という二つのアルゴリズムがそれで、後者が大多数を占めている。協調的アルゴリズムだけが、実行されるつど、同じ構造の巣を繰り返し確実につくり出していった。そしてこうして作り出された構造は、ある種の調和と秩序という特徴を帯びていた。これは実際、多くの種のアシナガバチの巣に認められるものに似たモジュール性を示していた。しかし協調的アルゴリズムには、働き手の建築規則が異なっている場合に特に重要になる別の特性があった。これに従ってつくり出されてくる構造物は、ランダムな行動規則が付け加えられてもほとんど影響を受けないのだ。このようになる理由は、そのような追加の建築規則を備えた手合いは、そんな規則が適用できる構造配置を仮想の巣の中でほとんど見つけられないからである。協調的な格子型巣房のアルゴリズムは非常に強固であり、構造の制約が巣の成長方法に制限を加えているのだ。

成長していく巣のつくられ方に見られるこの強固さの特性は、ハチの巣の構造が進化してきたかもしれない方法に多少の想定の余地を与えてくれる。関係し合った協調的なアルゴリズムによって、似ているけれどもはっきり区別のつく構造物が生ずることが知られている。このことは、何世代にもわたって蓄積した少数個の特異的な建築行動の突然変異によって、ある巣の構造から別の巣の構造へと変化がもたらされる可能性を示唆している。問題は、移行中の世代において巣の構造が崩れてしまう可能性があることだ。それは、つくり手が必要な行動変化の全部でなしに一部分を受け継ぐ場合だ。しかし協調的アルゴリズムの強固さは、この崩壊が最小限である可能性を示しているように思われる。適切な両親が新しい協調的なアルゴリズムに必要とされる遺伝子型を持つ子供をつくったときには、新しい巣の構造が一世代で突然現れることもあるかもしれない。

集団でつくる巣の進化は、確かに進化過程の性質に関して特殊な問題を提起している。科学者は探検家で、未知の領域に惹かれる。どうやらこれは探検に値する領域であるらしく思われる。

第6章

罠づくりに通じる二つの道

私は数年前にタイの市場で買った魚捕りの罠を持っている。長さ六〇センチ、幅一二センチのソーセージ型で、細く裂いたラタンヤシ（籐）でできている。非常に凝った籠で、片方は閉じていて、もう一方には弁があある。弁のある側の内側には弾力のあるラタンの歯が漏斗状に並んだ巧妙な栓が取り付けられていて、魚は中に押し入ることができるが出られない構造になっている。これは世界各地で見られる天然素材を使った伝統的な魚捕りの罠で、誘いの餌を入れた籠に弁状の入り口をつけたものだ。留め具のついた（時には蝶番のある）扉もあって、これは餌を入れるためと、騙された獲物を後で取り出すためにある。人間がいない間に獲物をおびき寄せ、捕獲することがこの罠の原理だ。

私はそのでき映えに惹かれて罠を買った。それは籠づくりの見事な手本とでも言えるものだった。縦方向には約一一五本の材料が二六個の輪に細い材料で留めてあり、約二一二×二ミリメートルの格子に配列されている。罠をつくるためには二五〇〇箇所以上でラタンを編む必要がある。かなりの熟練を要する手仕事だ。

人間の歴史にそのような罠が初めて出現した時期を確定するのは難しい。すぐに消滅してしまい、間接証拠しか残さないからだ。古代エジプトの墓にも、網で魚や猟鳥を捕らえる詳しい絵が残っている。

しかしそれも三〇〇〇～四〇〇〇年前のことにすぎず、ミイラの周りに保存された布地を見るとエジプト人が網をつくっていたとしても意外なことではない。織物仕事の発明を「糸の革命」と呼ばれているのを読んだことがある。確かに衣類や網などを含むあらゆる物をつくる上で、織ることは非常に重要だったと思われる。だが、いったいいつ生じたのだろうか。ヨーロッパの旧石器時代の遺跡で発見された「ヴィーナス」像のことは知っていると思うが、そのぼってりした体つきは妊娠というよりも太りすぎのように見える。これらは約二万五〇〇〇年前のものだ。奇妙な特徴は顔がないことで、頭全体が規則的な文目（あやめ）で覆われていることもある。こうした線は手の込んだヘアスタイルと解釈されていたが、最近ではヘアネットだという説も出てきた。像のうちには、何らかの生地のスカートを着用しているように見えるものもある。ことによるとこの時代の人々も漁網をつくったかもしれない。

　人間は確かに水中、陸上、空中の動物を捕らえるためにあらゆる種類の罠をつくり、それを伝統的につくってきた。どれにもある程度の複雑さがある。複数の留め箇所、可動部、弁のシステム、おびき寄せる餌の利用などだ。罠にはどれだけ簡単なものがあるだろうか。最も簡単なものの一つは輪型の罠だろう。これは最も世界的に見られる装置で、アフリカなどでは食用にする野生動物を捕らえるために使っている。一本の針金の一端に「目」をつけて、他の端をその目に通して低い枝や丈夫な杭に結びつける。餌はない。獲物が針金の輪に首を通して引っ張って絞まるのを待つのだ。獲物がもがけばもがくほど輪の罠が絞まる。目指す獲物がかかる確率は、場所の選択と罠を掛ける配置によって決まる。動物の頭と針金の罠が出会った時の成功率は、針金が「目」をなめらかに滑ること、目自体の強度、獲物を逃さないように固定する結びつけの箇所の強度によって決まる。

二五〇〇箇所の結び目と餌を使う私の魚捕りの罠に比べると、輪の罠はこのように一種類の材料と二箇所の結び目に還元された餌のいらない装置だ。そうだとしても、獲物を捕えるための輪の罠を仕掛けるチンパンジーの群れがコンゴで来年発見されることが想像できるだろうか。もしもこれについて新聞に短い記事を書くように頼まれたらどうだろうか。どのような、そして、どれくらい大きな見出しが必要だろうか。私たち人間を別にすると、現存する霊長類で罠をつくるものはいないし、人間以外の哺乳類には一つもいない。罠をつくる鳥もいない。しかし現在、少なくとも一種類の鳥が餌で獲物をおびき寄せる証拠がいくらか得られている。その鳥はアナホリフクロウで、餌は哺乳類の糞だ。この例は、鳥が持つ罠による捕獲力の程度と限界を物語る実例なので、説明の価値があるだろう。

第2章で取り上げたように、アナホリフクロウは齧歯(げっし)類がつくった穴に巣をつくる。巣そのものをつくることはないが、ウシの糞を集めて穴の入り口とか穴の中に置くという不思議な行動を取る。それに対する二つの仮説を試す実験が行われた。[1] 二つの仮説とは次のようなものだ。(a)巣の匂いを隠すために糞の匂いを利用する。(b)糞の匂いが昆虫を引き寄せ、それをフクロウが餌にする。ついでながら、二つの仮説は相互排他的でないことにも注目しておこう。結果が両方を支持する可能性もある。しかし実際には、巣を隠すという仮説は支持されなかった。実験者は五〇個の人工の巣穴を掘り、そこに餌としてウズラの卵を置いた。そのうち二五個の穴にウシの糞を置き、二五個の「対照群」はそのままで何もしなかった。結果はどうなったのか。実験群と対照群はどちらも同じように素早く略奪を受けた。

他方「昆虫の餌」説は支持された。ウシの糞を置いた場合、フクロウが消化できずに吐き戻したペレットの中には、ウシの糞を置かなかった「対照区」の場合よりもフンコロガシの残骸が一〇倍多く見出された。つまりこの証拠から、糞を罠として仕掛けに使うというのではないが、直接に昆虫を捕らえるための餌として使っていることにはなる。人間以外には罠をつくる哺乳動物はいないし、鳥、そしてもちろんトカゲ、カエル、魚の中にもいない。最初に罠をつくった生物、つまり私たちが登場するまでには五億年に及ぶ脊椎動物の進化があった。

罠をつくる無脊椎動物はどうだろうか。この場合は事情が違う。そうした無脊椎動物が何千種も存在する。可能性のある例がいくらでもあることを了解するには、罠づくりがその特徴とでもいえるクモを思い出すだけでも足りるだろう。私たちはクモの「罠」でなくクモの「巣」と言うが、それはまさに罠そのものだ。クモの網には私が魚捕りの罠で賞賛した法則――精巧なつくり、可動性の部分、獲物を動けなくすること、誘いの餌を置くこと、場所の選択、仕掛けの位置――がすべて見出される。ただし、必ずしも一つのタイプのなかに全部揃っているのではない。

こうして見ると、動物界での罠づくりの分布は非常に変わっている。多数の無脊椎動物と、そして私たち人間だ。しかしこれに対する私たちの反応に、なにも好奇心が感じられないのは注目すべきことだ。私たち以外の脊椎動物で罠をつくるものがいれば、それは私たちにとって大変な驚きとなるだろう。ところがクモがわが家の周りに獲物を捕らえる網を掛けるのを見て、巧妙だと思うことはあっても驚くことはない。クモと私たちは同じ原理で罠をつくり、どちらも同じ目標を達成する。私たちはなぜ矛盾した態度を取るのだろうか。クモは私たちとかなり違う方法で目的を達成するのだが、私たちにはその方法を明確に語ることができない。無脊椎動物の建築行動の主な制約を思い出そう。それは小さな脳だった。この章では、罠づくりの進化に二つのはっきり異なる経路があるかどうかを見極めたい。ここで言う二つの経路とは、私たちの大きな脳の方法と、罠をつくるすべての無脊椎動物の小さな脳の方法だ。さらにまた、本当に小さな脳の経路があるとすれば、その進化経路はどうなっているのだろうか。

科学者としては、自分の議論の前提をよく吟味することが重要だ。多くのクモは、じつは無脊椎動物のうちの例外かもしれない。確かにクモは複雑で精巧な行動を取るが、その構成や制御はなんらかの仕方で小型化されている。まず最初に第3章のテーマ、構築行動の単純さということに話を戻そう。クモの網づくりは、単純で定型化されていて反復的な行動要素からなるという予測を満たしているだろうか。また、それを補うものとして、構築行動に見られる複雑さや柔軟性は、主要な構築手続きでなしに、構造づくりに取りかかるときの行動に見られるだろうという補助的な予測もあった。こうした全ての特徴は、典型的なクモの巣づくりに良く現れている（**図6・1**）。

網を張るクモのうちで最も良く研究されているものの一つにニワオニグモがある。中心でまとまる二〇～三〇本の縦糸を囲む枠をつくる方法はとりあえず考えないことにしよう。獲物を捕らえる粘着性のある小滴をつけた糸を、クモはどのようにしてらせん状に張っていくのだろうか。

クモは縦糸が集まる中央部分（輪のこしき）から始めて、外側の枠に向けてらせん状に糸を張る。この段階では、捕獲用の糸でなく足場になる糸を張っている。この糸がそれぞれ縦糸と結ばれるところで、いつも同じ角度で糸を交差させるという規則に従っている。クモにそれができる理由は不明だが、とにかくその結果として、一周ごとに中心から外に向かって開いていくらせん構造がつくり出される。

「足場」の糸は、獲物を実際に捕らえる糸を張るさいに縦糸を固定するための一時的な構造なのでそのように呼ばれる。捕獲用の糸の方は外側から中心に向かって張られ、それと同時に足場糸は取り除か

図6・1　オニグモの円形網。このクモの円形網は放射状の縦糸にらせん状の捕獲糸が張られている。網は数箇所で植物と付着する枠糸によって支えられている（David Ponton/Getty Images）。

れる。クモはこの場合、一回りごとに等間隔に糸を張るという規則に従っている。これは、その前に外側に張られた捕獲用の糸に、「外側」の前脚でつかまるという簡単な方法で行われることがわかっている。これが、捕獲用の糸とそれぞれの縦糸の交点を決める簡単な物差しになる。捕獲用の糸の美しい幾何学的な効果を生み出す優美な配列は、単純な定型化された反復行動によってつくり出されるものだ。

網を張り始める前のクモが、網の付着点に関して不完全な知識しか持たない場合が多いことを考えると、特にクモが最初に枠と縦糸を張る方法の方が、いっそう面白いだろう。けれども円い網を張るクモの行動を観察すると、それはいろいろ違う動作の連続から生じているけれども、そこで一貫性のある方策を利用していることが明らかである。(2)

自然の生息地ではクモは縦糸をつくるさいに重力を利用する。ある一点に糸を接着させると、絹糸を出しながら降りていき、下まで届くとそこに糸を付ける。しかし、しっかりした足掛かりを得たクモはさらに糸を繰り出しながら横方向に歩いてから、糸を固定し付着させることもある。このようにすると、斜めに糸を張ることもできる。孤立した小枝の上にいるクモは、別の物体に引っかかるように糸を微風に「なびかせ」て、別の付着点に触れさせることもある。そこでクモは糸をきつく引き、糸の上を移動しながらさらに安全な代替の糸を張る。この橋の上から、クモは重力の助けを借りて下の方を探検することができる。

水平方向に糸を張るクモは、糸の浮遊に頼らない。簡単なU字型の木枠にオニグモを置くと、U字の片方の腕の一番上に糸を付けてから、糸を引きながら歩いて下に降りて、もう片方の腕に上り、最上部で糸を締めてから張り付ける。糸を付着させ、糸を繰り出しながら別の点へと移動し、糸を張ってから取り付ける行動を繰り返すことによって、クモはどのような角度でも糸を配置することができる。糸を取り除いて構造を手直しすることもできる。このようにして、放射線を囲む網の枠がつくられる。二点の間を結ぶのに「回り道」を利用する能力が、巣づくりの手順開始を成功させる鍵になる。

私個人としては、円形の網をつくり始める段階でクモの行動に見られる柔軟性に関していっそうの研究、たとえば茎や枝のいろんな組み合わせとか配置にクモが直面した場合の研究を見たいものだと思う。興味深い発見もあるかもしれないが、ただし私たちが無脊椎動物についてすでに知っていること以外の能力を持つクモの脳が存在する証拠が見つかるだろうとは予期していない。むしろ、私たちが複雑と見なしている問題に対しての巧妙な解決法が見られることの方が、ありそうだと思う。

このように、クモの罠づくりには確かにいくらかの行動の複雑性が見られる。しかし私たち人間には、罠をつくる技量において自分を評価している以上の、何かがある。それは罠を想像する知能だ。それには、獲物を捕獲するには直接手を下す必要がなくて、自分の代理となって作用してくれる構造がつくれることを理解している必要がある。クモは罠をつくる前にそれを想像するだろうか。

幼いオニグモの子を誕生のときに隔離しても、それは典型的な円い網をつくる。基本的な構造をつくるために他の網を見たり、自分の網をつくる練習をしたりする必要がない。別のクモであるジギエラ・エクス＝ノタータ［キレアミ（切れ網）グモ属］は僅かに違うデザインの網をつくる。一見するとニワオニグモのものとそっくりに見えるが、縦糸のうち一本が、らせん状の捕獲糸のどの部分にも触れないままで中心から枠まで張られていることがわかる。つまりらせんを描く捕獲糸が、二つの区画の間で欠けていて、一本の縦糸がフリーの状態になっているのだ。ジギエラは網の中心でなく縁の部分、フリーの糸に触れることができる場所に控えている。網のどの部分で生じた振動も、中心部からフリーの縦糸を経て隠れているクモに伝わる。クモは待ち望んでいた獲物に突進してそれを始末する。この網のデザインは、この種のクモが受け継いできた特徴だ。その「発明」は明らかに先祖で何らかの一個あるいは複数個の突然変異で生じて、捕獲糸の一部分が削除されたもののようだ。クモの円形網とその変形は進化の過程によってつくり出され、遺伝子によって伝えられたもので、一般にどの一つの種にもそれぞれ一つの網のタイプがある。今では多くの違うタイプの網が、たくさんの種に広がっている。これは私たちの場合と大きく異なる。人間の場合には魚捕りの罠は想像力の産物であり、学習によって代々伝えられる。そして罠の概念を理解してしまえば、そこからその土地の獲物や材料に適応した多様なタイプの罠を生み出すことができる。この比較は「二つの経路」の視点、つまりクモは人間と根本的に異なる思考過程で罠をつくるという考え方を支持する。

輪罠の変形で、ハリウッド映画に愛されているものがある。それは輪や網を地面において撓(たわ)ませた木に結びつけたものだ。罠が弾(はじ)けると網が解放されて獲物は宙に放り出される。この原理にはいろんな変形がある。たとえば『スターウォーズ　ジェダイの復讐』で、ルーク、ハン、チューバッカ、そしてロボットたちがイーウォックの仕掛けた網の罠ですくい上げられる場面を覚えているだろうか。

人間はあらゆる獲物を捕らえるために罠を仕掛ける。野生動物、魚、そしてなんとシロアリもその対象になる。二〇世紀の偉大な人類学者E・E・エヴァンズ＝プリチャード［一九〇二～一九七三年、一九七一年にサー称号］が収集した南部スーダンのザンデ族の伝説には、トゥーレという狡賢(ずるがしこ)い主人公が登場する。(3) 彼の名前を訳すと「クモ」になり、それは明らかに彼の狡賢い行いを表しており、彼は友人や親戚を騙して彼らが苦心して手に入れた食物で自分の食欲を満たしていた。彼の好物の一つはシロアリを挽いて粥にしたものだった。このシロアリは夜間に光を罠に利用して捕まえた。

シロアリの新しいコロニーは翅のある雌雄が大量に塚から飛び立ってつくられる。一回の短距離の飛行で交尾した女王と王は着地すると地面に小さな穴を掘り、第一世代の働きアリを産む。ザンデ族の土地では大雨の後の夜にシロアリの羽アリが出現するのが普通のパターンだった。塚の壁が柔らかくなって働きアリが出口を開けられるようになり、地面も新しいロイヤルペアが日の出前に潜り込む穴を掘れる柔らかさになるのだ。このような条件が整うと羽アリが雲のように出現して、月に向かって飛び立ち、微風でわずかに運ばれて着地した後で翅を捨て、穴を掘って潜り込む。

ザンデ族の伝統的なつかまえ方では、日中に大きな塚の周囲の地面をきれいにしてから小さな穴をいくつか掘る。雨の後の夜に翅の生えたシロアリが塚の表面に流れ出て飛び立つと、彼らは松明に火をつける。炎に引き寄せられたシロアリは焦がされて地面に落ちる。混乱して走り回るうちに穴に落ちて、袋の中にすくい上げられてしまうのだ。飛翔筋と生殖器官で丸々と太ったシロアリはタンパク質が豊富で、そのまま食べても乾燥させて粉に挽いてもいい。ザンデ族は、シロアリを捕らえるのに光でおびき寄せる陥し穴を利用するわけだ。

人間がつくるいろんなタイプの罠の多くについては、それと同等のものが動物界にも存在する。これもまた、問題に対する優れた解決法の数が限られていることを表すもう一つの例になる。落とし穴の原理を使うのは人間以外には稀で、いわゆる「アリジゴク」(「アリライオン(ant lion)」)と、「虫ライオン(worm lion)」「アナアブの幼虫」の二種類の昆虫に限られている。アリジゴクの罠は小さなすり鉢形のクレーターによく似ている。湿度の高い地域の樹木や岩の張り出し部分の下の乾燥した埃っぽい地面に点々としているその窪みを見ることができる。アリジゴクはクレーターの床下に隠れている。草の茎でクレーターの縁を少し崩すとその具合を実際に見ることができる。縁の砂が驚くほど簡単にクレーターの底まで流れると粒子が火山のように噴き出して、クレーターの壁が底に向かって崩れ続けるのだ。もしもそれが草の茎でなくてアリであれば、クレーターに滑り落ちて、突然現れた巨大な顎で忘却の彼方に引きずり込まれてしまう。

アリジゴクは、じつは脈翅類に属する翅のある昆虫の幼虫だ。脈翅類という名前は、これに属する昆虫の成虫が翅に網目状の脈があることを反映するもので、広く見られるクサカゲロウもこの中に含まれる。穴の罠をつくるもう一方の昆虫、アナナブはそれとは違ってハエ［双翅目］だが、その幼虫はやはりクレーターをつくる。アリジゴクのものと事実上見分けがつかず、全く同じ方法で機能する。アリジゴクとハナアブの幼虫の穴はどちらも、穴の主がクレーターの底から砂を投げない限り機能しないので、罠の典型ではない。さらに一般に自分で分泌した材料——基本的に絹糸と粘液の二種類の材料——を使う無脊椎動物の罠の典型でもない。材料のうちでは絹糸の方が重要だが、粘液の話から始めよう。

無脊椎動物の分泌物で、粘りがあってべとつく粘液と呼ばれるものはたくさんあるが、その生化学はあまり研究されていない。それに比べてよく知られているのは人間の粘液分泌だ。腸の内側が通過する食物によって傷つけられるのを防ぐためのもの、あるいは脚関節の潤滑剤として働くものなどがある。粘液分泌物の主要成分は多糖類だ。この種の分子は、タンパク質の分子を核にして分岐のない長い鎖状の配列［糖の繋がったもの］を取っている場合が多い。プロテオグリカンと呼ばれるこの複雑な分子は水と結合する傾向を持ち、それが潤滑剤としての役割を助ける。

粘液のおかげでナメクジはレタスの葉の上を滑らかに移動できるし、ミミズは庭のザラザラした土の中を滑らかに進むことができる。しかし他の種の場合には粘液の高い粘性が、その粘着性とともに罠をつくる可能性、とりわけそれを水中につくる可能性を提供する。食物粒子を捕らえる非常に細かい〇・三×〇・三マイクロメートルのフィルターを備えたオタマボヤの粘液の例を私たちは第3章で見た(図3・4)。これは脊椎動物が完全に多数派を占めている脊索動物門に属する生物だが、罠づくりにおいて重要な点はオタマボヤも伝統的な無脊椎動物の経路を採用して、単純な構築行動と自分で分泌した材料を用いて罠をつくっていることだ。

オタマボヤがつくる粘液の網の精密さばかりでなくその規則性を見ると、単に伸ばすだけで材料がこのような特性を示すのは驚くべきことだ。それに一番近い例として私が思いつくのは、何ともお粗末で恥ずかしいが、円形のピザから一切れだけ取ろうとしたらどうなるかということだ。言いたい要点は、ただ引っ張りさえすればピザ片の距離が増えるにつれて伸びるチーズの紐が細くなるということだ。これはチーズの特性だ。オタマボヤは水の吸い込み口を覆って食物粒子を漉し取るための網をつくるためばかりでなく、住家の回りを包む壁のためにも粘液をつくり、異なる専門化された仕事用に異なる種類の粘液がつくれることを示している——自分で分泌したうまい材料だ。

穴に住んでいる海洋性の虫、プラクシルラ・マクラータ［環形動物のタケフシゴカイ科］も水中に懸濁した細かい粒子を捕らえるのに粘液の網を利用する。最初に穴の上に中空洞の管をつくって網の支えにする。管開口のわずか外側に細い放射状のスポークの星形構造をつくるが、その方法はまだよくわからない。虫はこの足場に薄い膜状の粘液を分泌する。それは繊細で透き通った傘の生地のようなものだ（図6・2）。

軟体動物のうちには、かつては餌を捕獲する運動を助けていた粘液分泌を適応させて、環形動物の進化経路を真似ているものもある。その一例は、海の中程度の深さのところに生息してプランクトンを餌にしているグレバ・コルダータで、貝類の仲間だが殻を持たない［腹足目の擬殻類。映像で有名になったクリオネと近縁］。それは流れに浮かび、幅三分の一メートルあるいはそれ以上になる細かい粘液の網を広げている。漂う網に微小動植物がぶつかると、その表面に付着する。

このようなさまざまな網をつくる行動の複雑さについて詳しい証拠は得られていないが、それが単純以外のことだという証拠は何もない。その行動は、第3章で見たような小さな脳を持つ動物の解決法に正確に従っている。複雑な構造は、単純な頭と賢い材料でつくることができるのだ。

網をつくる材料として、絹糸はある点で粘液にはるかに優っている。粘性でなく弾力性を持ち、変形しても元の形を回復するから、絹糸の網は粘液のものに比べて耐久性がある。強さも優るので、より大きな獲物を捕らえることができる。トビケラの幼虫のように水の中で捕獲網をつくったり、クモのように陸上で網を張ったりすることもできる。クモの糸は確かに非常に巧妙な材料だが、トビケラの単純な捕獲網から話を始めよう。

トビケラの幼虫は、罠よりも第3章で見たような携帯可能な管状のケースをつくることの方が良く知られていると思うが、少数のものは川底に固定された隠れ家をつくり、流れから食物を漉し取る網もそこに設ける。種によって網の目のサイズが異なり、水流が速く大きな餌を捕らえるには目の粗い網、そ

図6・2　海洋性の虫の網。この虫の粘液の捕獲網は立ち上がっている管の口の部分から放射状に広がる6本［原文のママ。写真では本数はもっと多いように見える］のスポークで支えられている（撮影 McDaniel と Banse）。

して流れが遅い水に浮遊している小さな食物粒子を捕らえるには目の細かい網が用いられる。トビケラの幼虫はゆっくりした流れの専門家で、家と網が一体化した構造物をつくる。幼虫は砂を絹糸でつなぎ合わせた丸みのあるカプセルの中に住んでいる。砂粒でできた漏斗が流れに向かって開いていて、この家の中に水を通す働きをする。家の中を流れる水は、絹糸でできた目の細かい網のカーテンを空洞の中に配備したフィルターを通り、幼虫はそこに引っかかった粒子を摑み取ることができる。パラプシケ・カルディスは［シマトビケラ科］は速い流れを専門にしている。その網の目の大きさはトビケラがつくる最小のものの約一〇〇倍、オタマボヤの粘着性の捕獲網の目の約一〇〇〇倍も粗い。中くらいのクモの網の目の一辺の長さが数ミリメートルであることを考えると、無脊椎動物が分泌物でつくる捕獲網の大きさの範囲というものがわかってくる。最大の網の目の大きさは最小のものの約一万倍になり、したがってこうした網は、非常に広い範囲にわたる餌を捕獲するために用いられているわけだ。

トビケラの幼虫に最も近い親戚として、チョウやガの幼虫であるイモムシ、ケムシがある。これらの幼虫は、ほぼどれもが絹糸を分泌するが、捕獲用の網あるいはその他の罠の類をつくるように進化したものはいない。チョウやガとトビケラの幼虫の生活で最も異なるのは、後者がほぼ完全に水生で、後者がほぼ例外なく陸生である点だ。空気は水ほど密度が高くないから、食物粒子はそれほど長く浮遊を続けられない。だから食物を網で漉し取る生物はやっていけない。トビケラの絹糸の網もオタマボヤの粘着液のものも、漉し取る網は水中の用途にだけ適している。

空中には飛び回る昆虫がいて、空気の密度は非常に低いから、彼らは流れに身を任せて浮遊するのでなく、自分が移動する方向を容易に自分で決められる。一般にこうした相手を捕らえるには、漉し取る網でなく、獲物が飛ぶのを阻んで逃げないようにする網が必要となる。それゆえ網の目が、水中仕様のものに比べてはるかに大きい。クモはほぼ例外なく、そのような捕獲網を進化させてきた。チョウやガの幼虫には絹糸をつくる能力があり、それも時には大量の絹糸をつくるけれども、幼虫や蛹(さなぎ)の隠れ家をつくる能力だけしか進化させてこなかった。

なぜチョウやガの幼虫はクモのような網をつくれないのだろうか。それは推測の域を出ないが、クモは捕獲網を進化させる前から肉食動物だった。絹糸で覆われたトンネルあるいは避難所をつくる現代のタランチュラにその傾向を見ることができる。ガやチョウの幼虫、イモムシ・ケムシはほぼ例外なく草食性だ。網を使って他の昆虫をつかまえ、網を張るクモと競うには二つの主要な進化上の変化が必要になる。第一に食肉性を進化させること、そして第二に、網を進化させることだ。クモが一歩先を行く状態では、ガやチョウの幼虫には競争するすべがなかっただろう。けれどもじつは、肉食になった例外的なものも少数――一〇〇〇種について一種くらい――存在する。ナミシャク属のガには、木の葉を食う数百種の幼虫、「シャクトリムシ」が世界各地にいるが、ハワイに住む少数のものは、不用意に近寄る昆虫を襲って捕食することが知られている。

ハワイに生息するヒポスモコマ・モルシヴォラ［カザリバ科］という別のガの幼虫は円筒状の巣をつくり、その種名が示すとおりカタツムリを食べる［*mollusca* ＝軟体動物（カタツムリ）、*vora* ＝むさぼり食う］。攻撃にも絹糸を使うが、これはカタツムリを捕らえるためでなく、逃げ出さないようにするためだ。このカタツムリは幼虫から逃げ切れるほど移動が速くないけれども、植物の上にいる場合が多いので、それを発見した幼虫が素早く絹糸で縛りつけないと下に落ちて逃げられる。幼虫は運んでいた筒を一時的にカタツムリの殻の外に貼り付けておくと、殻の縁から中に潜り込んでどんどん食べ進んでいく。

チョウやガの幼虫が、飛ぶ獲物を捕らえる絹糸の罠をつくるクモを真似ることができなかったことを考えると、それらとかなり離れた目の昆虫が絹糸をつくるばかりでなく、まさに捕獲の仕事もやってのけるのは驚くべきことだ。その昆虫はハエの仲間、より正確に言うとツチボタルと呼ばれる昆虫の幼虫段階にあたるウジだ。ニュージーランドの暗い洞窟の天井に住んでいる。この幼虫は、ぶら下がった二〜三〇本の絹糸に粘液様の分泌物がビーズのように連なった罠をつくる。[4] 幼虫は、捕獲糸をぶら下げた絹糸の隠れ家にひそんで獲物を待っている。この幼虫はおとりも使う。それは光だ。幼虫の透き通った体の尻の部分には発光器がある。真っ暗な洞窟の天井を見上げると、それは星がちりばめられた夜空のように見える。この光が小さな羽虫を引き寄せ、上に向かって飛んだ虫はぶら下がった糸にくっつき、巻き上げられて食われてしまう。

絹糸と粘性のあるその表面というのは、まさにクモの罠の基本要素をなしている特殊な素材だ。実際クモはこれを利用して獲物を捕らえるさまざまの装置を進化させてきた。よく知られた円い形の網（クモの「巣」）ばかりでなく、それぞれ特殊なタイプの獲物を捕らえるためにデザインされたものがある。オーストラリアのセアカゴケグモ［背赤後家グモ］というクロゴケグモの近縁種は、歩く獲物を捕らえるようにデザインされた罠をつくり、アリを専門に補食する。このクモの悪い評判は、時として死をもたらすほどの猛毒を持つことと、人家の近くを好むことが原因になっている。網は糸が緩くもつれ合ったもので、庭に置いた家具の下などに見られることもある。ここから絹糸が地面にしっかりと張られて固定され、それぞれの糸には地面からすぐ上のところに粘性のある数個の小滴が付いている。地面を急ぐアリが粘性のある小滴にぶつかってもがくと、糸の付着部が切れて宙吊りになる。どうすることもできずにぶら下がっているアリは、クモの都合のいいときに処刑される——弾力のある木の枝に結びつけた輪の罠の、あの捕獲原理だ。

アメンボを専門に捕獲するクモがいて、これも同様の原理を利用する。アメンボは水の表面膜に乗るくらい軽く、水面を素早く滑走する。捕食性のこの昆虫は、水の膜に捕らわれてもがいている獲物が立てるさざ波を探す。しかし不用心なアメンボ自身が、ナルコグモというクモの網に掛かってしまうこともある。この網は粘性のある小滴に覆われた絹糸がカーテンのように垂れたもので、水面上に張り出した植物から水中までぶら下がっている(5)——昆虫を捕食する側だったのが、クモに捕食される側になってしまうわけだ。

クモの罠を象徴するデザインは、何と言っても円形網だろう。これは(種に特異的なさまざまな変わり形の円形網があるので、これらと言うべきかも知れない)、飛んでいる獲物を捕獲するようにデザインされている。そのようにエレガントなデザインをつくるのに、特別に複雑あるいは巧妙な行動が必要かということを私たちはすでに調べてみたが、そういう必要はなかった。今度は、円形網をつくる生物が分泌した材料自体に真の精巧さがあるかどうかを確認する番だ。そしてそれは、ある。

絹糸(シルク)とは、いろいろの無脊椎動物の腺から分泌される糸の一般的な呼び名だ。こうした分泌物は隠れ家をつくるために用いられる場合が多く、一例として商業用の絹糸の大部分を占めているカイコガの幼虫(カイコ)の繭がある。絹の生化学は節足動物の中でもいろいろ違うが、カイコの絹の場合、それは長く鎖状につながったアミノ酸からできている。アミノ酸分子どうしの結合はペプチド結合と言い、長く鎖状につながるアミノ酸はポリペプチドと呼ばれる。ポリペプチドは基本的にタンパク質分子の一部をなしている。

クモの絹糸もカイコのものと組成がよく似ているので、ここで少し時間を割いて、絹の生化学を説明しておこう。化学というのは好きでない、勉強しなかったなどということは気にしないでもらいたい。これは化学の授業ではない。構造とエンジニアリングの話の続きで、ただその煉瓦(れんが)が分子サイズであるということにすぎない。円形網の驚異、それは素早く動く獲物を捕らえる仕組みが目で見て理解できるところにある――円形網全体のレベル、個々の糸のレベル、タンパク質分子のレベルで働く仕組みだ。

絹タンパク質はアミノ酸の鎖でできているが、鎖は必ずしも一直線ではない。ときには高度に組織化された方法で曲がって、三次元の形をとることもある。アミノ酸分子の中心には炭素原子がある。各炭素原子は四本ある「腕」で、それぞれ四個の相手と結合できる。［アミノ酸の場合には］三つのパートナーはいつも同じで、一つだけが違ってくる。三つの不変なパートナーは、それぞれ水素原子（H）、カルボキシル基（COOH：炭素と酸素と水素）、そしてアミノ基（NH^2：窒素と水素）だ。可変パートナーとしては約二〇種類のオプション［別のアミノ酸］がある（食物に様々のタンパク質源が必要な理由はここにある。全部のアミノ酸を確実に摂取するためだ）。これらの可変グループのうちにはかなり大きなものもあるが（炭素原子四個が連なりそれに結合した水素原子なども含まれるものや、あるいは五～六個の炭素が環状になったトリプトファンなど）、可変部分が最も簡単なパートナーは、たった一個の水素原子だ。この基本的な構造を持つアミノ酸はグリシンという（図6・3）。その次に簡単なアミノ酸は、炭素原子に三個の水素原子が結合したもの（CH^3）を可変部に持っている。このアミノ酸はアラニン。以上の化学の勉強で伝えたい主要なメッセージは、

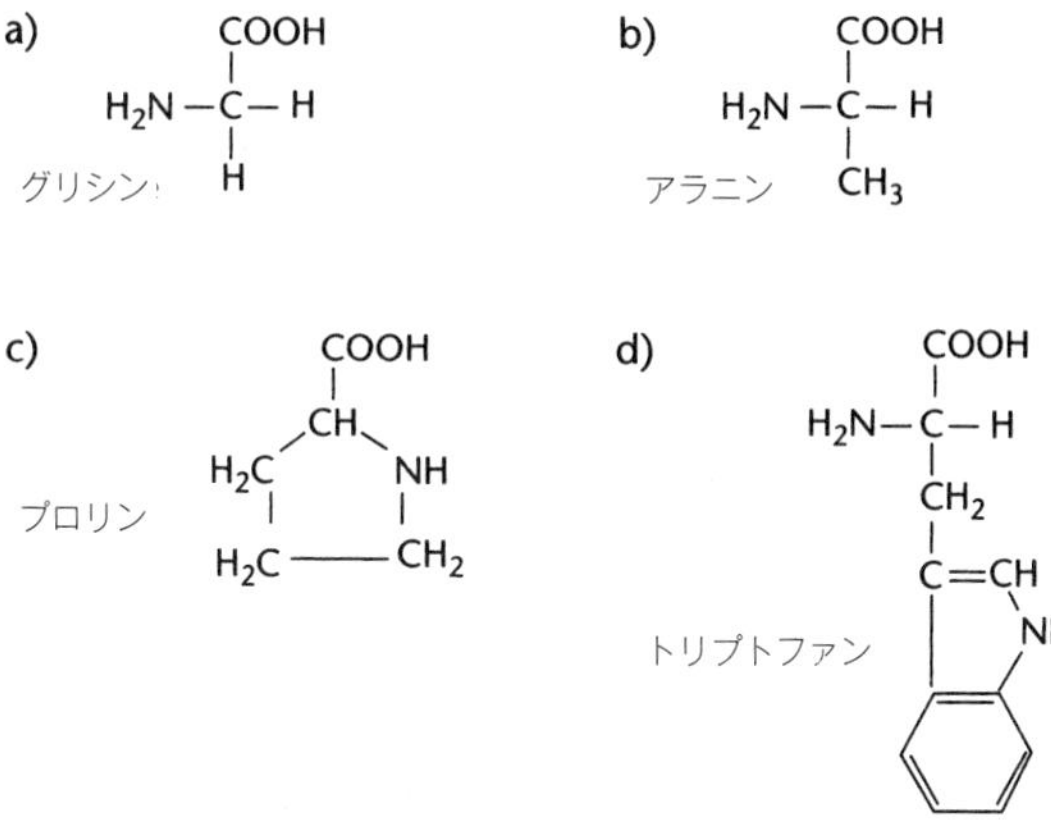

図６・３　クモの絹糸のアミノ酸。全てのアミノ酸の中で最も簡単なグリシンとアラニンが網の絹糸にとって最も重要である。

全アミノ酸を構成する煉瓦の中でグリシンとアラニンが最も小型な二つであることだ。クモの円形網で最も重要なアミノ酸がグリシンとアラニンであることは、偶然ではない。

円形網をつくるニワオニグモのようなクモは、腹部の後端にある出糸突起から、絹を液体の形で分泌する。絹はすぐに固まって細い糸になる。その太さは、糸が出てきた開口部のサイズ、つまりクモの生体の構造によって決まるものであり、行動によるものではない。同様に絹糸の組成は腺の特性であって、クモの行動の特性ではない。オニグモの腹部の先端には数個の出糸突起があり、異なる七種類の腺がこれと関係している。個々の腺がそれぞれ特定の分泌物をつくり、そのうち五種類が、完全にあるいは主として網づくりに関係している。したがって網は特殊化した異なる成分からつくられたものであり、各成分は用途に合わせた特定の分泌物を利用している。[6]円形網は各種の工作要素からつくられるわけだ。

ここで一息ついて、円網をつくるオニグモが捕らえようとする獲物と捕獲方法について考えてみよう。獲物は素早く動く昆虫で、その重量はクモ自身に近いか、あるいは上回ることもある。そのような獲物を足止めして、駆けつけたクモが咬みつき、麻痺させるまでしっかり網に捕らえておかなければならない。網がそうした相手の全運動エネルギーを吸収できないと、相手の昆虫は網を通り抜けて逃げてしまう。捕獲の面は直径が一五センチメートルくらいあるかもしれないが、横から網を見てみよう。厚みはどれほどだろうか。絹糸の太さ、数千分の一ミリメートルにすぎない。あまりにも薄いこの網が破れる前に、獲物の昆虫を止めなければならない。この仕事は特殊な材料の組み合わせで達成される。

網の糸と、枝や葉あるいは糸同士の付着点は、梨状腺（pyriform gland）という腺の分泌物でつくられる。この付着剤にはさまざまなアミノ酸が含まれるが、特に支配的なものはない。網の枠をつくる糸は大瓶状腺（major ampullate gland）の産物、そして縦糸は小瓶状腺（minor ampullate gland）でつくられる。この二種類の糸の組成は、ともに似ていて特徴的だ。どちらの糸もグリシンとアラニンが主要アミノ酸であり、両方を合わせると縦糸の八〇パーセント近くを占める。つまり枠と縦糸は明らかにどちらも高度に特殊化されたポリペプチドでつくられている。

鞭状腺（flagelliform gland）でつくられる捕獲用のらせん糸も、その主要成分はグリシンだが、縦糸に比べてアラニンの含有量がかなり少ない。その代わりに二番目に多い成分として、プロリンが含まれている（図6・3）。このことは、捕獲用のらせん糸の機械的特性が縦糸や枠の糸と違っていること、そして糸同士は何らかの方法で連携して飛んでいる昆虫を捕らえることを示唆している。足止めした昆虫をからめ取る役割は、捕獲糸を覆っている分泌物に割り当てられる。これはさらに別の腺である集合腺網を獲物に貼り付ける。粘液の典型的な成分である糖タンパク質が、その主要成分だ。オニグモの円形(aggregate gland)から分泌される。この腺の分泌物に含まれているいくつかの成分は集合的に働いて、網の捕獲原理は粘液にもとづいている。

最初、この糖タンパク質は捕獲用のらせん糸を連続して覆うように分泌されるが、自然と凝縮して小さな滴(しずく)になる。ハエが網にかかると、何ダースものネバネバした糖タンパク質の小滴がそこに貼りつく。ところが、このネバネバした小滴を使う捕獲システムには問題がある。小滴は乾くと粘性を失うのだ。この点を克服するために、集合腺の分泌物には空気から水分を吸い取る吸湿性の物質も含まれている。通例、捕獲らせん糸を覆っている分泌物の約八〇パーセントは水分だ。こうして露に濡れた晩夏の朝に、粘着性のある小滴が水で膨れ、宝石をちりばめたような垂れ下がった網ができあがる。

以上は、網の異なる成分の生化学とそれを分泌する腺の話だった。ここで網を作る全部の糸、つまり枠糸や縦糸や捕獲糸の機械的特性を見ることにしよう。十分に理解できるように分子レベルから初めて徐々に話を発展させる。

網の糸を構成するアミノ酸は、その化学よりも工学に重要性があるとすでに書いた。縦糸の組成を支配するグリシン(Gと記す)とアラニン(A)の配列に、このことは見られる。縦糸をつくる長いポリペプチド鎖の束の中では、この二種類がGAGAGAという交互の配列で繰り返し現れるが、他のアミノ酸と結合していることもある。このGAの繰り返しには特別な機械的重要性がある。パスタを例に取ってこのことを説明してみたい。

一本の長いポリペプチド鎖を一本のスパゲッティと考えてみよう。鎖のところどころにGAの繰り返しがある。この二種類、GとAがすべてのアミノ酸のうちで最も簡単な側鎖を持っていることを思い出そう。スパゲッティに置き換えると、これはGAがある場所ではスパゲッティが細く滑らかになり、複数のスパゲッティのGA反復部分同士を並べて置くことができることを意味する。隣り合った鎖の間に化学結合が生ずるので、何本かのポリペプチドがこのように並ぶと、平行に何本も並んだスパゲッティを一枚のラザニアに変えるような効果が生じる。次にこのシート状のラザニアを繰り返し硬く左右に折り畳んでプリーツ状にする。これによって、グリシンとアラニンの煉瓦が規則的に配列されてコンパクトに折り畳まれた三次元構造、つまり結晶が生じる。鎖にGAが含まれていない部分は隣り合った鎖と並んで結晶をつくらずに、不規則にもつれあったスパゲッティ状態を保つ。

つまりオニグモの網の縦糸は二種類の領域、不規則構造と結晶構造の部分を持つと言うことができる。前者は緩く配列されたポリペプチド鎖で、その中に後者、結晶構造部分が無数に埋め込まれている。ニワオニグモの網では、縦糸における二領域の比率は結晶部分六八パーセント、非結晶部分三二パーセントと推定されている。

枠糸の絹では少し事情が違う。縦糸と同じように、アミノ酸の約四〇パーセントがグリシン、そしてアラニンが約一八パーセントで、これはプロリンに比べて少し多い。枠糸にも結晶領域はあるが、そこではアラニンの反復(AAAA)が大部分を占めて、横隣りのポリペプチド鎖と互いに並び、プリーツ状のシートを形成している。グリシン(G)は、プロリン(P)と共に、たとえばGPGGXというアミノ酸五個の配列に見られるような反復配列をなす。ここでXは数種類のアミノ酸のうちのどれかを表す。プロリンは、グリシンやアラニンと違ってその側鎖が大きいので(図6・3)、結晶の形に小さく折り畳まれることはできないが、こうした五個のアミノ酸からなるペプチド配列は、らせん状の分子構造をとる可能性が考えられている。

捕食糸を構成する主要アミノ酸はグリシン（四五パーセント）とプロリン（二〇パーセント）である。この糸ではアラニンは三番目に多いアミノ酸だが、一〇パーセント以下にすぎない。捕獲糸にGAあるいはAAの反復は見られないので、結晶領域は存在しない。しかしGPGGXの反復は豊富に含まれ、これがらせん構造をとると考えられる。

異なる分子構造を持つ異なる三種類の糸というのが、円形網の分子的背景なのだ。そしてそれが独特な機械的特性の基礎になり、一緒に働いて高速で飛ぶ獲物を足止めする。

絹の強さが高度の抗張力をもつ鋼線に匹敵すると言う話は、たいてい誰でも聞いたことがあるだろう。それはそれで本当だが、クモの網の絹糸の何たるかについて誤解を招くおそれがある。高抗張力の鋼線は、壊れるまでの伸展性が一パーセント以下、ということは非常に硬い。吊り橋のケーブルにこれが利用される理由はそこにある――SUV車［径の大きいタイヤをもち車高の高い高性能車。日米でそれぞれSport (Space) Utility Vehicleの省略と理解されている］に乗って橋を渡るときに安定した走りが得られるのは、その剛性のおかげだ。オニグモの枠糸や縦糸の絹の強度、つまりある一定の断面が支えられる最大荷重は鋼線に匹敵するかもしれないが、機能を失うまでの枠糸の最大伸長は実質二七パーセントで、縦糸では四〇パーセントにもなる。この素材で吊った吊り橋を渡るとすると、虚栄心ではなく冒険心でSUVを買い求めて、弾むような乗り心地を楽しまなければならない。「弾むような」と言ったのは、この絹糸に弾力性があるからだ。SUVが橋を降りて重力が取り除かれると、想像上の絹糸のサスペンションは元の長さに戻る。

張力鋼は強くて硬い。オニグモの円形網の枠糸と縦糸は強いが硬くない。吊り橋は車に安定した乗り心地を与える必要があるが、枠糸と縦糸にはそれとは全く違う役割がある。それは素早く動く獲物が衝突するときのエネルギーを吸収することだ。

クモの絹糸の弾性には問題が生じる可能性がある。輪ゴムを伸ばすとエネルギーが蓄積される。親指の先に輪ゴムをかけて引っ張ってから放すと、素材の弾性の働きによって輪ゴムは蓄積したエネルギーを放ちながら急速に元の長さに戻るので、部屋の中を高速で飛んでいく。クモの絹糸がそのような働きをすれば、飛んできた昆虫の運動エネルギーを、伸びて蓄えて虫を受け止める。しかしそれから再度収縮して、虫を飛んできた方向に投げ返してしまう可能性が考えられる。クモ網の絹糸の場合には、伸びたときにエネルギーを蓄えるのでなく分散させる必要がある。絹糸はヒステリシス（履歴）の特性を持つのでそれができる。

グラフを利用してヒステリシスを説明してみよう。そんなことを聞くとまぶたが重くなり、この先の数段落を読み飛ばしたくなるかもしれない。だがそうしないようにお願いしたい。クモの網が獲物の跳ね返り問題を克服する仕組みは非常に素晴らしいもので、理解する価値が十分にある。

輪ゴムに引っ張りの力を加えると、ゴムは伸びる。力を増すとさらに長くなる。グラフの曲線は（**図6・4a**）、ゴムの伸長に対する力の関係を表している。スタート点から見られる急速な立ち上がりは、力を増加してもあまり伸びないことを表している。曲線はそれから傾きが緩やかになり、それほど力を加えなくても伸びることがわかる。次に曲線は再び傾きを増し、それは最終的に力が大きくなりすぎて

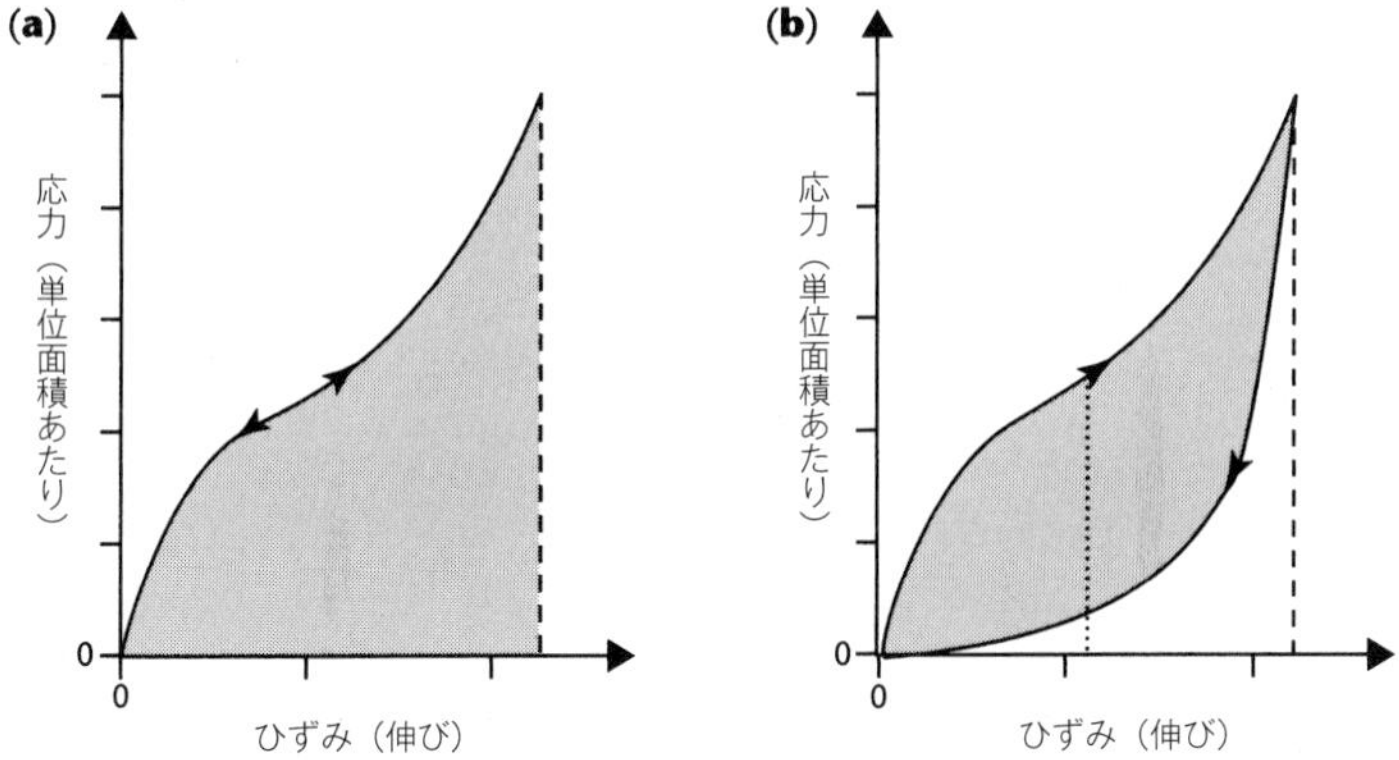

図6・4　絹糸は飛んでくる昆虫のエネルギーを吸収する。(a)弾性伸びと緩和の曲線。色の濃い部分は糸が完全に伸びた時に貯蔵されるエネルギーを表す。(b)クモの網の糸の伸長と緩和を表す曲線。点線は糸が半分伸びた点を表す。２曲線間の色の濃い部分はヒステリシスによって消散したエネルギー量に相当。

ゴムが切れるまで続く。切れた点で放出されるエネルギーは曲線の下の影を付けた領域で表される。それについては後でまた取り上げることにしよう。

　輪ゴムを切りたくないので、切れる直前の点でゴムにかけていた力を緩め始めたとする。ゴムが元の長さに戻るときにグラフはどうなるだろうか。完全な弾性があれば、伸びたときと同じ線をたどって縮むはずだ。オニグモの円形網をつくっている三種類の絹糸では、ヒステリシスが原因でそのようにならない。グラフ（図6・4b）が実際起こることを表している。

　この図は、伸長に対する力の曲線を表す。網の枠糸の場合、とでもしておこうか。便宜的に、伸びるさいの経路は輪ゴムと全く同じ経路を取るように表している。ここで、糸が最高時の半分の長さに戻るように糸を緩めるとする。何かおかしなことが起こる。この長さを保つために必要な力は、伸ばすときの力よりもかなり小さいのだ。長さを戻す曲線を元の長さ（伸長ゼロ）までたどると、曲線で囲まれた部分ができる。伸長曲線の下の部分と比べてこの影を付けた部分が飛んできた昆虫の衝突エネルギーのうち消滅してしまった量を表す。枠糸の絹糸の場合、この値はなんと六五パーセントにもなる。

もちろんその消滅したエネルギーはどこかに行ったわけで、それがわかれば糸があのような分子構造を持つ理由が明らかになる。分子レベルで起こっていることについては、まだ不確実な点がいくらかあるが、部分的な説明は私のパスタのモデルで得られる。枠糸と縦糸の複雑な分子構造では、両者の異なる構成要素が互いに通過し合うことから、糸の伸長が妨げられる。始めに非結晶領域のポリペプチド鎖が真っ直ぐになりながら互いに通過し合い、結晶領域が新しい配列を取り、らせん状の部分が伸びる可能性もある。こうした再配列によっていくらかのエネルギーが熱に変換される。糸に掛かっていた張力がなくなって元の長さに戻ると、ハエの運動によるエネルギーの六五パーセントは、糸に蓄えられずに熱の形で発散されるので、ハエが糸ではね返される機会は大幅に減少する。

枠糸と縦糸の結晶領域にはさらに重要性がある。それは、糸にひびが生じるのを防いで強く硬くしているらしい。人間が泥でつくる煉瓦はひびが広がりやすいが、動物の繊維質の糞を混ぜるとひびが入りにくくなる。泥にひびが入ったとき、その行く手に繊維があると、ひびの先頭に集まっていた力が横方向に分散してひびの進行が止まる。おそらくクモの網の枠糸と縦糸の結晶領域は、割れ目の貫通を止める助けになるのだろう。

枠糸と縦糸に存在する結晶領域が、腰の強さを増している証拠は、らせん形になっている捕獲糸との比較から得られた。捕獲用のらせん糸にはアラニンが少ないので、結晶部分がない。また二七〇パーセントという驚異的な最大伸び率を持つ。剛性が非常に低いということだ。しかしヒステリシスが六五パーセントあるので、枠糸、縦糸と共に飛んでくる昆虫の衝突エネルギーを吸収する働きに寄与する。そしてさらに、捕獲用らせん糸上に分泌された特殊な物質が、動きの止められた獲物を拘束する。

円形網の仕組みはこれで全部説明されたのだと思うかもしれないが、そうではない。動く獲物を止めるにはもう一つ重要な要素がある。それは網の異なる要素レベルでなく、網全体のレベルで働く仕組みであり、「空気力学的な減衰」というものだ。

飛んでいる虫が網にぶつかると、網の表面に撹乱の波が広がる。これによって糸は少量ずつ、広い範囲にわたって伸びる。衝突直後の網を横から見ると、網が膨らんで糸が伸びている様子を見ることができるだろう。しかしこのことは、衝撃を受けた結果として網の表面全体が空中を引きずられることを意味する。空気は糸の動きに抵抗して、余分の運動エネルギーを熱に転換する。これが空気力学的な減衰だ。

この減衰の効果はわずかなものだろうと思うかもしれないが、少なくともヒステリシスと同じくらいの重要性は持っている。網から取り外した縦糸を、飛んでいる昆虫と同等の力でギターの弦のように弾いて、振動の強さと持続時間を記録する研究がある。網の他の部分につながったままの状態で縦糸を同じように弾くと、振動は、単離した縦糸の場合に比べてはるかに速く消えていった。縦糸だけでなく他の糸も一緒に引っ張りながら、空気抵抗の中を前後に動かねばならないからだ。

オニグモの円形網は、飛んでくる昆虫を押し留めて逃げ出されないようにする上で、アミノ酸の配列からポリペプチド鎖の構造、そして網全体のレベルに至るまであらゆるレベルで、高度に進化している。

これで理解できると思うが、こうした特性は建築行動の巧妙さでなく、材料の賢さによって生じている。

以上の円形網に関する説明で、私はオニグモ、とりわけニワオニグモを取り上げてきた。クモの網には、クモの種類によって違いがある。アリを捕まえたりアメンボを捕らえたりする特殊な網もすでに見てきたが、以下、さまざまの飛ぶ昆虫を捕らえる特殊な円形網について簡単に説明しておきたい。

円形網をつくるクモの種類は多い。網は一見どれも同じように見えるが、いくつかの点でかなり特徴的な特殊化がある。オニグモをはじめとして円形網をつくる何種類かのクモは、獲物が逃げ出さないように粘性のある小滴を使うが、円形網をつくるクモも含む別のグループには、かなり異なる捕らえ方として、微小な有刺鉄線に似たものを使うものがある。これらの種では集合腺の粘性のある分泌物の代わりに、出糸突起の傍にある篩板（しばん）（cribellum）と呼ばれる構造でつくられる非常に細く絡み合った乾いた糸で、捕獲らせん糸を覆う。篩板は小さな穴がたくさん開いている板で、その穴を通して非常に細い糸が放出される。クモはこの糸の塊を一対の脚の特殊な構造で取り上げて、けば立ててから捕獲糸の中心に置く。このような糸をつくるクモは篩板を持つことから篩板類（*cribellate*）クモと呼ばれる。それに対して、粘性のある小滴をつくるクモは無篩板類（*ecribellate*）のクモだ。

小滴と比べて、篩板の絹糸にはある種の利点がある。すでに乾いた状態なので、乾いて粘着性を失うことがない。体に無数の毛や針を持つ小さな昆虫が衝突すると、捕獲糸を覆う絡まった糸に引っかかってしまう。この糸にはさらに別の付着方式もあるらしく、テントウムシの背中のように光沢のある表面にも付着するようだ。篩板を持たないクモに比べて、篩板類のクモ網の全体的な仕組みはあまり知られていないが、かなり違っている可能性は十分考えられる。たとえば篩板のあるウズグモの糸の引っ張り強度は、オニグモのものよりも大きいが、硬さでも上回り、少ない張力で壊れてしまう。

ここでちょっと獲物の視点で円形網を見ることにしよう。飛ぶ昆虫は優れた視力がある。そのおかげで、ものにぶつからずに済んでいるのだ。虫がぶつかりたくないものの一つに、クモの網がある。クモと獲物の昆虫は何百万年も前から軍拡競争を繰り広げ、避け上手になる獲物を捕らえるのに、より巧妙な罠が必要になってきた。何百万年と言っても、それはどれくらい前のことだろうか。三八個の粘着性小滴を備えた長さ四ミリメートルの捕獲糸というのがある。一億二七〇〇万〜一億三二〇〇万年前のものだ。[7] 厳密にはこれは糸の化石であり、レバノンで採取された琥珀（こはく）の中にあった。化石の記録から、クモが少なくとも四億年前から糸を紡いでいたことがわかっているが、化石となったこの捕獲糸は、罠づくりの直接的な証拠だ。

クモと獲物のこの軍拡競争がクモの網の特殊化をもたらし、獲物の種類に応じたデザインが生まれてきた。昆虫の視覚が、円形網のデザインとその生態にも著しい影響を及ぼしてきた。無篩板類で円形網をつくるマンゴラ・ピア［コガネグモ類］とテリディオソマ・グロブスム［カラカラグモの一種］という二種類のクモの例を比べても、これがよくわかる。マンゴラは強い糸で目の詰んだ網を張る。テリディオソマの糸はそれよりも細く、網目の密度も粗い。ショウジョウバエの飛行経路を研究室で観察したところ、ハエは明るい状態でもテリディオソマの網には気づきにくいが、マンゴラの網に対しては、七センチメートルの距離から除け始めることがわかった。予想通りのことだが、マンゴラの網は薄暗い場所、テリディオソマの網はそれよりも明るい場所につくられる。

さらに目につきやすい網を張るクモが、薄暗い場所どころか真っ暗な場所を生息地に選ぶこともある。

円網をつくるオーストラリアのエリオフォラ・トランスマリナは夜行性で、同国のネフィラ・プルミペルスは日中活動する。ネフィラよりもエリオフォラの方が、面積が広く重い粘着性の小滴で覆われた網をつくる。このクモは毎晩新しい網を張り、毎朝それを外して食って、タンパク質をリサイクルしている。それに対してネフィラの網は数日保つようにつくられている。巣づくりに関してエリオフォラは浪費家と言えるが、このクモは所得も多い。その捕獲率は日中活動するネフィラの二倍前後になる。

クモの網に捕獲されないようにするために昆虫が進化させたもう一つの対抗手段（優れた視覚をもつことに加えて）は、はがれ落ちる鱗だ。付着した昆虫も、鱗のおかげで網から外れることができる。これはチョウやガの特殊な適応だ。これに対抗して、極端なデザインの網も進化した。夜間飛び回るガを捕らえるようにデザインされて視覚上の制約が少ない網が、この最適な例と言えるだろう。そのようなデザインの網の実例を二つほど挙げたい。どちらも粘着性の小滴を利用しており、非常に細長い円形網と痕跡的な網だ。

普通の円形網の中心付近にガがぶつかったとしよう。ガはすぐさま、網に貼りついた翅の鱗粉や体の毛を落としながらもがき始める。そして網から外れて始めるのだが、すぐに落下するわけでなくて、網の上を転げ落ちるのだ。網にはまだ貼りついているが、体の違う部分で貼りついている。ガはもがき続け、網の最下端まで転げ落ちると逃げてしまう。その跡には、擦りつけられた鱗粉が縦に残される。

網がもっと長かったり、円形でなしに幅の広いはしごのようにつながっていれば、ガは落とす鱗粉がなくなって、落ちて逃げる前にしっかり貼りつけられてしまうかもしれない。正にこの通りのデザインの網が少なくとも二回、円形網から変形して進化してきた。そのうち一種類はニューギニアで発見されたもので、中心より以下の部分が大きく引き伸ばされた形をしている。もう一つは合衆国で発見されており、中心より上の部分が拡張されている。どちらの場合にも縦糸が非常に長く、粘着性の小滴を付けた捕獲糸は、はしごのような段になっている。これらの進化的変化はもちろん行動によるもので、材料によるものでないことは明らかだ。しかしそれは、比較的簡単な行動によって生じた簡単な変化だ。クモが捕獲用のらせん糸をつむぐとき、らせん状に一方向に進む代わりに、時折向きを変えて反対方向に進むことがある。これは網の端で最も良く見られる。はしご状の網の段々は、拡張された部分で糸が繰り返し逆に張られてつくり出される。

マストフォラ・ハッチンソニもガを専門に捕らえるが、その対策として非常に簡略化された網をつくる。一本の網の先端に粘着性のある大きな滴がついているだけなのだ。正確に言うと、クモは最初に絹糸で簡単な土台をつくり、そこに捕獲糸を取り付けるが、ガを捕るさいには、通りかかる獲物に粘着性の滴を投げつける。南米のガウチョはボーラという紐でつないだ錘（おもり）を走っている牛の脚に投げて捕らえるので、それにちなんでこのクモは「ボラスグモ」と呼ばれる。考古学の方から、ボーラはスペイン人による征服以前の先住民がグアナコ［ラクダ科のラマの一種］あるいは飛べない鳥、レアを捕獲するために用いたことが知られている。

どのようなガでも、ボラスグモの攻撃範囲内にやって来る可能性はきわめて小さいように思われるのだが、このクモの獲物の九〇パーセントはたった二種類のガ、剛毛の生えたヨトウムシのガ（ラシニポリア・レニゲラ）と、スモーキー・テタノリータと呼ばれるガ［ともにヤガの類］の雄によって占められている。クモはこれだけで生きていくことができる。それは、罠に重ねて別のおとりの要素があるからだ。

そのおとりは、交尾していない雌のガが放出する性誘引物質を真似た揮発性化学物質のカクテルだ。セックスを期待する不運な雄が、クモの罠の領域内に誘い込まれる。

実際はもう少し複雑であり、この場合にも自前で分泌した材料の手の込み方の実例となっている。どちらのガの場合も、雌が放出する性誘引物質は有機分子の混合物だが、両方に共通の成分は含まれていない。クモは二組の誘因分子をつくらなければならないわけだが、しかし夜の早い時間帯には雄のヨトウガを主に捕獲しており、夜中一一時を過ぎると主として雄のスモーキー・テタノリータを捕らえ始める。これはガの飛行時間が違うことが主な理由だが、夜遅くなると、クモがヨトウガの方の誘引物質の放出量を減少させることも原因の一つであることが実験で証明されている(8)。

つまりここには、クモがつくったおとり付きの罠がある。おとりは罠の物理的な部分ではないが、確かに獲物を罠におびき寄せている。そしてこのおとりも、自分で分泌した特殊な材料だ。だが、罠におとりを仕掛けるクモはこれだけではない。罠の一部がおとりになっている網をつくるクモもいる。そのクモも円形網をつくる。

タランチュラのように原始的で大型のクモはどれも飛ぶ昆虫を捕らえる網をつくらないが、その絹糸にはかなりの量の紫外線（UV）を反射する特徴がある。しかもこのUVは、昆虫の目が特に敏感なスペクトルの一部に当たる。篩板をもたず円形網をつくるクモの絹糸は、より原始的なクモの糸に比べて一般に紫外線の特徴が少なく、そしてこの傾向が明るい場所の網の絹糸に顕著であることが重要だ。コガネグモの一種、アルギオペ・アルゲンタータの円形網の絹糸は、紫外線反射のレベルが低い。この場合にしても、なぜこのクモはUVを反射する白く目立つ絹糸——葡萄状腺（ぶどうじょう）と梨状腺でつくられて、ふつうは獲物を包むのに用いられる糸――で、網にスコットランドの聖アンドルー十字旗［聖アンデレ十字などとも表記。青地に白い×字］のような斜めの太い線を描くのだろうか。

この網とか他種のクモの網にも見られる同様の模様は、風の強い場所で網を強化する働きがあるという説が最初は最有力だった。この認識のもとに、それは補強装置として知られるようになった。しかし事実は仮説と一致しなかった。この装置はクモで独立して数回生じたと考えられたが、今では単なる「飾り」とも考えられるようになった。(9) アルギオペ・アルゲンタータの場合、この飾りは開けた明るい場所よりも守られた薄暗い場所によく見られるので、網の強化を唱える説の予測とは逆になっている。ここから別の説が生まれた。飾りは［クモを捕らえる］捕食者の気をそらすため、あるいはうっかり網を破損する恐れのある鳥の注意を喚起するためだろうという考えだ。けれども、昆虫の視覚がＵＶに敏感であることから、絹糸のパターンは飛ぶ昆虫を引き寄せるようにデザインされた合図である可能性が示唆されるようになった。

網のデコレーションに関する研究や議論は非常に活発に行われており、良い観察や実験には獲物をおびき寄せる見解を支持する傾向が見られる。網のデコレーションが不完全な十字形になっている場合には、獲物がＵＶ反射特性を持つ部分に衝突する傾向が見られた。またアルギオペ・アルゲンタータの場合、このクモにとって重要な獲物である針のないハチが多いところでは、網にデコレーションが含まれる傾向が高かった。このハチはしばしば、花が示している強力なＵＶパターンによって花に引き寄せられることが知られている。

種に特異的な網のデザインは、遺伝的に決定されており柔軟性のない建築行動の証拠を示している。

しかし少なくとも幾種類かのクモでは、経験にもとづいて網づくりの行動を変えられる証拠も増えている。南米のパラウィキシア・ビストリアータは、特定の昆虫を対象にしてかなり異なる二種類の網をつくることができる。(10) クモはいつも日没にかけて直径約八センチメートルで目の詰まった網を張る。これは小さなハエを捕らえるためのデザインになっている。もう一つの網も円形でほぼ同量の絹糸を使うが、直径約一五センチメートルという大型で、捕獲糸の間隔が広くつくられている。この網は日中いつでもつくることができるが、特に雨の後でつくられる。これは飛んでいるシロアリを捕らえるためのデザインになっている。雨後に塚を飛び立ち、ザンデ族がつかまえて粥をつくるあの丸々と太った王や女王たちと同じシロアリだ。シロアリは長い翅があるが飛ぶ力は弱いので、目の粗いパラウィキシアの網でも十分捕獲できるのだ。

これはクモの行動の複雑性の証拠だろうか。おそらくそうではないだろう。私たちが観察するこの行動は、「夜ならば小さな網をつくる、雨後ならば大きな網をつくる」という非常に簡単な決定法則でつくれるからだ。このような条件付きの取り決めは、簡単な刺激＝反応の仕組みとして遺伝で受け継ぐことができる。学習を通して網づくりが変化する証拠は、ここには見られない。しかしクモの網づくりの決定に学習が関係するものもあることを示す証拠が、少なくともいくらかは得られている。

円形網では一般に、つくり手の種類に関わらず、中心より下の部分の面積の方が上よりも大きい。これは効率よく獲物を捕獲するための適応と考えられている。クモが獲物に駆けつけるさいに、網を駆け上るよりも駆け下りる方が楽だからだ。ラリノイデス・スクレロプタリウスというクモを使ってある実験がなされた。網の上を走って獲物を捕りに行く必要がないように、若いクモに直接ハエを与えて育てたのだ。このクモは大人になると中心の上下の部分がほとんど同じ広さの網をつくった。これは網の割合が経験に影響されることを示す証拠になる。それにまた、これと同種の別のグループのクモを、網の上部に餌を置いて育てたところ、大人になった時に中心から上の部分が広い網をつくるようになった。(11)

クモの造網行動には明らかにある程度の手の込み方が見られる。これから数年のうちに、さらに多くの証拠が得られることだろう。しかしクモの造網行動に見られる柔軟性と、人間の建築行動の間には大きな隔たりがあることも確かだ。クモは相変わらず、単純な行動／賢い材料という経路で罠をつくるようになった最高の模範例であり続けるだろう。

説明されていない大きな問題がまだ残されている。人間以外の脊椎動物に、なぜ罠をつくるものがいないのだろうか。人間による罠づくりがごく最近出現するまで、脊椎動物の罠づくりが一つもなかったことは、意外に思われる。私たちの経路あるいはクモの経路をたどって、罠をつくるようになった魚、鳥、あるいは哺乳類の動物が全然いないのはどうしてだろうか。

ここで再び、繊細なフィルターを備えた粘液の家に包まれた脊索動物のオタマボヤに目を向けて考えてみると良いだろう（図3・4）。これは近縁の脊椎動物の場合と違って、典型的な無脊椎動物からの経路をたどってきた。真の脊椎動物の中でこの経路を通ったものはいなかったのだろうか。脊椎動物には罠づくりの可能性を持つ分泌物があり、確かに自分で分泌した材料を家づくりに利用する。雄のイトヨが腎臓分泌物を利用して家をつくることはすでに取りあげた。ウミトゲウオは長くつながった腎臓分泌物で海草の小片をつなぎ合わせて家をつくる。サンゴ礁にすむベラ科やブダイ科の魚には粘液でねぐらをつくって夜を過ごすものがある。角、爪、髪をつくるのに使われているケラチンは、罠をつくる材料として可能性があるように思う。問題があるとすれば、少なくとも一つには経済的なことがある。ヒメアマツバメは唾液の粘液だけで巣をつくる。つがいは二ヶ月かけて巣づくりをする。脊椎動物の典型である大型の体を持つと非常に多くの材料が罠づくりに必要になる。これは食物をフィルターで漉すことや積極的な狩や待ち伏せなど、他の捕食方法に比べるとはるかにコストがかかる。

　集めた材料で罠をつくる方法と自己分泌物で罠をつくる方法についてはどうか。人間は大きな脳を持つことと集めた材料で罠づくりをすることを関連づけるが、それは罠づくりの進化に必要な関連なのだろうか。確かなことはわからない。鳥が巣を掛けたり、クモが網を張ったりするとき、それを頭で想像する必要はない。その場合に鳥に不足するのは脳でなくて、それができるための操作の熟練だ。ハタオリドリにとって、嘴（くちばし）しか持たないことが、自分で集めてきた材料で巣づくりの仕事をする操作技術の限界になっているのかもしれない。罠づくりもおそらく同じくらい複雑な仕事であり、嘴や鉤爪（かぎづめ）を使って直接食物を集める場合と罠づくりについて、投資の収益を比べる必要がある。経済的に罠をつくることができる身体構造を持つ脊椎動物は、手が進化するまで出てこなかったのではないかと私は考える。

　脊椎動物が器用な手を進化させた頃に、大きな脳も進化した。この二つの敷居を超えたのが人間だった。器用な手と創造的な脳の間にはつながりがあったのだろうか。そのことは次章でさらに詳しく調べていく。私たちの脳は、罠のアイディアを数え切れないほど思い浮かべることができる進化段階にある。そのような創作力を生み出す脳やそれを物質に変換する技術的熟練を持つ動物種は他にいない。人間はかつて想像したこともないような獲物、例えば彗星の塵（ちり）を捕らえる新しい罠をデザインし続けている。

第7章

道具使いのマジック

この本で前にも述べたことだが、大きなシロアリの塚は人間社会で一番高い建物の三倍の高さに相当する。そのことを満員の講堂で学生たちを前に話している場面を想像して欲しい。シロアリの驚異的な数字に触れてから、相互のコミュニケーションが不十分で自分がつくっているものの概念も何も持たない多数の昆虫がこのようなものをつくることが最近認識されるようになったと話す。次に先端が擦り切れた小枝を見せながら、シロアリの巣とこれに大きな違いがあることを話す。これはチンパンジーの歯ブラシだ。これは捕獲したチンパンジーの群から入手したもので、彼らはこのような道具を用いて互いに相手の歯をきれいにするのだ――チンパンジーの歯科衛生士だ。

チンパンジーの創造力の産物を題材にして学生たちを相手に話し掛けているさいちゅう、気付かない間に半開きの講堂のドアから水星人の宇宙船が滑り込んできた。宇宙船は前列の空席に着地して、宇宙生物学研究部長に先導されてちっぽけな水星人たちの集団が降り立った。先導している彼女は良く通る声で私の話を遮った。「それが何で特別なの？　ただの枝の切れっ端で、端が擦り切れているだけじゃない」。

ところで、チンパンジーの話は実話だ。(1) 水星からやって来た科学者の話は創作だが、言い分は適切なものだと思う。チンパンジーがつくって使う道具というのを眺めてみよう。スポンジとして使うクシャクシャに丸めた木の葉、シロアリの巣に差し込めるように葉をむしり取った茎などがある。工作物としては大したことがない。操作の熟練はほとんど不必要で、組み立てる必要もない。どのような鳥の巣あるいはトビケラの幼虫が住むケースでも、複雑さの点ではむしろこれらの方が高度と考えられるだろう。そうだとすればチンパンジーが歯ブラシを使うことの何が、それほど私たちの関心を呼び起こすのだろうか。私たちが感嘆するのは頭脳、つまり新しい有用なものである道具につながっている創造的思考に違いない。トビケラの幼虫とは違って、チンパンジーは頭脳を使って、新しい装置とそれをつくる方法の明確な計画を考え出したと私たちは考えるのだ。

自然界で道具を使うチンパンジー集団を見てみよう。大型の成体が右手にハンマーにする平らな石を持って座っている。彼はくつろいだ様子で、唇はうす笑いでもしているかのように閉じ、目は離れたところにある何ということもないものを見つめている。ちらりと目をやって、左手の指で丸い木の実をつまみ上げ、ごく自然な動作で、台座代わりの大きな平石の上に置く。彼はハンマーで鋭く慎重な一撃を加えて木の実を割る。潰れなかった中身を左手で集めて口に放り込む。彼は何を見ると言うこともなく再び視線を上げる。観察する私たちにとって、木の実を割るこの行動は、森林に住む類人猿を確信と賢明さを持つ一個の人格に変えてしまった。道具を使うチンパンジーの頭脳と私たち自身の頭脳の間に、私たちは容易につながりを考えられる。

道具の作成と使用は何十年来、人間の進化を推し進めた重要な力として考えられてきた。影響力のあった人類学者シャーウッド・ウォッシュバーンは一九五九年に次のように書いた。「前歯の寸法が小さくなり、脳が三倍になったのは、人間が道具を使用するようになってからのことで、そして道具の使用に伴って出現した新たな選択圧の結果だと私は考えている」[2]。現在、類人猿から人間への進化的な移行に関する私たちの知識は、化石骨の発掘や関連する考古学の証拠から得られている[3]。これは約六〇〇万年にわたる私たちの先祖の歴史、ヒト科の歴史であり、そこには私たちや化石になった祖先が含まれているが、現存の類人猿は含まれていない。約二六〇万年前に東アフリカでヒト科の骨と共に、加工された石の道具が現れ始めた。当時エチオピアで生きていたアウストラロピテクス・ガルヒは石器をつくり、それを使って肉を解体した（発掘された動物の骨の切り跡からそう判断されている）。この種は私たちから見ると小型で（約一二〇〜一二〇センチメートル）、脳の容積は現代のチンパンジーに近い四〇〇立方センチメートル程度だった。彼らはいつも直立歩行をしていたわけでなく、まだ木登りが得意だったと思われるが、何かこれに似たような生物が最初の人類の祖先だった。そのうちの一つであるホモ・ハビリスは身長約一三〇センチメートル、脳容積は約六〇〇立方センチメートルで、約二五〇万年前に出現した。

最も初期のホモ属は、直立歩行を持続できる点がアウストラロピテクスと違っていた。顎と歯もそれほど巨大でなかった。このことや、そして石の道具や動物の骨から得られた証拠から、この初期の人間が道具を狩に用いた他に食糧の動植物を切ったり、叩いて柔らかくしたり、骨髄を得るために骨を潰したりして加工していたことを示唆している。その結果、栄養価の高い食物が得られるようになり、それがより大きな脳の進化をもたらしたことも考えられる。栄養と脳の大型化の関係は、ただちに自明ではないが、人体重量では二パーセントを占めるにすぎない脳が一日のエネルギー摂取量の一六パーセントを消費することを知ると、大きな脳には相当のランニングコストが掛かることは見積もりできるだろう。

より大きな脳を持った初期人類は、この好循環からさらに利益を得て、道具をいっそう改良し食生活を改善して、さらにもう一度脳を大きくしたと主張されている。私たちホモ・サピエンスは、いま複雑なテクノロジーの世界に生き、高度に加工された食物を食べ、約一三五〇立方センチメートルの脳を持っている。大きな脳に選択での優位を与えて私たちを支配的な世界種の地位に押し上げる上で、道具の使用が重要な役割を果たしたかどうかを知りたい理由が私たちにはある。

過去三〇〇万年間にヒト科の脳が急速に大きくなったことに対しては、この「道具使用」説に代わる説がある。特に興味深いのは、「友人をつくり、人々に影響を与える」ことの利点が脳の増大を促進した可能性だ。私たちの先祖が社会的になるにつれて、成功は個人の力よりも社交の手腕によって決まるようになり、社会関係を記憶し理解できる脳の大きい者が利益を得るようになった。このことは社会的な複雑さを増大させて、さらに大きな脳を持つものが利益を得るようになっただろう。これはフィレンツェの政治家、政治思想家で一五三二年刊行の政治的操作を論じた『君主論』の著者、ニコロ・マキャヴェッリにちなんで、マキャヴェッリ仮説[4]と命名されている。人間にはその他にも成功に寄与しえた並外れた特性がある中で、特に自然現象に対する好奇心を挙げることができる。一九二三年に登山家ジョージ・マロリーはエヴェレストに登る理由を尋ねられたときに「そこに山があるからだ」と言ったが、それと同じことを他のどの動物種が言うだろうか。これは登山史上の単なる小話ではない。一〇万年にも満たない期間のうちに私たちホモ・サピエンスをアフリカから連れ出し、全世界の大陸をはじめ居住可能な極小の島々にまで定着させたのは、物事に取り組むこのような態度だった。人間の脳の大きさが進化する上では、脳の創造的な才能にもとづいて配偶相手を選ぶことも、重要だったかもしれない。このことは第8章で論じる。このように、私たちの大きな脳の進化とその結果生じた生態学的な優位に関してはいくつかの説――道具の使用、政治的手腕、配偶相手の選択など――がある。これらの説明は相互排他的ではないが、ここで問題になるのは、それがどこまで道具使用によるものだったのかということだ。

道具使用と人間の行動の進化の関係を検証する上で明らかに問題になるのは、このつながりについての化石の証拠が、どうしても間接的なものにならざるをえないことだ。けれどもそのつながりは、道具をつくったり使ったりする現存の人間以外の種で直接に研究することができる。私たちにとって全ての動物における道具使用の研究が面白いのは、まさにこの点にある。相当にいろいろの種で道具関連の行動、つくる行動でないとしても使用する行動が見られる。しかしこれらの多様な群は、動物界でかなりまばらに分布している。道具を使用する種が稀であることは、道具には何か特別なことがあり、道具関連の行動（つくること、使用すること）の進化は特に難しいという議論を補強している。人間の進化の観点からすれば、最も明確な困難は認識力に関することのように思える。動物は具体的な目標を達成するために道具をつくる方法、あるいは最小限でもそれを使う方法を理解する必要がある。しかし、道具を使ったりつくったりする動物が特に知的なのだろうか。

ここで私たちの直接的で本能的とも言える同一化の問題に注意を向けなければいけないと思う。それは木の実を割るチンパンジーと自分自身の同一化のことだ。頑固な科学者でさえこの反応とは無縁ではない。道具を使う動物はかなり人間的に感じられるので、彼らを見るときには擬人化の深刻な危険があるのだ。私たちは懐疑的になって守りを固めなければいけない。道具使用全体にはもう一つの特色があり、それも私たちの興味をかき立てる。それは道具自体だ。道具は具体的で個別的だ。それは「思考が具現化したもの」――私たちが集め、調べて検討できるもの――のように見える。しかし、そうだとしたら、鳥の巣も思考の具現化、しかもはるかに巧妙な具現化ではないだろうか。私がその質問をするたびに――そしてそれを何度も何度も繰り返すたびに――巣はそれとは全く違うのだという答えが返ってくる。どうやら巣づくりは本質的に遺伝的にプログラムされたもので知性や洞察は関係しないという意味らしい。だが、もしかしたら本当に見ることをしないで違うと考えているのかもしれない。もしかしたら私たちが巣をつくらないから関心を持たないだけなのかもしれないが、道具が具体的で、個別的で、それほど複雑でないから道具の方が巣に優ると想像するのだと私は厳しい意見を言いたくなる。鳥の巣はちょっとばかりゴチャゴチャしているが、チンパンジーの真っ直ぐな小枝は、端が擦り切れていてもそうではないのだ。

それではなぜ人間以外で道具を使う動物はそれほど稀少なのだろうか。すでに一つの説がある。道具の行動（使うこと、つくること）には知性と操作の熟練が必要だが、それは進化し難いということだ（これを「道具、動物の知性」説と呼ぼう）。だが私は、人間以外に道具を使う動物が少ないことについて、これに代わる説を提唱したい。道具の使用が稀少なのは、それがそれほど有用ではないからだ、という説だ（「道具はそれほど有用ではない」説）。

「道具、動物の知性」説を支持するためには、考えて理解できる脳の必要性が道具を使う種の進化を限定してきたことを示す証拠が必要だ。「道具はそれほど有用ではない」説を支持するためには道具行動がそれを利用する種の生態や進化にほとんど影響がないこと、そして限られた知性を持つ動物にも進化することを証明する必要がある。もしも後者の説が人間以外の種で支持されれば、道具をつくることと使用することは建築行動のかなり限られた例を実証するにすぎないことを認めなければならないかもしれない。換言すると、道具を使う動物のマジックは手品、幻想のマジックで、彼らの道具が私たち自身の進化について教えてくれることはほとんどないかもしれない。

道具の使用は、他のどの種よりもチンパンジーについて、野生と飼育下のどちらの状態においても良く研究されている。彼らは現存種の中で私たちに最も近い親戚にあたるだけでなく、野生状態で研究されたチンパンジーの群はどれも道具を使い、様々な異なる種類のものを使うことも知られている。他のどのような類人猿――ゴリラ、ボノボ、オランウータン、あるいはテナガザル――も野生状態ではそこまで道具を使わない。最近まで野生のゴリラが道具を用いることははっきり確認されていなかった。しかし二〇〇四年に、直立して腰の深さの水中を歩く雌のゴリラが二つの異なる方法で棒を使う様子が実際撮影された。[5] この発見を記した科学論文の言葉によると、このゴリラは、まず「水深や底の状態を確かめていたようだった。棒をしっかり摑み、自分の前の水を繰り返し突いた」。水に踏み込んでから、雌ゴリラはそれを「体を支える杖として」使った。

この短い科学論文が広くメディアに取りあげられたのは、なぜだろうか。それが報告された方法に意味がある。人気があり評判の高い英国の科学週刊誌『ニュー・サイエンティスト』は次のような見出しで報告した。「道具を用いて抽象的思考の深みに探りを入れるゴリラ」。なるほど「深みに探りを入れる(plumb the depth)」部分の言葉遊びは良かったが、「抽象的思考」はいったいどこから来たのだろうか。添えられた説明文によると、「ゴリラは自分の感覚経験を拡張――物体で身体を物理的に拡張――できることを理解するようになった」。そうだろうとも！　私にはこれが、「彼らは私たちのように振る舞う、ゆえに彼らは私たちのように考えるのに違いない」[6]という論法にもとづいた解釈の端的な例のように見える。もしも私の判断が厳しいと感じるならば、道具を使用する次の例はどうだろうか。今度は昆虫で、シロアリを食う捕食性の昆虫、サリャラタ・ヴァリエガタ〔サシガメの一種〕だ。

この虫は、シロアリ塚の補修拡張工事をするために塚の表面に現れたシロアリを捕まえる。虫はシロアリに忍び寄り、前肢で摑み、短剣のような口器でシロアリを刺して中身を吸い尽くす。そしてシロアリの死骸を捨てずに、それを持ったまま仕事を続ける他のシロアリのところに戻る。シロアリには巣の衛生状態を保つ習性があるので、仲間の死体を片付ける。虫が運んでいる死骸に気づいた一匹のシロアリが、それを拾って捨てようとして近づく。するとそのシロアリが第二の犠牲者になる。最初のシロアリの死骸が第二のシロアリを捕らえる道具として使われたのだ。

虫は「自分の感覚経験を拡張――物体で身体を物理的に拡張――できることを理解」したと言って良いだろうか。もし良くないとしたら、なぜ？　円形網の中心にいるクモについても同じことが言えるだろうか。『ニュー・サイエンティスト』誌の記事のもとになった論文の解釈は、もっと慎重だった。雌のゴリラが棒を道具に使ったことは、ここでは遺伝的にプログラムされたものでなく新しい手法として考えられていたが、その雌ゴリラは他のゴリラから学習した可能性もあるとされていた。とは言うものの、どこかのあるゴリラがこの新機軸を発明したという含みは残される。それではどこかのある虫も、発明家だったのだろうか。

この虫の遠い先祖が道具を使わなかったことは、まず推測しても問題ないだろう。その捕獲順序はおそらく次のようなものだったと思われる。

一、接近
二、シロアリを摑む
三、シロアリを吸い尽くす
四、シロアリの残骸を捨てる
五、第二のシロアリに接近する
六、シロアリを摑む
以下同様。

ありそうな場合の想定として、この手順がどれも本来遺伝的に決定されており、代々受け継がれると仮定しよう。次にある個体が、第二のシロアリを探す前に死体を捨てないようにする突然変異を受け継ぐとする。それによって一、二、三、四、五、六という手順がつくり出されて、道具使用者となり、それと同時に付随的に道具作成者にもなる。生きたシロアリが変形され、疑似餌になるからだ。ここには確かに新機軸があるが、それは遺伝的突然変異の産物だ。この例がいささか本当らしくないと思われる場合には、同じような説明をつけられる道具使いの昆虫の第二の例がある。それはアンモフィラ属のジガバチの場合だ。

この属の数種のジガバチの雌は、乾いた土に垂直の穴を掘り、その先に幼虫が成虫になるまで過ごす小部屋を設ける。そして麻痺させた昆虫を小部屋に蓄え、その上に卵を産み付ける。次に雌は、入り口の穴に小石を落としてふさぐ。最後に顎で銜えた石で入り口の上の土を叩いて固める。最後の石は石器ということになる。もしもジガバチが最後の石を落としてから、その後で頭を地面に叩きつけて土を固めるのであれば、これは道具を使うとは言えない。ところが偶然にも、アンモフィラの中にはまさにこの通りの動作をする種もあるのだ。どうやら祖先が穴をふさぐ場合の行動は、地面を頭で叩く方法だったのだろう。アンモフィラの道具使用は、遺伝的に決定されている行動の入れ替えから、つまり最後の石を落とす行動が地面で頭を叩く後でなしに手前に起きたことから、進化してきたものと想像できる。

こうして、道具の使用は類人猿と昆虫に見られるわけだ。これはどちらの場合にも革新的な過程によって生じてきたのだが、個体の頭脳を通した革新である可能性があるのは前者の場合だけであって、この事実が特に私たちに印象を与えるようだ。しかし創造的な頭脳が存在する可能性があっても、そのような解釈には慎重になる必要がある。明確な革新の重要な部分もまた、遺伝的に決定される可能性があるからだ。

道具使用の分野では定義を少し確認しておくことが望ましい。セグロカモメは海の巻き貝を砂浜の舗装された歩道に落として殻を割り、チンパンジーは自分の指で耳掃除をする。これは道具を使う例だろうか。この例やこれに似た例が、既知の道具使用の例を全部取りあげたベンジャミン・ベックの一九八〇年の本に記載されている。(7) それ以来この本は、道具使用の定義においてモデルを提供している。

私はベックの定義を詳しく取りあげようと思わないが、彼の基準によると、チンパンジーが指で耳掃除をするのは道具使用には当たらない。定義によると、道具は「[身体あるいは周辺と] つながっていない

(unattached)環境物質」でなければならないが、指は明らかにそうでない。そしてその基準によると、カモメが殻を割る行動も歩道が周辺に「つながっている」ものであることから、不適格となる。しかしエジプトハゲワシが石を拾って、これをダチョウの卵の上に落とすのは道具使用の例になる。石はつながっていない物体であり、環境的であり、成功をもたらすために「操作されている(be manipulated)」という付加的判断基準を満たしているからだ。

エジプトハゲワシが石を利用したり、カモメが歩道を利用するのをもっと賞賛すべきだと読者が感じるかどうかはわからないが、今度は無脊椎動物の例を考えてみよう。円形網をつくるクモはその網が理由となって、道具使用者と認められていない。網はクモがつくらなければならないが、それが周囲に取り付けられているからだという。網は環境の一部になり、完成後は操作ができない。だがメダマグモは、脚で抱えられるほど小さい網をつくり、それを通りかかるアリに押しつけて捕獲する。[8] これは普通の網としてつくられるが、その後取り外されるため、このクモは道具使用と道具づくりの両者を行う。絹糸の先の粘液球を獲物に向かって振り回す「投げ縄グモ」(第6章で取りあげたマストフォラ、二一一頁)はどうだろうか。道具の使用や道具づくりはするのか、しないのか。それはクモがぶら下がる絹糸の台に糸が付着しているかどうかによって決まる。糸が台に取り付けられていたことを思いだすとがっかりするかもしれないが、そういうわけで、マストフォラは網をつくるクモにすぎない。こうした区別はどれもかなり勝手な決め方、というより役に立たないように見える。私たちが本当に知りたいのは、構築と操作にどの程度の知能と理解が必要かということだ。

私はジリス(地栗鼠)を捕らえようとするアメリカアナグマの狩猟技術と道具使用に関する数年前の

論文を読んだ。アナグマはしばしばジリスが逃げられないように、その巣穴をふさいだ。論文は巣穴に栓をする行動に道具の使用という言葉を使うことを慎重に正当化して、「巣穴の入り口から最大一メートル離れた場所から目的をもって物体を動かす」ことは道具使用と見なせると論じた。こうして、ある種のアナグマや虫は道具使用者クラブに属することがわかったが、それは人間の進化について、あるいは道具を使用する人間以外の動物の認識力について、何か役立つことを教えてくれるだろうか。

道具を使用する類人猿に話を戻そう。私たちがDNAの約九八パーセントをチンパンジーと共有することはよく言われる。しかし、類人猿における道具使用の頻度および多様性と、私たちとの近縁性の間にはっきりした相互関係はない。すべての野生チンパンジーの群は、少なくとも時には道具を使うことが観察されているが、ボノボ（次に人間に近い）は野生状態でほとんど道具を使わない。野生状態のゴリラは非常に稀にしか道具を使わないが、私たちとの近縁性がゴリラほどでないオランウータンは、捕獲状態ではすぐに、また野生状態でも場所によって道具を使うことがある。類人猿の脳の大きさと道具使用の普及度にも、はっきりした関連はない。体の大きさに応じて補正すると、類人猿の中ではチンパンジーが相対的に最大の脳を持つが、それに次ぐのは道具使用で最下位を占めるテナガザル、その次はオランウータン、そしてゴリラという順になる。このように関連性が乏しいにもかかわらず、チンパンジーは依然として私たちと最も近い関係にあり、道具を常用する。私たちは是非ともこれを研究しなければならない。

チンパンジーの道具行動に知能の兆候を探すとしたら、何を探すべきだろうか。どの動物の場合にも、行動は両親から受け継いだ遺伝要因と経験の相互作用の産物だ。もしも道具に関連した行動が一般に複雑な知能を必要とするならば、単なる試行錯誤ばかりでなしに、他者の例の真似も含む長い学習過程が予想されるかもしれない。空間関係あるいは原因と結果のような、理解あるいは認識の証拠を見ることを期待するかもしれない。新しい手法や発明が見られるのを望むかもしれない。人間の行動には、私たちの高度な知識の証拠とも言える二つの特徴があり、最も近い親戚にもそれらを探してみる価値があるかもしれない。二つの特徴というのは教育と文化だ。私たちは子供たちを学校に通わせて学習の手助けをする。チンパンジーは自分の子供に道具を使うように教えるだろうか。私たちが学習することの大部分は、個人的経験を通して学んだものにせよ教わった事柄にせよ、機能的で適応的だが、中には育ってきた文化を表すだけのものもある。その最も明白な例は言語だが、建築物や装飾物における地域差にもそれは見ることができる。まさしく中国風あるいはロシア風に見えるものとか建造物がある。こうした違いに明確な適応上の重要性がなく、「ここではこうする」ことを表現したにすぎない場合には、それは文化的な違いである。それは人間の創造性を表現している。チンパンジーの道具づくりや道具使用には文化的な違いがあるだろうか。

最後に、動物にそれが見られる場合に高い知能（脳の大きさ、学習の過程、文化の伝達）を示すものと思わせられるような道具行動の特徴を挙げてきたので、無脊椎動物の例から得られる明確で重要なメッセージを忘れないようにしよう。ジガバチのハンマー［石粒］やメダマグモの携帯網の例で見たように、道具の使用や、道具づくりさえ、本質的には遺伝的に決定された行動だけで得られるということだ。

ジェーン・グドールは一九六〇年代にウガンダで野生チンパンジーの先駆的研究を行い、彼らが様々な道具を用意し、いくつかの状況でそれらを使うことを明らかにした。[9] 中でも最も印象的なのは、塚の中にいるシロアリを釣り出すのに柔らかい草の茎を用いた例だろう。シロアリの巣の表面を少し壊すと、植物の細い茎をそこから入れられるようになることだけではなく、大型の兵隊アリが巣を守る警戒態勢を取ることがこのシロアリ「釣り」行動の原理になる。巣を守ろうとする兵隊アリは、チンパンジーが穴から差し込む草の茎を顎でしっかり挟む。すると熟練して経験を積んだチンパンジーは、そろそろと茎を抜いて、付いてきた有用なタンパク質源、シロアリを食べる。

ジェーン・グドールの発見によって、野生集団の霊長類で道具使用を探そうとする野外研究が一気に始まった。チンパンジーでは新たな証拠がすぐに明らかになった。別個の場所で、新しいタイプの道具とか別種の道具を使って同じようなことをするという証拠だ。証拠には、社会性昆虫を食べるために使う道具の例がさらに多く数えられ、シロアリばかりでなく、集団で放浪する非常に攻撃的なサスライアリを釣る「アリの汲み出し（dipping）」と呼ばれる方法も含まれていた。長さ六〇センチ、幅一センチほどの堅い棒が、汲み出しで使われる典型的な道具だ。それをつくるには、まず真っ直ぐな枝を折り取り、小枝や葉をむしり取り、時には滑らかな棒にするために樹皮を剥ぐこともあった。

アリの汲み出しをやるときには、まず棒の細い側を、地下にあるサスライアリの巣に差し込む。チンパンジーは片手で棒のもう一端を持つ。巣を守ろうとする攻撃的なアリは群をなして棒を伝って登って来るが、四分の三ほど登ってきたところでチンパンジーは巣から棒を引き抜き、尖った方を口に向け、空いている方の手で数百匹のアリを口に押し込んでから素早く噛む。

さきにも論じたように、堅い棒の道具はチンパンジーがシロアリを食うときにも使われている。コンゴのある場所ではシロアリの塚の壁を壊すために堅い棒が用いられ、次に先がブラシ状になった細い棒が、シロアリを拾って口に運ぶために用いられる。二つの道具を組み合わせて使う「道具セット」だ。道具セットを用いるさらに驚くべき例として、針のないハチ（ついでながら、こうしたハチでも咬まれると痛いことが多い）のコロニーから蜜を取る雌チンパンジーの例がある。彼女は四種類の道具を組み合わせて使う。まず、太いのみ、次に巣の壁を壊すための細いのみ、次に蜜の貯蔵所を突き破るための千枚通しのような道具、そして巣の中に繰り返し差し込んで蜂蜜を付けて取るための浸し棒を用いる。

これもすでに述べたが、東アフリカのギニアのチンパンジーはパームヤシの実を割るのにハンマーと台を使う。この場合、この道具を上手に使うためには、一組の道具と木の実の間に特定の空間関係をつくる必要がある。台は堅くて平らでなければならない。木の実を台に置いてから、何か堅い物で叩かなければならないが、中身を潰さずに殻だけを割るには慎重に叩く必要がある。台を水平にするために、下に石をあてがった例が報告されている。換言すると、道具の働きを助けるために別の道具を用いているのだ。

若いチンパンジーが上手に木の実を割れるようになるには観察学習と練習を要することが、野外観察によって示唆されている。チンパンジーは小さいころから、経験を積んで上手に木の実を割る大人に深い関心を抱き、交流を持つ。彼らは割る手順の真似ごともする。地面を石で叩いたり、手で木の実を叩いたりしてみるのだ。若いチンパンジーが傾いた台の上に置いた木の実を片足の指で押さえて、手に持って振り下ろしたハンマーが効果のない一撃を加える寸前に、足を離すところをフィルムで見たことがある。三歳齢以下のチンパンジーがハンマーと台を上手に使うところは一度も観察されていない。一〇年間観察を続けたグループのなかで、それを習得できなかった個体もいた。

木の実を割るテクニックを教えることについては議論がある。母親チンパンジーがハンマーを台の上に置いておく、あるいはハンマーと台と木の実を全部一緒に置いておくなどの手助けをして子供たちを教育しようとしていると主張する向きもあるが、慎重に解釈するとそれは偶然だという見方になる。確かに教育が行われているとしても、その重要度は、たいしたものでない。

木の実を割る行動は西アフリカの別の場所でも知られていて、ここでは木のハンマーと石の台、木のハンマーと木の台のように、ハンマーと台を用いる他の技法が見られる。これは文化の違いだろうか（「ここではこうやることになっている」の例）、あるいは環境の違い（「ここでできる最善の、または唯一の方法」の例）だろうか。この両者の違いを区別することは難しい。環境がらみの可能な説明を、全部確実に除くことは難しいからだ。アリの汲み出しに使う棒の長さに地域による違いがあるのを野外でさらに詳しく調べた結果は、文化的ではなく環境的な説明を示唆するものだった。咬まれたときの痛みが激しい種のサスライアリを捕らえるときほど、長い棒が使われていたのだ。

けれども、チンパンジーによる道具使用に変異が見られることを示すその他の証拠は、文化的な違いも確かに存在するという考えを支持している。一九九九年にアフリカ全域の野生チンパンジーに見られるすべての行動の地域差が詳しく検討された結果、三九例の異なる行動パターンがあり、そのうち一五例が道具の使用に関するもので、残りは毛づくろいと求愛に関するもので、環境的関係のない地域差が認められた。

自然の生息地でのチンパンジーその他の類人猿のこうした野外研究は、その行動に関して多くのことを明らかにしてきたが、彼らが考えていることについてはあまり多くを教えてくれない。それに関する証拠は飼育されている類人猿の研究を通して得られたもので、児童心理学者が行うようなテストが使われている。

チンパンジーの認識力と抽象的な思考能力を研究するテストを網羅するつもりはない。今の私たちのテーマは、人類進化の理解における動物による道具使用行動とその重要性なので、私は特に道具使用行動が関係する二つの心理テストでのチンパンジーの行動を取りあげたいと思う。このやり方で、チンパンジーが道具を使用するときに私たちのように考えるかどうかが研究できる。第一の課題では、チンパンジーは透明な管の中から褒美を得るために棒でそれをつき出さなければならない。第二の課題では熊手を使って食物を引き寄せなければならない。

チンパンジーに透明な管に入っているピーナッツを見せて十分に長い棒を与えると、すぐに棒を差し込んでピーナッツを反対側に押し出すことを学習する。他の霊長類にもこの道具利用の課題を解決できるものがいる。その一例は南米のオマキザルだ。

ある実験では管と棒の問題を解決する訓練を受けた四匹のチンパンジーに、それを変形した課題を与えた。管の中央にピーナッツが落ちてしまう窪みをつけた罠つきの管のテストだ（図7・1）。ピーナッツは窪みのそばに置かれて、間違った方向に押すと窪みに落ちる。図で見るように、無事にピーナッツを押し出すには、ピーナッツから遠い方の口から棒を差し込まなければならないところに仕掛けがある。四匹のチンパンジーのうち、これを習得できたのは一匹だけだった。だが彼女（ミーガン）は、自分が何をしたと思っていただろうか。穴を避けるという概念を理解していたのだろうか（つまり自分と道具と穴と褒美の因果関係を理解していたのだろうか）。それとも成功する手順の実行を学習しただけなのだろうか。[10]

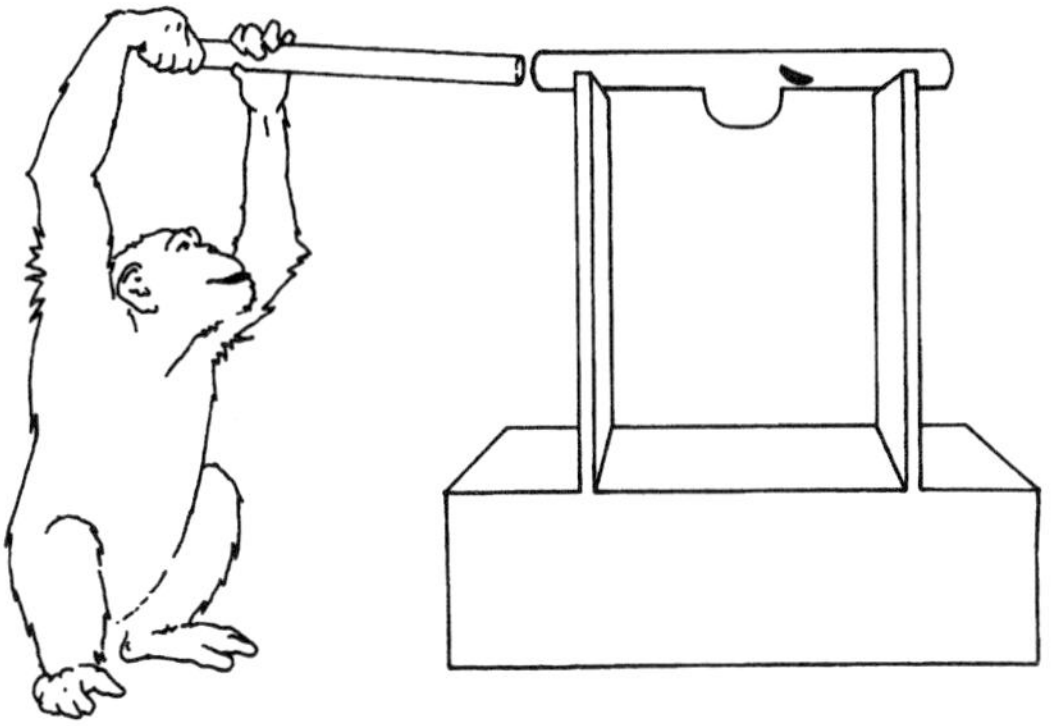

図７・１　窪みのある管を使ったテスト。チンパンジーは道具を使用して、窪みにピーナッツを落とさずに取り出す（Fig.4.1a (p. 110) from D. J. Povinelli, *Folk Physics for Apes.* Oxford University Pressより）。

こうした疑問に対する答えを得ようとして、さらにテストを重ねた。今度は軸を中心として管を一八〇度回転させて、穴が上に来て罠としての用をなさないようにしたのだ。穴に対して同じ位置に置いたピーナッツをミーガンに見せたところ、もはやどちら向きに押しても関係がないにも関わらず、彼女は同じ手順に従い続けた。だがそうすべきでないという理由はあるのだろうか。棒は管の両端に対して中央に置いてあったので、どちらの方向にも持って行くことができた。前に成功したパターンに従ってもいいではないか。だが、食物に近い方の管の端に棒を置いても、ミーガンはピーナッツを押し出すとき棒を管の反対側に持っていった。これは彼女の行動が手順に従ったもので、因果関係を理解した行動ではないという考えを支持する結果だった。

道具使用の第二の課題では、届かないところにある食物を熊手で引き寄せる行動を調べるものだった。チンパンジーに「歯のない」熊手、カジノでチップを集めるときに使うようなものを与えると、すぐにそれでピーナッツその他の物を取ることを学習するのだが、熊手の働きをどのように理解しているのだろうか。

ある実験では七匹のチンパンジーに、それぞれ別個に同じ二本の熊手を与えた。それは水平の横木の両端に一本ずつ、計二本だけの歯をつけた熊手だった。熊手の向こう側、遠い方に褒美を置くのだが、熊手の一本では歯が下向きに、他のもう一本では歯が上向きになっていた。歯を下向きにした熊手は、二本の歯が作るアーチが褒美の上を通ってしまうので明らかに役に立たなかったが、歯を逆向きにつけた熊手ならば、横木の部分が地面を擦るため無事に餌を引き寄せることができた。

私は「明らかに」と言ったのは、それは私たちにとって明らかであるからだ。だが、効果のある熊手とない熊手を選択するチンパンジーの行動はほとんど偶然と言えるものだった。念のため、熊手の歯はその下の隙間を褒美がすり抜けてしまうほどの長さであることにチンパンジーが気づいていない場合を考えて、選択肢は同じだがさらに十分に長い歯をつけた熊手を使った実験もさらにやってみたが、チンパンジーの行動は改善されなかった。

道具を使用するこの種のテストで同じような結果に終わったもの、つまり私たちからするとチンパンジーの行動が驚くほどお粗末と見なされるものは他にもある。しかしこのように見なすのは、彼らが私たちのように行動するから私たちのように考えているという認識にもとづくからである。確かに、これらのテストで彼らは私たちのように考えていない。とりわけ因果関係の理解は我々と比べれば貧弱だ。こんなふうだとすると、チンパンジーによる道具使用の性質を他の哺乳類とか、そして道具をつくり道具を使う鳥の中でも熟達したものと比較することは有用だろう。そうしたやり方によって、私たちは彼

図7・2　オマキザルの道具使用。サルは直立した姿勢で大きな石を落として堅いパームナッツを割る（Pete Oxford/Minden Pictures/FLPA）。

ら（人間でない道具使用者）が自分の使う道具について全体としてどう考えているのか、そしてそのことは人間の進化における道具の役割について何か教えてくれるのかどうかを判断できる。

ハンマーと台を使って木の実を割るというのは、互いに見合う二つの道具を使うことからとりわけ手の込んだ形態の道具使用のように見えるけれども、これはチンパンジーに限るものでなく、野生のオマキザルでも、いくらか簡略化されているが、こうした行動が見られる。[11] チンパンジーの場合と同様に、この行動は適切な環境——ハンマー、台、木の実が手近にあること、他の食物源が限られていることなど——が揃っているときに生じる。

この行動が見られる現場のサルは、石の道具を台として使わない。その代わりに露出した平らな岩を利用するのだが、繰り返し木の実を割って窪みができているものもある。このサルとチンパンジーが木の実を割る行動に見られるもうひとつの違いとして、使用するハンマーの相対的な大きさがある。オマキザルは小柄なので（チンパンジーの四〇～七〇キログラムに対して約三キログラム）、パームナッツを割る時には自分の体重の二〇～二五パーセントの石を持ち上げ、直立して肩の高さから木の実の上に石を落とす（図7・2）。オマキザルの認識能力も、標準的な心理テストを使って研究されているが、窪みのある管のテストで底側に窪みがある場合と回転させて天井にある場合をテストした結果、オマキザルもチンパンジーと事実上同じような行動を見せたことは興味深い。彼らも偶然に有効な方法に行き当たって、それにこだわるだけのことらしく、その効果の原因を理解していたという証拠はない。私はこのサルやチンパンジーの頭脳の限界に対して判断を押しつけようとしているものではなく、単純化された手順が有効であることとの事例と考えているのだ。成功するのがわかった方法に固執することは、結局私たちでも習慣的に取っている方策ではないか。

事例証拠にもとづいて道具を使用するとされるその他数種類の動物もリストに記載されているが、詳しいことがわかっているものは少ない。しかしオーストラリア沖に生息するバンドウイルカ集団の道具使用が社会的学習を通して存続することについては、多少の証拠が得られている。[12] ある場所に生息している数個体は、歯で銜えたカイメンでいつも鼻先を覆っている。イルカが何をしているのか、まだはっきりしたことはわからないが、彼らはこの道具を使って、獲物ばかりでなくオニカサゴやウミヘビのような有毒種が潜む海底を探ったり掃いたりしているように見える。彼らにとって、カイメンは保護手袋のようなものなのだ。少量の生検標本から得られたミトコンドリアDNAの分析によって、これらのイルカが血縁関係のある雌の一群であることが明らかになり、道具使用の習慣が母親から雌の子供に社会的に伝達される可能性が強く示唆されている。

鳥類では哺乳類の二倍の種が存在していることを考慮に入れた上でも、鳥類の道具使用は哺乳類よりも少し多く見受けられる。二〇〇二年に出版された科学文献を調べたところ、明白なあるいは議論の余地のある道具使用の事例の見られる鳥が一〇四種あった。[13] 面白いことに、道具使用の明確な証拠を伴っている種の脳の相対的な大きさは、道具使用種として問題にならない種に比べてかなり大きいことがわかった。しかしその大きな脳が他の行動でなしに道具使用と関係するのかどうか、あるいはより優れた知能を示すものかどうかについては、さらに証拠が必要だ。

同じ調査によると、道具使用がカラスの種に特によく見られるようだが、事例はかなり広範囲に及んでいるので、鳥における道具使用は独立して数回進化してきたものと信じられる。鳥における道具づくりと道具使用の性質に関して最も良い証拠は、二種類の鳥から得られている。それはニューカレドニアガラスとキツツキフィンチだ。

ニューカレドニアガラスはニューカレドニアと周辺のいくつかの太平洋諸島に限定された種で、道具使用種として問題にならないものでないことは確かだ。この鳥は道具を使うばかりでなく道具をつくり、しかも二種類以上つくる。一九九六年にギャヴィン・ハントが道具使用行動を最初に報告したとき、この鳥はちょっとした名士になった。オークランド大学のハントと共同研究者はこの鳥の野外研究を続けて、この鳥が二種類の道具をつくること、その両方が割れ目から昆虫のような獲物を引き出す鉤の原理を用いていることを観察した。[14] 第一の道具は側枝や葉のついていない細くしなやかな枝で、太い側に後方に曲がった突起あるいは鉤がついていた（図7・3a）。この道具は細い小枝の基部を、小枝がついている茎の上部を少し残したまま噛み取ってつくる。細い側を嘴で持って、餌をとる鉤のついた道具として使うわけだ。

ニューカレドニアガラスがつくる二つ目のタイプの道具は鉤の部分にパンダナス（タコノキ）の葉の鋸歯状の縁の部分をそのまま使う。鳥は特徴的な方法で細長い葉を切って道具をつくる。まず嘴で葉の縁に斜めに切り込みを入れて、葉の先端方向に葉脈に沿って裂く。切って裂く手順を多分二回くらい繰り返してから、道具の太い端を決めて新たな切れ込みを入れて裂く。裂け目は細い側から来た裂け目と出会う。こうして「段状に切った」道具（図7・3b）が完成する。鳥は太い方を嘴で持って細い方を割れ目に差し込み、後ろに向かって生えている棘で獲物を引き出すこともできるが、この段状に切った道具はどちらの葉縁からも切り出すことができる。鉤の向きが道具の太い方を向いていることが重要だ。

図7・3　ニューカレドニアガラスの道具作成

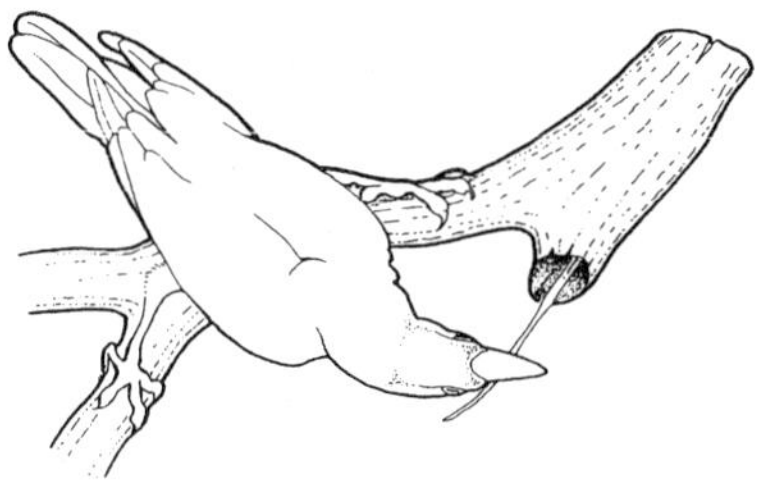

(a)ニューカレドニアガラスは自分でつくった端が鉤状になった道具で洞の中を探る（Macmillan Publishers Ltd: Nature (1996). Gavin R. Hunt (1996). The manufacture and use of hook-tools by New Caledonian crows. *Nature* 379: 249-51 より）。

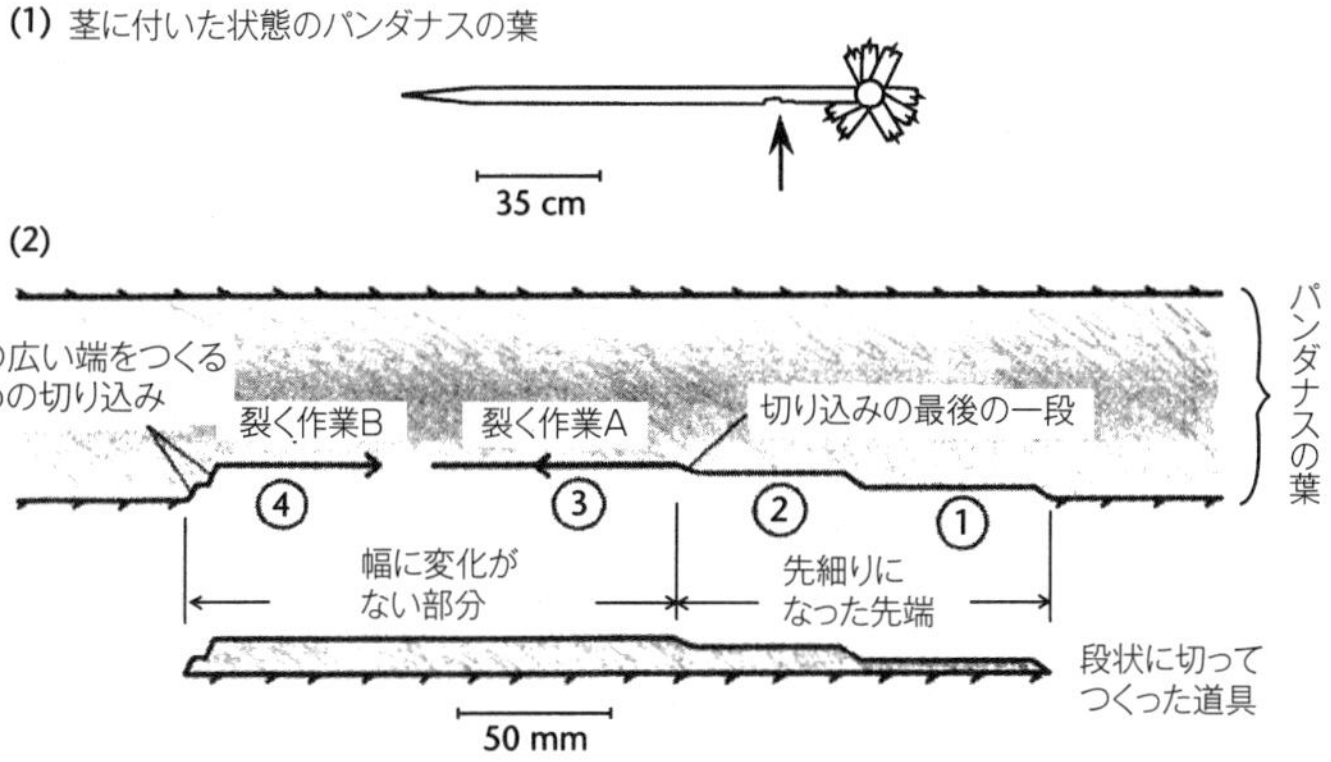

(b)段状に切った道具はパンダナスの葉（矢印）の縁を切り取ってつくる。道具の幅の大きい方に棘が向くように切る。細い方を使って昆虫を隙間から取り出す（Hunt, G. R. (2000). Human-like, population level specialization in the manufacture of pandanus tools by New Caledonian crows *Corvus moneduloides*. Proceedings of the Royal Society of London B, 267, 403-413 と Hunt, G. R. and Gray, R. D. (2004). Direct observations of pandanus-tool manufacture and use by a New Caledonian crow (*Corvus moneduloides*). Animal Cognition 7, 114-120 より）。

一般にカラスの仲間が利口で行動に柔軟性があるという考えを支持する科学論文や逸話はたくさんある。私たちもニューカレドニアガラスが道具づくりとその使用行動においてチンパンジーに匹敵する複雑さを持つこと、それが私たち人間に関する何かを教えてくれる可能性があることを真剣に考えるべきだろう。だが本当のところ、ニューカレドニアガラスはいったい何を考えているのだろうか。

最初、ハントはカラスの行動が大変特殊なもので、「前期旧石器時代後の初期の人間の石と骨の道具を使う文化の中で初めて現れた」道具づくりの特徴を示しているとも評価した。この評価は、カラスの道具をアウストラロピテクスや最初のホモ・サピエンス関連で発見された石器と同等なものと見なしている。[15] この判断はニューカレドニアガラスによる道具行動のいくつかの特徴、特にかなり異なる二種類の道具があること、製造にあたって高度な標準化が見られること、そしてつくるために正確な操作が必要なことにもとづいていた。さらに、どちらにも鉤の原理が取り込まれている点も含めて、道具に機能的デザインの明確な証拠が認められることをハントは重視した。そして彼はカラスが先見と計画性をもつと結論した。これはごらんの通り操作的スキルと認識能力の両者に基づいた結論だ。

私も本当はこれに同意したいところだが、そうはいかない。カラスの行動を類人猿や人間の先祖と比較するように言われると、脊椎動物と無脊椎動物のあらゆる種類の構築行動と比較している自分に気づくのが私の問題点だ。このような背景を考えると、カラスの行動はそれほど卓越したものには見えてこない。

標準化の問題を考えてみよう。本書の第3章で、構築単位の標準化はデザイン的要素が強い規則的な構造をつくる上での小さな脳の解決策だと私は論じた。たとえば段階的に切った道具をつくるときに関係する複雑さや仕事の腕については、第3章でトビケラの幼虫がほぼ長方形に切った葉のパネルでつくる「箱桁」状のケース（巣）の例を取りあげた。私は曖昧にするために「ほぼ」と言ったわけではない。それぞれのパネルは独特の形をしているからだ。前端は凸状、後端は凹状、そして両側面は前部の端よりも大きく凸状になっている。こうしたパネルが組み合わさるとき、四つの各側面において、一枚のパネルの前端の凸状部はその前方のパネルの後端の凹部にはまり込む。そしてこのケースの一つの側面の接合部は、隣り合う二つの側面のそれと半分の長さ分ずれていて、向かい合った二つの側面は一致している。その結果として、箱桁をぐるっと囲んで弱い線が真っ直ぐ通ることがなくなる。私にはこれが、標準化、操作の熟練、機能的デザインの証拠のように思われるのだ。

ニューカレドニアガラスが一つだけでなく二つも標準化されたデザインを異なる材料で、しかも特徴的な仕様につくることは確かに認めるべきだろう。しかしニューカレドニアガラスが必要とする操作の熟練には疑問があるように思う。実際この鳥には、段に切った道具の全ての輪郭面を切ることは必要でない。確かにそれぞれの段階で斜めの切れ込みを入れるし、最後にはパンダナスの葉から道具を切り離すために直角に切り取る必要がある。しかし道具の長さに沿って見られる完全に平行な側面は葉の特長、平行して走る葉脈そのままだ。これは第3章で立証した、材料の特徴を利用することで構築行動を簡単にできるということを思い出させる。

この熟練した技巧の例がどれほど特別なものかを考えてみよう。ある鳥が生（なま）の小枝から全ての葉をむしり取る。そして小枝を折り取るが、きれいに折るのでなくて、折口にしなやかな樹皮が長く舌状に残るようにする。次に鳥はこの小枝を木の枝の先端に運び、舌状の樹皮をそこに巻き付ける。樹皮は乾燥してぶら下がった小枝を枝に留め付ける。鳥は下を向いた管状の入り口がついた吊り下げられた部屋が完成するまで、この行程を何度でも繰り返す。この鳥はアカガシラモリハタオリで、巣をつくっているのだ。

カレドニアガラスの野外観察に関するいくつかの側面、特に段状に切った道具にさまざまな差違があることは、それほど簡単に却下するべきでない。野生の鳥がパンダナスの葉に入れる段状の切り込みの数は一箇所から四箇所までいろいろに違いがある。それに加えて、段がなくて全体の幅が同じものもあり、これにもまた広いものと細いものがある。さらに面白いことには道具の変形型には、環境の差違では一見説明できない特徴的な地理分布が見られる。これはチンパンジーで見られたような社会的学習によって維持される文化的な違いと解釈できるが、この地域的なバリエーションのうちいくらかのものが、遺伝にもとづいている可能性を除外するのは早すぎる。

この時点では、たとえばある種のハタオリドリの巣づくりに地域的なバリエーションが見られると言うことができて、さらにこれが文化的あるいは遺伝的に決定されることがわかっていると付け加えられれば私は満足だ。しかし残念ながらそうはいかないのだが、それは誰も確かめたことがないからだ。そのような違いは存在するかもしれないし、しないかもしれない。現在私はこれを調べる材料を入手しようと、アフリカ行きを計画している。だが、カレドニアガラスの段状の道具に見られる地域差のことを私たちは知っているが、ハタオリドリの地域差のことはわかっていない。その理由は、パンダナスの葉の道具の切れ目の数を数える方が、ハタオリドリの巣に見られる繋がった輪、半結び、引き結びの数と地理的分布を調べるよりもはるかに簡単だからだという結論にならざるを得ない。

カレドニアガラスの野外研究では、また別の証拠が得られていて、それは知的洗練を示唆しているので、考察してみなければならない——「左右差」ということだ。脳梗塞を起こして脳の左前頭葉に損傷を受けたことから話す能力を失った人のことは、聞いたことがある、あるいは知っているのではないだろうか。このことや、また人間の脳の働きに見られるいろんな左右非対称性は、哺乳類に比べて私たちの脳がより高度に特殊化している証拠だ。それゆえ機能の非対称性は、現生人類を特徴づける認知能力の進化において重要な一段階だったと考えられている。人間における脳機能の側性化の行動的証拠の一つは「利き手」、つまり手を使うときに右手または左手のどちらが優位かということだ。カレドニアガラスがパンダナスの葉の左縁あるいは右縁から道具を切り取った後の傷は、野生の状態でこの鳥に左右差があることを示している。捕獲した四羽の野生のカレドニアガラスを調べてみたところ、道具の持ち方に左右差が見られた。二羽は道具の仕事に使わない方の端を左側の頰の側に持ち、残りの二羽は右側に持った。野生あるいは捕獲されたチンパンジーの場合にも同様な利き手が見られた。

カレドニアガラスが道具をつくり、使うときに考える仕方は、実験心理学的アプローチによって、特にアレックス・ケーセルニックが率いるオックスフォード大学の研究グループによって理解が深められた。たとえば前述のチンパンジーで行った実験と非常によく似た実験では、野生で捕らえた二羽のカラスに透明の管の中に入れた食物（この場合には肉）を与えた。管の中から肉を押し出すのに、さまざまな長さの棒を与えたところ、カラスはすぐに与えられた道具を使った。一般に、彼らは管の端から端までの長さと同じ長さの棒、あるいは与えられた棒のうちで一番長いものを使い、少なくともチンパンジーと比べられる程度の能力を持つことを実証した。

鉤状の道具の操作に関する彼らの理解力をテストするためには、捕獲した野生のカラスに縦の透明管の底に置いたバケツの引き上げに使う針金の道具を選ばせた。カラスはこの課題を解決できることを実証した。真っ直ぐな針金と先が鉤状になったものを与えると、彼らは後者を選んだ。それだけでなく、真っ直ぐな針金しか与えられなかった一羽のカラス（ベティー）は、バケツを回収するために自分で針金を曲げて鉤をつくった。[16] それは洞察と発明の例ではないだろうか。これを調べるために、今度は針金の代わりにアルミの細長い薄板でベティーに鉤をつくらせようとした。[17] 針金とは違う材料であること、そして長方形の材料は一面しか曲げられないことから、鉤をつくるには新しい行動が必要になるだろうという理屈にもとづいた実験だった。三回目の試行で彼女は新しい鉤状の道具をつくって、それを上手に使うことができた。

この鉤状の道具の実験結果に関する研究者たちの解釈は非常に慎重だ。彼らは次のようなことに注目した。最初ベティーは細長いアルミニウム片を針金のように扱い、すぐにそれが異なる特性を持つことを学んだ。しかしそれを上手に曲げた後に行った試行でも、最初はまず曲げていないアルミ片で肉を取ることに固執した。彼らはベティーが洞察力を示していないが、単に手順を追っているだけでもないと結論した。彼女にはいくらかの理解力があり、その点はさらに研究が必要だ。彼女の行動を説明するときに問題になるのは、野生のものを捕らえてきたのでそれ以前の経験が全くわからない点だが、鳥小屋で育てた鳥の結果が次第に入手できるようになっている。

手飼いで育てた二羽のニューカレドニアガラスの若鳥を、様々な形や大きさの棒が入った鳥小屋に一緒に入れた。育ての親の人間が、定期的に小枝を使って、届かない場所にある食物をとる方法を実演して見せた。カラスはそれを注意深く見ていた。どちらのカラスも小枝を扱うようになり、それを使って食物を取るようになった。別の二羽のカラスをそれぞれ別々に鳥小屋に入れて、道具を使う指導は行わなかった。どちらの鳥も指導を受けた二羽と同じくらいの早さで小枝を使い始めた。[18] 実のところ、一羽で小屋に入れたカラスの片方は、パンダナスの葉を与えた初日に側面が平行で鉤のある道具を切って裂いて切る行動でつくり、直ちに食物を隠した割れ目にそれを持って行って探り針として使い、後に鉤のついた道具として使って成功した。

ニューカレドニアガラスは、ある種の道具をつくって扱う強い遺伝的傾向を持つようだ。野生では試行錯誤学習が重要かもしれない。社会的な学習も起こる可能性があり、観察された地域差のうち少なくともいくらかはそれが関与する可能性がある。しかしこのカラスに見られる道具使用、そして道具づくり行動の基本要素のうち一部のものの説明には、そのどちらも必要ないかもしれない。無脊椎動物の道具使用についても、結局のところ同じことが言えるだろう。また私たちは、遺伝的に決定されている強力な個体発生上の方向づけと結びついた複雑な学習を通して行動が発達するのを見ても、驚くべきではないだろう。そのようなシステムは鳥のさえずりなどの例でよく知られている。家畜化された動物の例でこれに似たものはシープドッグ（羊飼犬）の行動だろう。シープドッグの競技に参加するボーダーコリーのようなタイプのシープドッグのことだ。

観客は犬が飼い主の奇妙な笛やかけ声に反応して、渋っている五匹の羊の回りを駆け回ったり、伏せたりしながら小さな囲いの中に追い込むところを見る。忍耐強い訓練が関係することは明確だ。しかしこのシープドッグのチャンピオンは、羊を追う才能のゆえに代々繁殖させてきた系統から出た犬だ。そして持ち前の行動（伏せること、羊を見つめて回りを回ること）によって子犬のころに慎重に選抜された。こうした遺伝にもとづいた形質のおかげで、この犬は訓練を受けてチャンピオンになることができる。

ここで道具使用に関してニューカレドニアガラスと同じくらい有名な別の鳥にスポットライトを移したい。ガラパゴス島のキツツキフィンチはチャールズ・ダーウィンによって初めて収集された。進化の過程の古典的な例として他の「ダーウィン・フィンチ類」と共に有名になったが、最初はパリッド（ぱっとしない）・フィンチという期待に反する名前で知られた（学名［学小名 *pallida*］には残っている）。しかし二〇世紀初期に、この鳥が嘴にくわえたサボテンの棘など、鋭いものを使って割れ目の中から昆虫を取り出すことが発見された。この鳥は道具の使い手として名声にふさわしかった。そしてキツツキフィンチという、より魅力的な名前に改名された。この鳥は道具づくりもする。サボテンの針や植物の枝を折り取るだけでなく、チンパンジーが穴を探る道具をつくるのと同じように短くしたり、横に出ている部分を取り除いたりして道具をつくる。

それではキツツキフィンチの道具行動の発達には社会的学習も関係しているだろうか。これは次のような方法で確かめられた。道具を使えない一〇羽のキツツキフィンチの成鳥を、道具を使う数羽の仲間と共に鳥小屋に入れた(19)。一〇羽はすべて、道具を使えないままだった。次に七羽の未熟な若鳥を、道具の使用経験を積んだ鳥と一緒にしたところ、すべての若鳥が道具の使い方を学習した。だが結論を急ぐ前に言っておくと、訓練係がいない対照区の若鳥も、同じくらいの速さで道具を使用するようになった。この種の場合には、野生状態の中で社会的学習が起こるとしても、それは必須ではない。

当然のことながら、キツツキフィンチでも食物を入れて横にした寝かせた透明の管のテストが行われた。いろんな長さの棒を与えた五羽の鳥は、どれも最後には管から食物を押し出す道具として棒を使った。しかし彼らが棒の長さを仕事に合わせようとした明確な証拠は得られなかった。ただし二羽は、最初に上手くいかなかった場合に、次はもっと長いものを選ぶという上手な戦略を用いた。

二番目のテストでは、棒の両端に小片が十字に着いていて、少なくとも一方の小片を取り除かなければ管に差し込めないような道具、いわゆるH字形の道具を与えた。テストした五羽のうち三羽は問題を解決したが、深い洞察力を示すようなものではなかった。二羽は一四回の試行に一五分かかり、三羽目は二一回かかった。三羽とも、成功した後も失敗を続けた。たとえば一羽は、何度も一端から十字につい た小片を取り除いてT字形をつくってからも、小片の残っている側を管に差し込もうとした。

面白いことにチンパンジーでH字形の道具と管のテストをやってみても、洞察や理解の点でキツツキフィンチと同じくらい疑わしい結果が得られる。どちらの種にも強い固執が見られて、何かが上手くいくまで作戦を変えながら行動を続けた。

窪みのある透明な管から褒美を取り出すという（図7・1）、チンパンジーで試したテストをキツツキフィンチでも試みたところ、六羽のうち一羽しか問題を解決できなかった。この雌鳥（ローザ）に窪みが天井にあるので窪みとしての用をなさない管のテストを行ったところ、チンパンジーとは違う行動をとった。チンパンジーは、それでも食物が穴に落ちるかのような行動を取ったことを覚えているだろう。しかしローザは上にある「窪み」の位置とは関係なく、管の一端から食物を取り続けた。もしかしたら彼女は窪みが用をなさないことを理解したのかもしれないし、成功した手順に従っただけなのかもしれない。

動物による道具づくりと道具使用の重要性をまとめなければならないが、その前にイヌの行動について次のような話を聞いたことがあるだろうか。

電車の中で新聞を読んでいた男が目を上げると、向かいの座席の男がイヌとチェスをしていた。口を挟まずにはいられなくなった男は身を乗り出して「賢いイヌだねえ」と言った。「そうかい？」と飼い主。「彼はまだ一度も勝ったことがないけどね」。

動物の知能に対するあなたの態度はロマンチックだろうか冷笑的だろうか。動物による道具使用の分野では、解釈に気質が入り込むのを完全に防ぐことは難しい。カラスと類人猿の知能を比較した二〇〇四年のバランスのとれた学術的な概説は、ニューカレドニアガラスについて「道具づくりと使用において並外れた技量を示す」と述べている。少なくとも「つくる」ことについて、私はそれをとても事実とは考えられない。インスピレーションや新しい手法の証拠を説明するときにも、動物を賞賛することには慎重になるべきだと私は考える。私たちは遺伝的に決定された素因や発達の方向付けの力を忘れてはならない。行動の柔軟性の中にも、遺伝的にプログラムされた反応が含まれているかもしれない。私自身の研究から例を挙げよう。

トビケラの幼虫は箱桁状のケース（巣）をつくるために標準化された木の葉のパネルを切り取り、個々のパネルの長さを決定する際に柔軟性も見せる。さきにも説明した通り、一つの面のパネルの接合部は両隣の側壁のものと半パネル分ずれていて、向かい合う壁とは同じになっている。これによってケースの強度が増す。数年前に私はある実験をやってみた。ケースの前端で四つの縁を切り揃えてしまったのだ。幼虫は前端に違う長さのパネルを付け加えて、隣同士の側面がずれた状態を回復させた。もしもそれが遺伝的に決定された反応以外のものだったら私は驚くことだろう。

捕獲されたチンパンジーで行われた心理テストは、自然の道具使用集団が道具の働きについて理解しているように見えても、どの推理の過程も私たち自身のものほど複雑ではないことを示している。私たちは目で見えない原因を心に描くことができるので、問題解決のために抽象的な概念戦略を考える。チンパンジーの論法は、触れられて目で見えるものにもとづいているとダニエル・ポヴィネリが優れた著書『類人猿のための通俗物理学（*Folk Physics for Apes*）』（二〇〇〇年）で述べている。彼によると、チンパンジーはいくつかの点では自分を取り巻く世界の本質について私たちよりも正確な見識を持つという。これによって、私たちに理由がわからないときにも一つの事柄が別の事柄のきっかけになることを非常に効果的に判断できるのかもしれない。

ポヴィネリの結論は、私たちには複雑に見える行動の目的を、より簡単な手法とより単純な脳で達成できる効果的な方法があるかもしれないという本書でずっと続けてきたテーマを補強する。ここで私たちは、大きな脳を持つものと小さな脳を持つものの比較をするのでなくて、大きな脳を持つ集団としての私たち人間と、少々小さな脳を持つ挑戦者としてのチンパンジーを比較するのだ。

『類人猿のための通俗物理学』は、類人猿に見られる道具使用の分布を説明している点でも興味深い。チンパンジーを別にすれば野生の類人猿による道具使用はほとんどないことを覚えているだろう。しかし捕獲された状態では、オランウータンもチンパンジーに匹敵する道具使用行動を見せる。水を得るために木の葉をスポンジ代わりにする、食物を取るために棒を使う、そして檻のドアのレバーを操作して開けることとさえする。それと偶然に一致して、類人猿のうちで鏡に映る自分の姿を見て自分を認識したかのような反応を見せるのはチンパンジーとオランウータンの二種だけであることが記録されている。厳しい解釈を示すポヴィネリは、チンパンジーとオランウータンが「自己」の心理学的概念を持つとは考えず、鏡像に当てはまることはすべて彼らに当てはまることと認識していると考えた。さらに興味深いのは、彼がこの本の中でこれら二種による鏡像の自己認識と道具使用の進化を関連づけていることだ。それを関連づけるのは体重だ。

体重が七〜一〇キログラムのテナガザルは他の多くの種のサルと同程度の重さで、優雅だが比較的型にはまった動きで枝から枝に移動する。その結果、彼らは効果的な道具使用や道具づくりに必要な姿勢の認識を持たないとポヴィネリは論じる。オランウータンの雌はずっと重い（雌は三〇〜五〇キログラム、雄は八〇キログラムにも達する）。彼らの動きは大いに違っていた、両手両足で摑み、体重を巧妙、柔軟に移動させて木から木へと器用に移動する。こうしてオランウータンは高度に発達した体の動きと姿勢の認識を進化させた（運動感覚の自己認識）。これによって彼らには道具を使用する能力が与えられる。野生ではいつも木の中にいるからこの能力を発揮しないが、捕らわれた状態では地面の上で過ごし、手が空いている時間が長くなるので能力を発揮できるのだ。この説明によると、チンパンジーもこの姿勢の自己認識によって樹木間の移動が容易になる大きさの範囲に入る。しかし彼らはかなりの時間を地上でも過ごすので、道具をつくって使用する能力を生かすことができる。だが、ゴリラはなぜほとんど道具を使わないのだろうか。この推論によると、類人猿の中で最も重く、樹木の中の生活に適応しなかったため、彼らは有能な道具使用者になるための運動感覚の自己認識を持たないのだという。

これは巧みな説明で、一見したところ二つの別個の能力、道具の使用と自分の鏡像に対する反応を結びつけている。けれども私はそれに関して、いくつかの点で疑念を持っている。その一つは特定のもので、もう一つは一般的なものだ。特定なものの方はボノボに関することだ。ボノボはチンパンジーとほぼ同じ大きさで身体的にもよく似ているので道具を習慣的に利用するはずなのだが、野生状態ではそうではないようだ。カンジという捕獲されたボノボは、捕獲されたオランウータンと同じような能力を示す証拠が得られている。鋭い石の薄片を与えられたカンジは、人間の動作を真似てご馳走を手に入れるために紐を切った。また、人間の専門家が正確な方法で石の薄片をつくるところを見て、堅い床に石をたたきつけるという独自の「薄片づくり」の方法も発明した。

一般的でさらに重要な疑念は自己認識と道具使用の説明に関すること、すなわち道具関連の行動がここでもまた、他の物体操作から分離されていることだ。ゴリラ、オランウータン、チンパンジーはどれも寝床を木の上や地面にしつらえて夜を過ごす。これは習慣的な行動だ。チンパンジーは一般に毎晩新しい寝床をつくり、昼寝をするときにはそれほど手をかけない巣をつくることもある。彼らの巣の構造や巣づくりの行動を、道具を使用する行動とあわせて詳しく比較してみたいものだ。また、棘のある葉を折りたたんで口に刺さらないようにして食べるゴリラの巧妙な操作については、どうなのだろうか（第1章、二二一〜二二二頁）。それは彼らが道具をつくるための操作の熟達と空間認識を持つことにならないだろうか。

「道具、動物の知能」説はどうだろうか。無脊椎動物の例からわかるように、道具使用と道具づくりは小さな脳を持ち、遺伝的に決定された行動をとる動物にも見られる。道具をつくって操作することの難しさに関しては、動物がつくる道具のうちで、動物がつくるその他多くのものと比較した時に特に複雑に見えるものは一つもない。道具をつくる類人猿や鳥の例を見ると、私たちと比べれば単純ではあるものの、自分のしていることをある程度理解しているようだ。慎重な実験によってその点は少しずつ明らかにされてきた。だが、特に道具をつくる鳥からは、強い遺伝的素因を持つ証拠も得られている。その場合、「道具はそれほど有用でない」説を支持するためにどのようなことが言えるのだろうか。

道具を使うには、保持しなければならない。それで、たとえば道具を使う鳥の場合には嘴を直接使って餌を取ったほうがいいのではないだろうかと問うべきだろう。道具を使うチンパンジーや虫たちについても同じことを問うべきだろう。第3章で見てきたように、たいていのものをつくるときには確かに口や脚が使われるが、それは道具を使うときを別にすれば、つくるときにだけ用いられる。完成した棲家(すみか)や網が、つくり手の環境支配を拡張する役割を担い続け、つくり手の脚や口は自由に他の仕事をすることができる。道具は、使っている間ずっと口や脚の自由を拘束する。そして、その動物の空間的な影響はほとんど拡大されない。そうしてみると、道具はいったいどれだけの利益をもたらすのだろうか。

道具をつくったり使ったりする無脊椎動物は、このような能力を持つための小さな脳のルートがあることを教えてくれる。しかし全無脊椎動物の種の総数が数百万に及ぶことを踏まえると、道具行動が見られる無脊椎動物の種は非常に少ない。全体としての構築を行う無脊椎動物と比較しても、道具を使用する無脊椎動物がこのように芳しくない結果しか収めていないことは非常に印象的だ。たとえば単独性のハチの巣づくりはハチの社会生活の進化にとって重要であり、様々な新しい生息地への進出を助けたと考えられる。巣づくりは、社会的昆虫一般の進化において中心的な役割を果たしただろう。いずれにせよ、クモの網づくりの進化がその進化的多様性にとって重要な刺激の一つだったことに疑問の余地はない。また、飛ぶ昆虫の生態と進化に対する造網性クモの重要性を私たちはまだ十分に評価できていない。それに比べると無脊椎動物の進化に対する道具使用の影響は、事実上無かったに等しい。それはこれらの動物に十分な知能がなかったからだろうか。この章で見てきた証拠から考えると、この主張は説得力が乏しい。

人間以外の高等動物における道具使用の重要性と進化に対する影響はどうだろうか。道具に完全に依存している種は、私たち人間を除けば皆無だ。鳥や哺乳類の道具使用の大部分は、食物の採取に関係している。野生のチンパンジーはすべて道具を使用すると思われることを踏まえた上で、それを利用して得る食物の割合はどれくらいになるのだろうか。意外なことにまだ詳しい情報は得られていないのだが、野外研究の経験が豊富な二人の霊長類学者、ビル・マッグルーとリチャード・ランガムが、ウガンダの二つの場所での一般的な見積もりを私に教えてくれた。一つの場所（ゴンベ）では、植物の細い茎を塚に差し込む「シロアリ釣り」に掛ける時間は、それが可能な場合には、一年あたり約三ヶ月の歩行時間の約一五パーセントを占めるという。別の場所（カニャワラ）では、道具使用が関係する摂食行動の割合は年間にわたって一パーセント以下だった。このように、どちらの場所でもチンパンジーは食物を得るときにそれほど道具に頼らなかった。

ガラパゴスのサンタクルズ島に生息するキツツキフィンチの野生集団の研究によると、生息地の中でも湿度が高くて深い森林の中ではほとんど道具を使わないことがわかった。しかし生息地の中でも乾燥した地域では、乾期になると食物の五〇パーセントを道具で得る。少なくともこの鳥の生息範囲においてはかなりの影響が見られるが、道具を使用する他の鳥の例ではどれだけ一般的なのだろうか。ニューカレドニアガラスのデータが得られれば、特に興味深いことだろう。

道具を使う鳥の中でも最も進んでいるキツツキフィンチとカレドニアガラスの両者とも、道具に関する行動を進化させた生息地が島であったことは特筆に値するかもしれない。そのような環境は餌の量や質に制約があるかもしれないが、多すぎる競争者から守られているので、比較的効率の悪い採取方法でも進化が可能になることもあるだろう。

ニューカレドニアガラスは比較的大きな脳を持ち、鳥全体から見ても概して大きい脳を持つものの仲間に属する。記録によると数種類のカラスの仲間が道具を使用するが、そうしたカラスではそれ以外の行動（第1章二二頁で取りあげた食物を隠して回収する行動など）にも賢さと柔軟性が見られる。それならば、比較的大きな脳を持ち賢いという評判があるオウムに、野生で道具の使用例が非常に少ないのはなぜだろうか。珍しい例では、足で持った太い棒で木の幹を叩くヤシオウムの求愛ディスプレーが観察されているが、キツツキフィンチやニューカレドニアガラスの基準に照らすと、それほど印象的なものではないかもしれない。オウムには手として使うことができる鋭く強力な嘴と足の組み合わせがあるので、道具使用がほとんど不必要なのだろうか。

捕獲されたサルや類人猿の研究でも、自然界で道具使用が見られない種が捕獲状態でそれを使う能力をいくらか見せるという証拠が得られている。たとえば四匹のテナガザルに、歯のない熊手で食物をとる課題を与えたところ、指示を与えなくても全部のサルが最初の試行で一分間以内に成功した。サバンナモンキーやワタボウシタマリンはどちらも訓練によってそのような熊手で食物を取れるようになり、基本的なテストに変更を加えたところ、それを効果的に用いる方法をいくらか理解している様子が見られた。野生状態で道具使用により一層の選択的優位性があったならば、それはサルや類人猿にかなり広まっていたかもしれないことをこの証拠は示している。

一般に脊椎動物にとって道具を使用することは進化で重要な結果をもたらさなかったが、構築行動では違っていた。それは特に鳥の巣づくりや齧歯類の巣穴の例に見ることができる。私は「道具はそれほど有用でない」説をさらに追求する必要があると思う。もしもそれが真実ならば、道具の使用が動物界の中で繰り返し進化しては結局は再び姿を消したことも示唆されるわけだが、残念なことにその検証は難しい。けれどももしそうであれば、人間の進化における道具の役割は、おそらくたった一つの見事な例外になるのだろう。

この三〇〇万年にわたるヒト科動物の脳の増大が、手を一般的な移動運動から解放して道具をさらに使用できるようにしたことと関係していた可能性はあるが、これもまだ議論の余地がある。強力な対抗説の一例としてマキャヴェッリ説がある。だが、もしも道具が人間の進化を形成する上で本当に重要だったとすると、他の種が失敗したのになぜ人間だけが成功したのだろうか。道具に取るに足りない価値しかないか、あるいは重要な利益をもたらすかという二者の違いは社会的協力によって生じるのではないかと私は考えている。群で狩をすると、一人か二人が棒の武器を持っているだけでも殺せる獲物の大きさに違いが出るかもしれない。道具行動を他の構築行動から分けることは基本的な誤りだと私は考えているので、そこに話を戻してみたい。巣づくりは類人猿の全部に見られる行動で、おそらく道具の使用と同じくらい昔からヒト科動物の進化において歴史があっただろう。社会的協力や便利な道具が、より大きな住居や、あるいは防御のための柵や溝を設けることに通じた可能性もある。こうしたことが重要な利益をもたらして、道具と同じくらいにヒト科のつくり手の世界を変えたこともありえただろう。

さてそこで、道具の使用はどのような種類のマジックだろうか。それは部分的には幻想なのだが、その部分はそのまま楽しんで受け取っておこう。だが、私たちが大きな脳、高い知能、優れた技量を持つようになった方法を理解することは重要だ。道具はそこで重要な役割を果たしたかもしれない。道具を使用する鳥や霊長類についてもまだ多くのことを理解する必要がある。私は新たな興味深い結果を期待している。

第8章

「美しい」あずまや？

鳥の本の中の挿絵であっても、それを芸術作品と呼ぶことに躊躇はない。しかし、この挿絵の大きさはそれが特別な本であることを感じさせる。その本は縦五四センチメートル、横六八センチメートルで、挿絵は見開き頁一杯に描かれている。一八四八年に出版されたジョン・グールドの『オーストラリアの鳥類』第4巻の図版8だ。ここには雄と雌のマダラニワシドリが描かれている（図8・1）。

実物大で描かれたこの鳥は、雌雄どちらも茶色の羽でまだら模様、そして雄だけには首の後ろに紫桃色の羽がある。しかしこの絵にはそれ以上のことが描かれている。美しく、そして驚くほど正確に詳細が描かれているのは雄が求愛用につくったバワー（あずまや）で、つまり雌を誘うための構造物だ。この絵は博物学者また発行者だったジョン・グールドの努力のたまものだが、版の左下の 'del.& lith. By J. & E. Gould'（描画と石版刷り）というのは、この大作品のアーティストとしてジョン・グールドの妻エリザベスの功績も記憶に残すために記されている。

ニワシドリ科はオーストラリアとニューギニアにだけ生息する少数派で、わずか二〇種にすぎず、全部ではないが大部分の雄がバワーをつくる。[1] この科以外で求愛のために特殊な構造物をつくる種はいないし、これに匹敵する複雑さを持つ構造物をつくるものもいない。

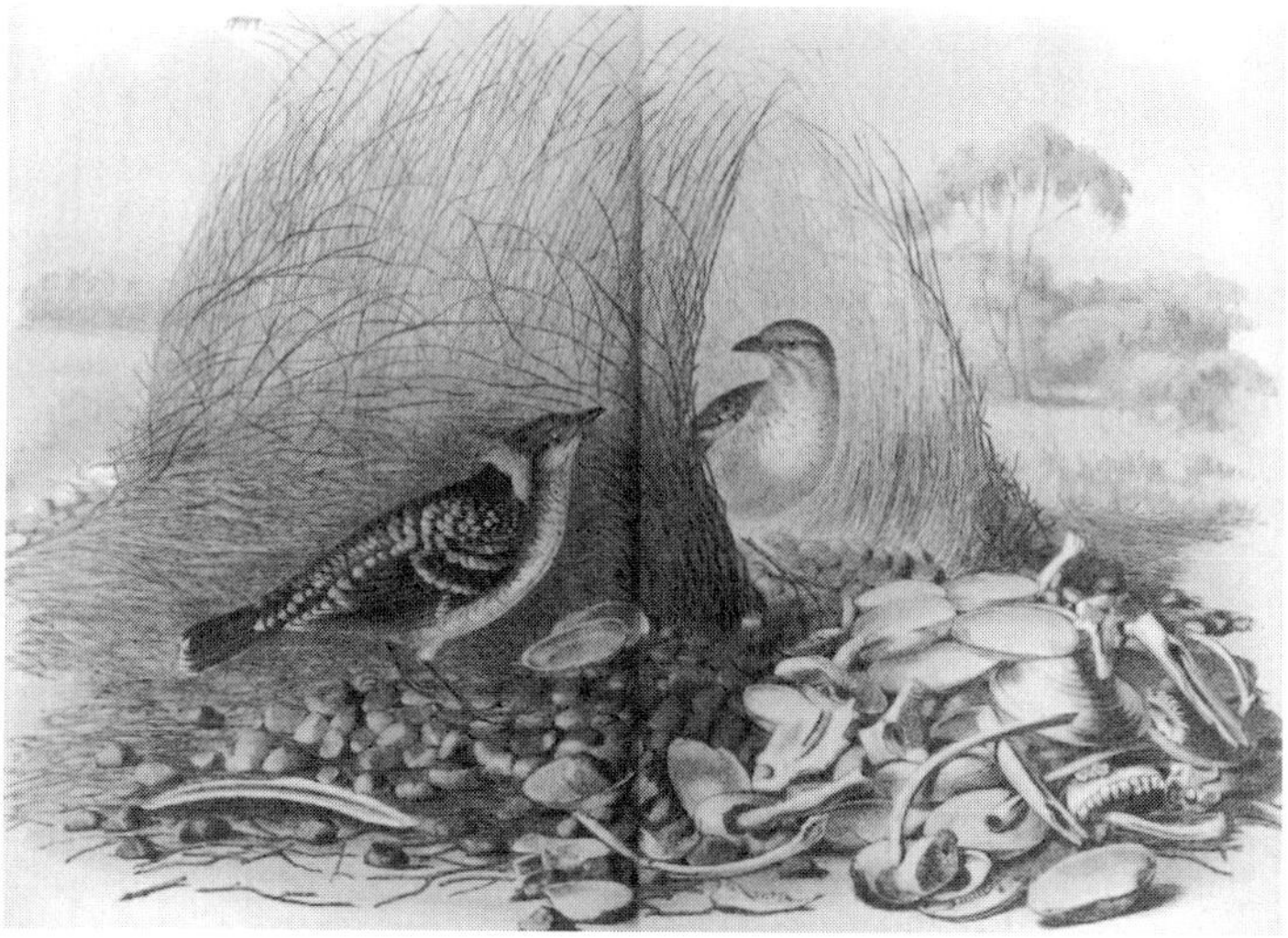

図8・1　マダラニワシドリのアベニューのディスプレー。ジョン・グールド『オーストラリアの鳥類』（1848 年）にジョンとエリザベス・グールドによって描かれた素晴らしい見開きの挿絵は、雄のマダラニワシドリがバワーの外でディスプレーを行い、用心深い雌が中に立っている様子を示す（玉川学園教育博物館）。

雄のマダラニワシドリは乾燥した細い草の茎を集め、それを立ててアベニュー〔道路〕をつくる。茎は立ち上がるにつれてアベニューの中央に向かってカーブを描く。グールドが正確に描いたように、雌はこのアベニューの中で、雄がディスプレー〔求愛の誇示行動〕をするところを注視する。グールドはアベニューの入り口の部分から、雌の前にこぼれ出ているゴツゴツした黒い小石、さらにその先に散らばる日にさらされて白くなった哺乳類の骨や二枚貝の殻も描いている。これは巣のようには見えないし、巣ではない。マダラニワシドリの巣というのは、ディスプレーの後に木の中につくられるカップ状の小枝に掛けられ、これは雌が単独でつくる。バワーは雌を引き寄せる仕掛けにすぎない。

グールドは、彼の本の見開きたっぷり二頁の広さを充てても、細部は多少コンパクトに纏めなければならなかったようだ。骨や貝殻は合計すると一〇〇〇個以上になり、アベニューの端から二メートル広がることもあるからだ。だがグールドはアベニューの出口近くに暗色の石、離れたところには白い骨や貝殻というふうに淡色と暗色の装飾品の区別を正しく描いている。

グールドの観察から一五〇年以上を経て、雄のマダラニワシドリがバワーの装飾に利用できるものの種類は人間の不注意から増大してきた。今では黒い小石の代わりに割れた瓶のかけらを始め、他の光る製品がよく利用されるようになった。車のキーが使われていた例も報告されている。これらすべては何を意味し、それはどのようにして進化したのだろうか。このような本の最後の方になると、必ずと言っていいほど、それは芸術かという自制心に欠ける問いが少なくとも一つは顔を出すので、それも取り上げておきたい。こうした全部の疑問が、この章の主題になる。

グールドの絵はある一つの点で著しく誤解を招きやすい。絵は非常に静寂な、ほとんど静止状態とも言える場面を表しているが、現実は大きく異なる。最初バワーへと続く白い骨の道に導かれてやって来た雌は、確かに草のアベニューに踏み込むが、雄がディスプレーをしている間、ほとんど受動的なままにとどまり、雄と交尾する前あるいは後に飛び去る。雄のディスプレーは熱狂的で、時に威嚇的になることもある。雄は雌に突進して、空中に飛び上がり、装飾品を乱暴につつき、時にはそれを嘴(くちばし)でつまみ上げて周囲にばらまく。それと共に雄は羽を交互に膨らませたり寝かせたりして、鮮やかにピンクがかった首の飾り羽も寝たり立ったりする。この間ずっと、ジュッジュッ、キーキー、ヒューヒューなど機械的あるいは音楽的な音を出し続けている。そこには他の鳥のさえずり、犬の鳴き声など、模倣とわかる音も含まれている。雌のための特別な観覧席の前の特設ステージで行われる雄のマダラニワシドリの求愛は、歌と踊りのワイルドな行動だ。このディスプレーにはいくらか説明が必要だ。

マダラニワシドリのアベニュー型のバワーは、ニワシドリ全種がつくる二種類の基本デザインの一つだ。もう一つはメイポール型と呼ばれるもので、林床に生える若木の回りに柱状に小枝を積んでつくる。異種のニワシドリのDNA配列から、これら二つのデザインがニワシドリ科の二つの異なる系統を表すことが確認されている。現在最もよく研究されているのがアベニューをつくるもの、とりわけいま書いてきたマダラニワシドリと、別のオーストラリア種であるアオアズマヤドリだ。

メイポールをつくるもののうちで比較的よく研究されているものはニューギニアで見られるチャイロニワシドリだ。この種がつくるメイポールは細い若木の回りに最大二メートル半の高さまで小枝を水平に積み上げたもので、白っぽい粘着性のものが塗りつけられている。この大きな構造物は雄のニワシドリの約一〇倍の高さがあり、雄の暗色の糞で染められた枯れたコケが正確な円形に置かれた平らな場所に立っている。その外側には様々な装飾物が種類別に丁寧に積まれている。ニューギニア東部のクマワ山の例では短い黒い小枝、丁寧に並べた八枚の緑色の葉、三二本の黒色で長い枝の束、二〇三個の茶色いドングリ、一八個の茶色いカタツムリの殻、二四三個の灰色のカタツムリの殻で飾られていた。そしてメイポールには、各々長さ一メートルのアダンの葉が三枚、はしごのように立て掛けられていた。装飾物の全重量は約三キログラム、平均的な雄の体重の二四倍だった。

これだけでも十分注目に値することだが、このチャイロニワシドリ集団から二〇〇キロメートル離れたワンダメン山地には全く違うデザインと装飾のバワーをつくる雄がいる。(2) こちらの雄がつくるメイポールには粘性のあるものが塗られていない。そしてメイポールは小枝でできた円錐形の屋根を持つ小屋で囲まれ、片側は新鮮な緑色のコケを敷いた前庭に向かって開いている。たくさん飾られている装飾品は灰色や茶色でなく、明るいはっきりした色、青、オレンジ、赤い小果実、赤い葉、黒いサルノコシカケ、茶色い甲虫の翅鞘（ししょう）が種類別に丁寧に積み上げられている。

これでもわかる通り、雄のニワシドリのバワーは複雑さ、そしてメイポール型の方は大きさの点で度を超したつくりをしている。クイーンズランド北東部に生息する美しいカナリア色をした雄のオウゴンニワシドリは、低い位置でつるのような水平の止まり木によって繋がっている隣り合う二本の若木の周囲に小枝を積んで、メイポールデザインの変形とも言うべき一対の塔をつくる（図8・2）。このバワーはずっと決まった場所にあって、何年間も材料が付け加えられていくうちに二メートル以上になることもあり、小さな雄はサルオガセのような地衣類や乳白色の花で飾った塔の間のプラットフォームに止まって、他の鳥や昆虫の鳴き声を真似た音で自分を宣伝する。

図8・2　バワーの上のオウゴンニワシドリ。この種に特徴的な小枝を積んだ2つの塔の間の止まり木に、オウゴンニワシドリの雄が飾りにする白い花を持って立っている（Michael & Patricia Fogden/Minden Pictures/FLPA）。

チャールズ・ダーウィンが一八七一年に著書『人間の進化と性選択』の中で言及しているのは、まさにこの雄のニワシドリのディスプレーのことだった。一八三六年初頭にビーグル号が母国に向かう途中、ダーウィンはオーストラリアに立ち寄っているが、ジョン・グールドが一八四〇年八月二五日にロンドン動物学協会のメンバーに向けた講演でマダラニワシドリとアオアズマヤドリのバワーの標本を見せた時に、初めて雄のニワシドリのディスプレーの複雑さに気づいた可能性がある。一八四一年に大英自然史博物館が集めたものの中にこれら二種のニワシドリのバワーが一個ずつ含まれていたことがわかっていることから、『オーストラリアの鳥類』（一八四八年）のグールドの挿絵はまさにこの標本のものだった可能性が高い。その後それは行方不明になった。一〇〇年後の一九四一年に博物館が焼夷弾を受けて破壊されたときに焼失したのかもしれない。いずれにせよ、ダーウィンは次のようなことを『人間の進化』に書いている。「ニワシドリの通路は派手な色の物体で趣味良く飾られている。これは彼らがそれを見て何かの快楽を得ることを示している」。

この章ではダーウィンが提起した快楽の問題に繰り返し戻ることになるが、彼の一八七一年の著書の論旨は、ある特定種の雌雄の差は配偶者を得るための選択圧から生じることで説明がつくというものだった。彼はそのような選択圧の作用過程として二通りのもの、雄同士の競争から生じるものと雌の選択から生じるものを提唱した。進化の過程のこの側面に関するダーウィンの見方、いわゆる性選択は、一六一〜一六二頁で私が述べたように、自然選択に加えて進化過程を推進する第二の仕組みになる。しかしこれが出版された当時には、『種の起源』が一八五九年に出版されたときに引き起こされたような大論争は全く起こらず、本格的な実験調査が行われるまでには時間が掛かった。今では状況が大きく変わり、この三〇年ほどの間にダーウィンの元の主張からする新たな予測や新たな研究データが急増してきた。そのうちにはニワシドリのディスプレーに関する優れた研究も含まれている。その理由は第一に、雄の非常に巧妙なディスプレーは雌の選択による選択で最も上手に説明できること、そして第二に鳥とバワーが離れているので雄の妨げにならないようにしながらバワーに実験的に手を加えることができることによる。実験操作のうちには、雄の装飾品を取り除いてしまうことの他に追加の飾りを与えて交尾の成功率に対する効果を調べることなども含まれていた。

雌の選び取りによって形づくられる性的に選択された形質として、よく引き合いに出されるのはクジャクの尾羽だ。雄鳥の体に比べて非常に大きく、雌に見せるときには巨大な扇のように背中で開く。尾を持ち上げて開くと、キラキラ光る青緑色の上に一〇〇個以上の大きな目玉模様が現れる。雌の尾は対照的に灰茶色で短く、目玉模様もない。ところで雌は本当に尾の質に基づいて相手を選ぶのだろうか。確かに雄の交尾成功率は一様ではない。そして成功率の高い雄にはより多くの目玉模様そして状態の良い尾を持つ傾向が見られる。だが、好まれるこれらの雄が、たまたま印象的な尾と関係がある別の基準で選ばれていたと主張することもできる。ハサミと粘着テープがあればこれを実験で確かめることができる。

一つの個体から尾の先の目玉模様の部分を切り取ってライバルの尾に貼りつけると、雌の注意は目玉の方向に向けられる傾向が見られた。けれどもクジャクの尾がここまで進化するには、よりよい尾を選ぶことで雌が何らかの繁殖的利益を得たはずなので、さらに多くのことを明らかにする必要がある。実のところ、より大きく長い尾を持つ雄を選んだ雌の子の方が初期の生存率が高いことを示す証拠はある。

これはクジャクの尾に関する性選択の説明を立証する。より良い尾を持つ雄を選ぶ雌は、より元気な子供を持つことになるようだ。

性選択の理論家は、明るい色の羽であれ複雑で巧妙な歌であれ、そうしたディスプレーで雄を選ぶことで雌が得るいくつかの利益の可能性を考え出している。利益は直接的なものと間接的なものの二つの基本分類にまとめることができる。質の悪い尾を持つクジャクには、ハジラミが寄生しているかもしれない。雌は雄の貧弱なディスプレーを見て感染を防げることにより、直接の利益を得る。間接的なものは、雌自身ではなくても子孫の繁殖成功率を確実にする利益だ。そのような間接的な利益として二つのものが提唱されている。それらはいわゆる「暴走（runaway）」説と「良い遺伝子（good genes）」説に具体化されている。

暴走説によると、雌が何らかの理由で雄のある形質、たとえば青さに惹かれるとすると、より青い雄ほど交尾の回数が多くなる。すると、青さが遺伝するものであれば、次代の集団には前の世代よりも平均して青さで優る雄が生じてくることになる。この世代でも雌は青さに対する好みを持ち続けているから、最も青い雄（「セクシーな息子たち」）が再び最も多く交尾の機会を得る。こうして世代を重ねるうちに雄の青さは極限に向かって「暴走」を続ける。従ってこの説は、鳥やチョウなどの性的ディスプレーに非常に誇張された特色や行動を持つものがいる理由を説明する助けになる。しかしこれは、ライバルの良い遺伝子説でも説明できるのだ。

良い遺伝子説によると、雄は極端なディスプレーを通して活力と全般的な健康状態を示し、それは遺伝子構成の質を反映する。したがってそのような雄と交尾する雌は「セクシーな息子たち」を得るばかりでなく、生存力があり繁殖力もある質の高い雄雌の子孫を得ることができる点で利益がある。

少し横道にそれて性選択説の話をしたが、ニワシドリに戻ろう。雄がつくるバワーと他のディスプレーが雌の選択を通して進化したという考えが正しければ、雌が確かに選択していること、そして選択に影響を与えるディスプレーの特徴を実証できるはずだ。さらに、もしも雌の選択から何らかの直接あるいは間接の利益を受けることを確認できれば何よりではないか。現在、雌が選んでいるという有力な証拠は得られているが、利益の有無やその仕組みに関しては証拠がほとんど得られていない。

マダラニワシドリの自然個体群（図8・1）では、雄の交尾成功率に大きな差があり、成功率の高い雄はバワーの装飾品、特に骨やガラスのかけらが多い傾向を持つことが証明されている。また、雌は垂直で対称的に整ったアベニューをつくる雄を好む。このことは雌が間接的な利益、すなわち父親の良い遺伝子を受け継いだセクシーな息子あるいは優れた子孫のために雄を選んでいることを示唆している。それでも、バワーのデザインには雌が直接利益のためにそれを選ぶ証拠もいくらか含まれている。

雄のマダラニワシドリのディスプレーが非常に激しいものであることは前述した。実際それはニワシドリの仲間でも最も激烈なので、特に逆上状態になる初期には、雌に安全な場所を与えることがアベニュー型バワーの一つの機能とも考えられる。この直接利益という説明は、いわゆる脅威緩和説と言われるもので、それを裏付けるいろいろな証拠が得られている。

ここで、アベニューがでたらめな向きではなく東西に伸びることを説明しておくべきだろう。オーストラリアは南半球にあるから、雄がディスプレーを行う最も日当たりの良い場所はアベニューの北側になる。雌はアベニューの中にいるので、雌と雄は壁で隔てられるが、グールドが正確に描いたように壁は細い草でつくられていて、雌は雄を観察することができる。アベニューの片側を実験的に取り除くと、雄と雌はどちらも、仕切りが残っている部分が間に挟まるような位置につこうとする。熱狂する雄は、二羽の間に壁がないことに気づくとディスプレーの激しさを押さえる。雄の求愛ディスプレーの開始時には雌雄どちらも間についたてを置くことを好むが、雌が最も激しいディスプレーをする雄を好むことも、結果は示している。自分のディスプレーの場所に雌を引き寄せるには、雄は雌を襲う恐れがある初期段階に雌を守る安全な場所を提供する必要があるらしい。こうして雄は可能なディスプレーの全部を披露して、雌に自分の資質を十分に評価してもらうのだ。

雌に対する間接利益、選択によって何らかの方法で子孫が利益を得ることを示す証拠についてははどうだろうか。残念なことに子孫の寿命や繁殖の成功率に関する証拠はまだ得られていないので、ディスプレーが雄の活力を公正に示しているか否かということ次第で判断する必要がある。マダラニワシドリの雌は雄の体力とスタミナを試すような激しいディスプレーを好むことから、これは確かに支持されている。しかしバワーの特徴、たとえば装飾品についてはどうだろうか。それは雄の質について雌に教えるところがあるのだろうか。雄は装飾品として珍しいものを選ぶのか、それともベリーや花のように傷みやすいものを選ぶのだろうか。そのようなものを集めるのには時間とエネルギーが必要なので、雄の資質を表す指標になるのかもしれない。

マダラニワシドリの雄は様々な装飾品を利用する。そして生息範囲の中の異なる部分では異なる装飾品を利用する傾向も見られた。クイーンズランド中央部での研究では、バワーに一二〇種類の装飾品が用いられていたが、周囲の生息環境と比べて高頻度で珍しいものが使われている証拠は得られなかった。

ある場所では漂白された巻き貝の殻が主に用いられ、巻き貝があまりいない別の場所では代わりに白い小石が用いられていた。

数種類のベリー類（軟質果実）もバワーの装飾品に用いられていたが、それも「高価な装飾品」説を支持することにはならなかった。ベリーは稀少性や傷みやすさで選ばれたわけではなかった。最も好まれるのはナス科（トマトも類縁）植物の緑色のベリーだった。このベリーはごく一般的なものだし、傷みやすいわけでもなかった。けれどもこのベリーが雄の交尾成功率を最も良く表す指標になることが、研究で証明された。このベリーをより多く集めた雄が交尾の機会をより多く獲得していたのだ。どうしてこれが雄の資質を表す合図になるのだろうか。装飾品を操作することで興味深い答えが明らかになった。バワーから装飾品を取り除く代わりに、実験者は雄に緑色のナス科のベリーを余分に与えた。そのような贈り物を労せずに入手できて、雄が喜ぶ（この際、擬人化してしまおう）と思うかもしれないが、それは間違っている。緑色のベリーが多いほど雌は魅力を感じるが、ライバルの攻撃を受けてバワーのプラットフォームやアベニューが壊されやすくなる。正味の結果として、交尾の確率は増加しなかった。[3] それをバワーから取り除いて元の数に近い状態に戻したのだ。

マダラニワシドリのこの集団では、雄が飾る緑色のナス科のベリーはライバルを撃退する能力を反映すると考えられるので、ごくありふれたベリーではあるが、雄の競争力を雌に知らせる正直な信号になり、それゆえ雄親となった場合の子供の資質をよく反映する可能性がある。

「正直な信号」というのは性選択でよく使われる用語で、この議論によれば雄が雌に、あるいはライバルの雄に印象を与えようとする場合、最も安上がりな方法は騙すことで、たとえば健康状態が良くないことを隠すために表面を派手に飾る方法があるからだという。しかし自然選択は、ディスプレーをする雄を疑ってペテンを暴く懐疑的な雌やライバルに有利に働いて、騙されやすい雌は数や健康状態の点で劣った子孫を残すはずだ。これは真に高価でごまかしが効きにくい信号の進化をもたらすはずだ。雄のマダラニワシドリが緑色のベリーを飾るという簡単な考案は、これを達成しているように思われる。

こうして性選択の研究では雄のニワシドリもクジャク同様に貴重なモデルであることが実証された。どちらにも実験で操作できる誇張されたディスプレーがあるからだ。ところが雌が何を選択するのかということに関しては、両者の間には重要な違いがある。クジャクの雌は美しい羽を選び、雌のマダラニワシドリは美しい脳を選ぶのだ。

何たることだ！　このような不用意な言葉を発してしまったことをお詫びしたい。私はこれまで、雌が雄のディスプレーを「美しい」と考える可能性を示唆することをいっさい避けてきた。それを主張するには、ダーウィンがニワシドリとそのディスプレーについて『人間の進化と性選択』（一八七一年）で主張したこと、つまり彼らが「そのようなものを見て何らかの快楽を得る」ことを実証する必要がある。二〇世紀の大半の間、科学者はそのようなことを言うと哲学的推測として非難され、ボケの始まりとして片付けられてしまっていた。「快楽」は単にありそうもないというばかりでなく測定不能でもあるからだ。動物行動学がその科学的信用を確立するには、客観性をもって測定可能なものだけを調べる必要があった。動物の快楽は、頭を突っ込みたくない危険な分野だ。第1章（一九頁）でも触れたように、ドナルド・グリフィンの『動物に心があるか』（一九七六年）はその全てのことに挑戦した。私はニワシドリが快楽を感じる可能性ばかりでなく私たちが客観的な証拠を得られる可能性も信じたいと思うようになった。

いずれにせよ、雌の選び取りによる選択が、雄のクジャクに対してとニワシドリに対してでは重要な理由で異なっていることについて、今度はとやかく言われない言葉で再度説明を試みたい。クジャクの雌は雄の最も精巧な羽を選び、ニワシドリの雌は最も精巧な行動（バワーをつくる、駆け回る、鳴き声を真似る）で選ぶ。行動は脳の中で整理され、そこから生じる。雌のニワシドリは雄の脳に選択圧をかける。鳥のように高度な脊椎動物の場合、脳はすでに複雑で高性能な器官になっているから、この選択の意味合いは興味深い。この話題には後で再び戻ることにするが、ここでひとまずニワシドリはさて措いて、チンパンジーと芸術について考えてみよう。

二〇〇五年にロンドンで開催された評判の高い芸術作品のオークションで、三枚の絵が競売にかけられてメディアの注目を集めた。それはコンゴというチンパンジーの作品で、彼のエージェント、後に普及書の書き手となった行動科学者のデズモンド・モリスが一九五九年の展示会で最初に売ったものだった。[4] 私は絵の元の値段は知らないが、今回は一万二〇〇〇ポンドになった。私はそれほど抵抗なくコンゴの作品を芸術と呼ぶことができる。結局のところ、それは絵の具で、この場合には紙の上に描かれたイメージであるからだ。コンゴは一九五〇年代に何百枚かを描いて、いくらかの評判と商業的成功を手に入れたが、それらは芸術なのだろうか。

最初発表されたコンゴの作品の中には何人かの著名な芸術評論家や芸術家に好意的に受け入れられたものもあった。しかしそれは「抽象的」な作品として披露され、そして懐疑的な人々が指摘してきたように一九五〇年、六〇年代にはジャクソン・ポロック［一九一二―五六年。画家でアクション・ペインティングの開祖。飲酒運転事故で死去」の作品に代表されるアメリカの抽象的表現主義が流行して、コンゴの作品と手軽に比較できるような芸術作品も生み出されていた。

　チンパンジーの他にもゴリラやオランウータンを含む数匹の類人猿が芸術の道を進んだが、科学的関心よりも商業的関心を持つ人間がエージェントになっていることもあった。けれどもコンゴの絵画制作能力を熱心に宣伝したデズモンド・モリスも、最初からそのような意図があったわけではなかった。最初コンゴには様々な遊び道具が与えられて、その中にたまたま鉛筆があった。彼がそれで線を描くことに興味を持つようになったとき、動物行動学の背景を持ち芸術にも関心があったデズモンド・モリスは、コンゴが絵の具で何をするか興味を持った。デズモンド・モリスはコンゴの描いたものを、意図的な創造活動と解釈した。彼はその理由として次のようなことを挙げた。一、基本的な構図がある。二、コンゴが色を選んだ。三、絵画の完成に関して考えを持っていて、「まだ早すぎ」状態で紙を取りあげると癇癪を起こし、作品が「完成」したと思うと絵の具を描き足すように勧められても無視した。

　だがコンゴの行動をもっと慎重に解釈すれば、玩具をまだ早すぎ状態で取りあげたから癇癪を起こしたのだし、もはや飽きたから取りあげても気にしなかったのだと言うこともできる。類人猿の絵画は確かに問題を提起するが、人間は芸術作品を生み出し、チンパンジーは私たちに最も近い現存する近縁種だから、私たちがそれに関心を持つのも当然のことだ。このことはさらに、人間は何を芸術と考え、芸術家とは何かという疑問を生み出すことによって、私をさらに未知の世界へと導く。

　私は陶芸に目がない。いまは成人した私の子供たちは、私がただの茶色っぽい鉢でも、目にしたとたん少しばかりおかしくなると言ってからかう。そのような単純であっても私にとっては崇高なものに対する情緒的な反応に、私は繰り返し印象を受けている。この反応はどこから来るのだろうか。私はそれが明らかに生物学的な問題だと思う。

私の問題は進化についてのものだ。美しい茶色い鉢を目にした私の反応の生物学的ルーツは何なのだろうか。そのように問うとき、私は自分の感性の少なくともある側面が遺伝的な構成によって強化されていること、そしてこの反応に関係する遺伝子が、おそらく非常に長い時間にわたって自然選択を受け、そして性選択さえ受けてきたことを言おうとしているのだ。この考え方は二種類の強力な反対意見を引き出すように思う。一つは人間性一般に関することで、他の一つは具体的に人間の芸術と文化に関することだ。最初に人間性というものの性質を考えよう。

ダーウィンの進化論が、一九世紀と二〇世紀に人間の利己主義と社会的不平等を正当化するものとしてある種の政治哲学者たちに受け入れられたことは知っていると思う。それ以来一部の社会学者は、私たちの社会組織の諸側面が遺伝的な影響を受ける可能性があるという生物学者の主張を、社会ダーウィニズムの政治的偏見に毒されていると非難してきた。一九七〇年代にE・O・ウィルソンの『社会生物学』（一九七五年）[5]とリチャード・ドーキンスの『利己的な遺伝子』（一九七六年）[6]が出版されたとき、その幻影がよみがえった。これらの本は、「人々がなす悪」を遺伝による変えられない結果と見る「生物学的決定論」の考え方を推し進めるとして、非難の対象になったわけだ。

そのあたりについては、話をむし返したくない。科学者はあれ以来、人間の発達過程の多くにおいて遺伝子は環境の影響と相互作用していること、そして環境の影響も大きいことを、繰り返し説明してきた。

もう一つの反対意見は芸術と文化に対する遺伝的影響に関することで、それによると人間による表現は全世界を通じてあまりに変化に富んでいて、美とか品質［芸術や文化の］は遺伝的基礎などでなく完全に文化的に決定されるという。これには「芸術」という言葉の使い方にからむ政治的な余分の積荷が載せられている。「芸術」の概念を、人間の創造性の知的に洗練された表現と見なすことがかなり広く受け入れられているが、これはかなり近年の、たぶんこの二〇〇年来くらいの西欧的な概念だろう。したがって美的価値の評価とか美の基準は、ヨーロッパの伝統がある種の文化帝国主義を通して世界に押しつけようとしているものだとする批判を免れない。

こうした見方にもかかわらず、人類学者や社会学者の中には、進化を通しての人類の動物的起源を直ちに受け入れるばかりでなく、私たちのいわゆる行動生物学と呼ぶようなものを進化の歴史で説明できるかどうかということは、偏見なしに探求する価値があるものだろうと感じている人々がいる。そうした人物の一人は、一九八八年に『芸術は何のために（*What is Art for?*）』[7]、そして一九九五年に『ホモ・エステティクス（*Homo aestheticus*）』[8]を刊行したエレン・ディッサナヤケだ。後者の題名は誰が芸術家なのかという問いに対する答えを提供しているので興味深い。《私たちはだれもが芸術家である》というのが彼女の答えだ。私たちは、他のすべての種がそうでないように見えるのとは対照的に、芸術的表現に例外なく夢中になる種だ。世界中ほとんどどの家庭にも装飾品があると思う。放浪の田園詩人とか狩猟採取者の最小限の荷物を調べても、幾何学模様や動物の図で装飾された実用品がいくつかあるだろう。それはもちろん視覚芸術だけの話だ。人間の声はもちろん、沢山の装置を使用した音楽制作がひろい範囲に見られることについてはどうだろう。

エレン・ディッサナヤケは、私が陶芸作品を見つめる時に考えるのと同じことを問いかけている。なぜこれらのものは快楽、恍惚感さえもたらすのか。これは、現代西欧文明における「芸術」の定義に関する議論は他者にまかせて、私たちの普遍的な芸術的創造性の生物学的起源と考えられるものに専心することだ。ディッサナヤケが進化生物学者の言葉を使って、「芸術の行動……は全ての人間が生まれながら生物学的にもつ傾向」だと言う。芸術的表現がもつ生物学的利益に関する彼女の説によると、それには「特別なものにする」性質があるという。芸術的表現は、平凡な経験（誕生、病気、狩、死）を特別なものにするのに広く用いられるし、集団の団結や出来事を支配する感情に寄与する。人間の芸術的行動についての進化的な説明は、彼女のものだけではない。たとえばまた別の説では、私たちの著しい創造性は出来事の将来に対して、代わりの結果を想像できること――社会的な狩猟採取者にとって役立ったはずのもの――の副産物だったとしている。

私たちの芸術的表現の進化とそれが選択で有利だった可能性の証拠を求めるには、どこを探せばいいだろうか。一見明らかに見えるのは、現存する最も近縁の種である類人猿だろう。彼らはどのような芸術的表現を示し、それは私たち自身のことを何か教えてくれるのだろうか。

ここで、私の進化生物学者流儀のアプローチは大きな問題にぶつかる――類人猿は芸術についてほとんど何も教えてくれそうにないのだ。野生状態で漠然とでも芸術的表現と解釈される行動を見せる証拠は、事実上見当たらない。このことは捕獲状態の類人猿画家の重要性を不確実にする。野生状態では事実上証拠がないと言ったが、「アコの結び目」のことには触れておくべきだろう。アコは若い大人のチンパンジーで、群れがアカコロブス［オナガザル科のサル。チンパンジーの半分ほどの大きさ］を捕らえて殺した翌日に、コロブスの細長い皮を首の回りに巻いているところが観察された。彼女はそれをその日捨てたので、拾って調べることができた。すると両端が一重結びで結ばれてネックレス状になっていることがわかった。[9] この物体にどのような重要性を持たせればいいのだろうか。残念なことに重要性はほとんど無い。この行動が特異なものだったこと自体が、野生チンパンジーの同様なパターンに寄与したり、それを強化したりする行動でないことを示す証拠になる。結び目が意図的につくられたのか偶然に生じたのか、あるいはアコがつくったかどうかさえわかっていない。

ここでちょっと文学に話を移して私たちが芸術を解釈する方法に注意を向けてみよう。「内省とは色あせた野心の心像である」。この引用についてどのように感じるだろうか。これはコンピュータが書いたものだ。[10] 語彙集と基本的文法と動詞の活用や複数形のつくり方など、補足的な指示が備わった言語プログラムを入れたコンピュータだ。これを書いたときコンピュータは全く何も意味していなかったが、私たちからみれば、この文章は後悔と喪失感のほろ苦さを呼び起こす。

もっと超現実的なものはどうだろうか。「半ば明るんだ空中で昆虫が鎖、糸、綱を水の球のまわりに巻き付ける」。同じコンピュータのプログラムだが、今度はウォルト・ホイットマンのパスティーシュのようだ［自然との一体感を独特の調子でうたったアメリカの詩人ホイットマン（一八一九〜九二）の、もの真似ふうだということ］。「静かで忍耐強いクモが一人で突起の先端に立つのを私は見守った。それは自分の中から糸、糸、糸を送り出した。限りなく繰り出し、休まずに急いで」。私たちの頭は推定するように、溝を埋めるように、意味を探し、全く意図しないところにさえそれを見出すようにデザインされている。視覚映像の分野でも同じことをしている。一枚の紙に数本の線を引くだけで風景や小屋を見ることができる。

そこで私たちはどういう立場に立つことになるのか。私たちは特別な種だ。そうなっている理由の一つに、芸術的な表現に没頭するということがある。そこから、その特異な特徴の起源が進化生物学者に当然の疑問を引き起こすと私は論じたが、現存する最も近縁の種に真相を求めても、本質的に何も発見できない。私たちは袋小路にはまり込んでしまったかのようだが、ただここに、研究に適した別の動物モデルがある。ニワシドリだ。

私たち自身の生物学を知るには、現存する最も近縁の種を適切なモデルとして考えるのは当然のことだ。そうした例も多いが、私たちが関心を持つ生物学の何らかの側面を共有する種ならばどんなものでも何でも構わない。要するに、私たちが持っている遺伝学の知識のかなりの部分はショウジョウバエの繁殖実験を通して得られたということもある。ショウジョウバエは染色体を持ち、染色体上ではDNAが遺伝子としてコードされている。遺伝のシステムとしては私たちと同じことだ。だから私としては、ニワシドリの求愛行動の研究が人間の美的感覚の進化について何か教えてくれるかもしれないと言いたい。なぜならニワシドリも人間も複雑なディスプレー用のものをつくり、それに匹敵するものをつくる鳥や哺乳類は他にいないのだから。

道具づくりは人間の進化における画期的な出来事あるいは知能の特徴として要請されるものと一般に考えられているが、それを認めることに対して前章で私は慎重だった。いまニワシドリが芸術家である可能性を示唆する私は、批判力を失ってしまったように見えるかもしれない。しかしそうではない理由が二つある。第一に、私は研究を正当化しようとしているだけで、そのような研究の結果を主張しているわけではない。第二に、私はニワシドリが芸術家であるか否かを実証しようとしているのではない。

私たちがどのようにして芸術家になったのか理解する証拠を探そうとしているのだ。

いま一度ちょっと寄り道をして、進化の論争になっているもう一つのよく知られたもの、人間の目について考えてみよう。目は驚異的な光学機器だ。それは明るさ、色、形、動き、距離を記録するが、こうした能力が器官の進化過程で同時に獲得されたものでないことはよく知られている。現在の状態に到達するまでに、目の能力は自然選択の長い歴史を通して付け加えられ、精密化されてきた。類推すると、人間の芸術的創造性と美的判断に対する生物学の貢献も一度にまとまってやって来たわけではないだろう。それは段階的、漸進的で、なによりも現在私たちの美的判断に取り込まれている要素の中にはそれに先行する長い歴史があり、その中で幾分異なる生物学的機能を持っていたものがあるのではないかと私は考える。その歴史の中にはニワシドリのディスプレーに認められる要素があるかもしれない。

私の考えを表すモデルにニワシドリが適していると思われる理由を科学的にさらに詳しく説明する必要があるだろう。そのためには雄のニワシドリが芸術作品のように見える構造物をつくるというだけでなく、もう少し多くのことを語らなければならない。ディスプレーの複雑さの程度を説明する問題だ。バワーの構造、その多様な装飾物、雄の動きと複雑な発声――こうした全てのものは何なのだろうか。一見したところ、それは確かに「僕の方が彼より腕がいいよ」ということを伝えるとびっきりの方法のようにも見える。

動物のディスプレーの複雑さを説明する問題は新しいものではない。そして数々の説がそのために提唱されてきた。一つは、メッセージには重複がいっぱい含まれているという説だ。同じことをいろんな方法で重ねて言えば、意味を取り違える人がいなくなる。それと関連した説明法では、ターゲットになる観客には様々な個体が含まれているから、ディスプレーの一部は一部の観客に良く理解され、別の部分は別の観客に理解されるということはあるが、どちらのメッセージも本質的には同じだということになる。第三の説明では、ディスプレー全体には別個あるいは連続したいくつかのメッセージが含まれていて、ディスプレーが先に進む前に観察者はそれぞれの部分について別個の判断を下せるようになっているという。複雑性の説明がどうであるにしても、雌は結局最後に最も好ましい相手を決めなければならない。そのためには、雌は数匹の雄を観察して得た情報を組み立ててそれを比べるある種の脳の仕組みを持っていなければならない。

雄のディスプレーの複雑さに関するこうした説明は、どれも雄は自分の資質を伝達しようとして、雌はそのことを評価しようと努めるという前提になっている。それに対して私は、曖昧な表現を避けて「芸術学校説（the art school hypothesis）」と呼ぶことにする対抗説を提唱したい。雄のディスプレーの複雑さは、何か美しい物を創造するためにデザインされているという説だ。したがって雌は、プレゼンテーションの美しさで雄を判断する。二つの説の違いはすぐにわかりにくいかもしれないが、芸術学校説には付加的な説明の階層があることに気付かれるだろう。ディスプレーの複雑な要素が一緒になったものがパフォーマンスに寄与して、それを雌がその美しさということで評価するのだ。

それでは芸術学校説を支持する証拠としてどのようなことを探すべきなのだろうか。この説によると、雄がディスプレーの全要素を効果的に組み合わせるには芸術家になることを学ぶ必要があり、雌が雄のパフォーマンスの巧妙さを効果的に判断するには芸術批評家になることを学ぶ必要がある。そこから私たちはいくつかの予測を立てることができる。

雄について考えられることは、

一、雌を引き寄せられるようになるまでに長い時間が掛かる。
二、その間、練習と進歩の証拠を示す。
三、その間、成功する雄が何をするのか発見しようと努める。
四、バワーづくりのさいに、おそらく芸術的な定型手法（マンネリズム）を示すだろう。
五、生息範囲内の違う地域では、ディスプレーの性質に、文化にもとづく違う好みを示す。

雌については、

一、雄のパーフォーマンスを比較する証拠を示す。
二、年齢とともに、バワーを判断する能力に改善が見られる。

さらに雌雄両方に関係する二つの重要な予測がある。

一、ニワシドリには雌雄とも、他の鳥に見られない特殊な脳のメカニズムを持つ証拠が見られる。
二、雄はバワーをつくるさいに、そして雌はディスプレーを行う雄あるいはバワーそれ自体を観察するさいに、快楽を経験する。

この最後の一語は、一部の人に警戒心あるいは敵意さえかき立てたに違いないことだろう。しかしもう少し説明を追加するまで、シートベルトを外さないようにお願いしたい。

まず第5章（一五五頁）で最も適切なツバメの系統樹を決める際に登場したオッカムの剃刀（かみそり）あるいは節約の法則を思い出そう。あれは、現在の証拠を説明するものとしては最も簡単な説明を常に適用しながら進むべきであるという原則だった。ではニワシドリのディスプレーの例に沿って言えば、何がその原則の例になるだろうか。

たとえば雄のディスプレーの質を雌が評価する方法を説明したいとする。雌はディスプレーの各種要素を評価してスコアをつけて、さまざまの雄について合計を比較して勝者を決めるのだとも主張できる。もうひとつの方法としては、雌はディスプレーの全要素の情報を収集して、それを「快楽」の仕組みに投入してディスプレーの価値に見合う感覚を得て、それを元にして雄を比較して勝者を決めるとも論じることができる。美が快楽として評価されるという芸術学校説を提唱することで、私は意図してオッカムの剃刀を無視したように見えるかもしれない。だがそうではない証拠として、心理学者ジェフリー・ミラーが二〇〇〇年に書いた『恋人選びの心（*The Mating Mind*）』(11)を引き合いに出そうと思う。

この本には人間の脳の進化とそれに関連する人間の驚異的な行動のいくつかについて書かれている。ミラーの論文によると、性選択がヒト科動物の進化における脳の急速な増大の主な駆動力の一つだったという。この説明については前章でも触れた（二二一～二二二頁）。これは雄の雌選び、そして雌の雄選びは、行動の多様性や創造性にもとづいてなされることを意味する。どんな種類の行動でも構わないが、言語がいい例になるだろう。なぜ私たちは韻を踏むことを好み、なぜ大衆紙はゾッとするようなしゃれを見出しにすることを好み、そしてイヌイットには雪を表すたくさんの言葉が全部必要なのだろうか。ことによると言葉の喜びは性選択を通してもたらされたのかもしれない。

視覚芸術や音楽にも同じ説明を適用できるだろう。これらは創造的な脳から生じた創造性のディスプレーであり、雄と雌が相手を選ぶときに影響を与える。相手を選ぶ側の選択上の利益は、求婚者の創造的ディスプレーがより一般的な適応形質——たとえば社会関係あるいは採餌活動における柔軟性（フレキシビリティ）——を表している可能性があるということだろう。それではミラーはどのようにしてディスプレーを測定するだろうか。快楽によってだという。評価を下したり経験から学ぶ高度に適応的な手法だからだと彼は論じる。性的ディスプレーの場合、それはパートナーのディスプレーの様々な側面を組み合わせて、ライバルのものと比較させる。

快楽システムに対するミラーの支持は、実際、配偶者選びの範囲にとどまらなかった。たとえば良い食物と悪い食物を評価する場合にも、それは用いられるだろう。経験の快楽がそれを強化し、学習過程を助ける。ミラーは「統合された快楽システム（unified pleasure system）」の適応的な利益ということを主張している。彼の指摘では、それはその柔軟性を通して行動の急速な進化を促進できるという。たとえば食物と歌の両方が快楽をもたらす場合には、求愛の歌と並んで摂食行動も求愛儀式に付け加えられるかもしれない。両方の特徴とも、統合された快楽システムを通して容易に組み合わせられるからだ。ミラーの説は快楽システムを複合物でなく単一システムと考えるので、オッカムの剃刀の原則に反するという異議は願い下げとなる。これで、アズマヤドリに話を戻して芸術学校説を評価する準備が整った。

アオアズマヤドリは主にオーストラリアの東側に分布するアベニューづくりの鳥だ。この鳥は軸が南北に向いたアベニューを小枝でつくる。装飾品はアベニューの北側の端に置かれ、雄はここでディスプレーを披露し、雌はマダラニワシドリと同じようにアベニューの中からそれを見ている。

雄のアオアズマヤドリは黄色や青色の花、カタツムリの殻や艶のあるセミの抜け殻など、いろんな装飾品を用いる。花に比べて長持ちする利点がある人工物の、特に青いものが必ずと言っていいほど使われている。天然物で最も好まれるのはオウムの青い羽だ。ある研究によると、アカクサインコの青い尾羽が装飾品として最も好まれていて、これは、それほど好まれないものも含めて紫外線（UV）の反射量を比較したところ、二番目に好まれる瓶の青い蓋と共に反射量が最も多かった(12)。

さらに、バワーのアベニューの内壁にはしばしば塗料が塗られている。普通塗料はどろどろにした果物と唾液の混合物で、木灰が混ざっていることもある。これを嘴でくわえた樹皮の繊維の助けを借りて塗りつける(13)。これは刷毛と言うよりはスポンジのようなもので、雄は口を開いた状態でそれを銜えて垂れ落ちる塗料をアベニューの両壁に塗りつける。

雄は特別な鳴き声で雌を呼び寄せて、雌がやって来るととりあえず彼女を誘ってアベニューの中に落ち着かせる。それから雄は完全なディスプレーを開始する。カタツムリの殻あるいはオウムの青い羽根を拾い上げて羽ばたき、羽を膨らませ、お辞儀をして、スペクトルのうち鳥によく見える紫=紫外線の部分（三〇〇～四二〇ナノメートル）を強く反射する玉虫色の羽毛から、キラキラと光を放つ。その間雄はヒューヒューブンブンという機械的な音を出す。マダラニワシドリやチャイロニワシドリのディスプレー同様に、これもマルチメディア・パフォーマンスだ。聴覚や視覚に訴えるもので、雄の行動とバワーの構造が組み合わせられている。

塗料から発散される化学信号も関係しているかもしれない。アベニューの中にいる雌は頻繁に壁をつつく。雌が塗料の味見をしていることは、雄が塗料を塗る頻度によって示唆される。塗料を乾かす風が吹いているときには頻度が増すのだ。実験で雄の代わりに壁を塗ると、雄がいっそう熱心に雌を呼び寄せることがわかった。塗料がどのような信号であるにしても、それは確かに交尾の成功に影響を与えるようだ。たくさん塗料を塗る雄ほど交尾の成功率が高くなる。

特定場所での雄の交尾成功率は非常に不公平で、成功率の高い雄は一シーズンに三〇回以上交尾するし、かわいそうな雄は一回も交尾しないことが認められている。だが、雄の成功に影響を与えるのは塗料だけではない。装飾品の数、特にオウムの青色の羽やカタツムリの殻の数も影響している。さらに、成功はアベニューの壁の対称性や強度にも影響されている。

それではこれらの特色は、どのようにして雄の資質を雌に示すのだろうか。雌が雄を比較する機会を利用することはわかっている。雄のアオアズマヤドリ同士はバワーを十分近い場所につくるので、雌は一つのバワーから別のバワーへと移動しやすい。ある場所の全部のバワーにビデオカメラを向けて、色をつけた脚輪で識別した雌を撮影してみたところ、どの雌もいくつかのバワーを訪れたことが確認された。

しかしバワー同士が接近しているということは、雄もライバルのバワーを訪れて自分の利益になるように相手のバワーの質を低下させることができるということになる。主人が不在のバワーを見つけた雄はアベニューの小枝を引き抜き、オウムの青色の羽のような貴重な装飾品を盗む。したがって、たくさんの青い羽根で飾られた前庭をしっかりと対称的に保っているアベニューは、雌にとって雄の優れた競争力――自分のバワーを守りながら他のバワーを破壊する能力――を示す証拠になる。

この中には、芸術学校説を支持する証拠は一つもないように見える。雄のディスプレーの質は、その巧妙さや手の込んだ工夫よりも、むしろその頑丈さや耐久性で判断されるらしいことを示唆する。塗料に関しては、乾湿いずれにせよ、それは雄の資質を示すのかもしれないが――誰にもわからない。だがこれもまた、持久力を示すだけのことかもしれない。塗りに振り当てる時間が多い雄ほど強いのかもしれない。この証拠を安直にこしらえるにはどうするか？ いつもペンキ塗り立てのところを示すようにすればいいだろう。

ディスプレーの複雑さについてはどうか。芸術学校説では、雌が特定の雄のディスプレーに関する各種の全特徴を正確に覚えていて（青い飾りと歌のレパートリーはそれぞれ六点と七点だが塗料は四点にすぎなかった）、後日それを別の雄のスコアと比較することは難しいだろうということを主張する。さらに、異なる要素の相対的な重要性（歌が下手なことと塗料塗りが下手なことのどちらが重要か）を比較することの複雑さがそこに加わる。彼女はどのようにして決めるのだろうか。それぞれの雄が生み出した快楽の記憶を比較する方が簡単だろうと、芸術学校説は主張する。

雌にとって配偶者の選択は、それを探す情報量においても、決心するまでに注ぎこむ時間と労力においても、複雑な過程だという証拠がある。雌は巣をつくる前から、雄の不在の折を狙っていくつかのバワーを訪れて点検する。そして次に雄がいるとき、そのうちいくつかに戻って求愛ディスプレーを見るが、まだ交尾しない。それから一週間ほどかけて産卵のための巣づくりをしてから、以前訪れたバワーのいくつかに再度戻って、再び選ばれた雄の求愛を受ける。そして最終的にはそのうちの一羽と交尾する。

巣づくりを終えた雌が戻るバワーの選択が雌の年齢と経験に影響されるという証拠も、芸術学校説を支持する。ある実験で巣づくり前の求愛段階の雄に青い羽根を余分に与えたところ、一、二年目の雌は実験者によって余分な羽を与えられた雄のところに優先的に戻った。しかし三歳以上の雌はそうしなかった。どうやら若い雌は青色のデコレーションを信用して、年嵩(としかさ)の雌は雄のディスプレーを直接信頼するようだ。

だがここに見られる違いは、雌の年齢と共に芸術的解釈が増すことを示す証拠にはならない。雌は単に雄を怖がらなくなるだけのことかもしれない。バワーのアベニューの役割の少なくとも一つには、マダラニワシドリのように雄が荒々しく、時には警戒を要するほどのディスプレーを見せる例では、雌の安全を守ることもあるようだ。交尾の全体的な成功率からは、最も激しいディスプレーを見せる雄を雌が好むことが示されているが、雌が雄の爆発的行動の激しさに驚かされることも多いので、攻撃やレイプを恐れる可能性も考えられる。雌が雄の存在に慣れるにつれて、雌は頭を下げて尾を上げる交尾に似た姿勢を取ってそれを示すことができるようになる。このことは、雌がしゃがみ込む角度でアベニューから逃げだそうとしているかどうかを雄が推測できることを示唆する。アオアズマヤドリの雌鳥のロボットを使った実験を、引き合いに出そう。

正常な雌鳥の驚いた姿勢やリラックスした姿勢をとることができる雌のアオアズマヤドリのモデルがつくられた(14)。バワーのアベニューに置くと、このエレガントなロボットは正常な求愛行動を引き起こした。雌のしゃがむ姿勢を直立した姿勢に変えると、雄がディスプレーの激しさを弱めることがわかった。だが本物の雌では連続して求愛を受け続けると驚きの姿勢が減少して、雄は最大限のディスプレーを披露できるようになる。若い雌がディスプレーの激しさでなく青い羽根の数に頼るのは、雄の存在に対する恐怖が大きいことに関係がある可能性もある。もしもこれが正しい説明だとすれば、これは信号は重複していて、一方は経験の豊富な雌、他方は経験の少ない雌に適したものになっているという考え方を支持している。

芸術学校説は雄の完全なディスプレー能力が発達するまでには時間が掛かるだろうと予測する。この予測を支持する証拠が得られている。ふつう雄のアオアズマヤドリでは、成鳥の羽が生え揃って雌を魅了できるようになるまで五年以上かかる。この間、雄の若鳥は長期にわたって学習を行う。約二歳齢の個体群が一緒にプラットフォームをつくるところ、そして一羽の未熟な雄が、それと見分けはできるが不完全なアベニューを繰り返しつくったり壊したりするところが観察されている。若鳥は雄の成鳥の行動からも知識を求めるようだ。彼らはディスプレーを行う雄を訪ねてディスプレーを観察し、バワーの主が不在の時にはアベニューの中に入って中を点検する。

成熟するまでの時間は雌を魅了する方法を学ぶために掛かる時間とは無関係で、成熟の生理における何らかの遅れによるものにすぎないと議論することもできる。しかしテストステロンを埋め込む実験をして、未熟な雄を成鳥の羽に生え替わらせたところ、彼らのバワーづくりと求愛行動は同年齢の未処置の雄と何も変わりがなかったが、正常な雄から許容されにくかった。どうやら雄のアオアズマヤドリは実際に時間をかけ経験を通して何かを獲得するらしく、従ってそれは複雑で巧妙なものである可能性がある。バワーづくりと巣づくりを比べると、この点は特に印象的だ。巣づくりに、認められている以上に学習が関係していることについては、すでに述べた。それにもかかわらず私たちが実際得ている証拠からは、鳥は実地訓練がなくても、初めての試みでかなり実質的な巣をつくれることを示している。いったいアオアズマヤドリの雄は何年もかけて何を学習しているのだろうか。

雄のディスプレーの発達に関して、他の種では完全な情報ははるかに少ないが、私たちが得た限りのところでは、彼らにも効果的なディスプレーができるまで長い学習期間があることが示唆されている。ハバシニワシドリ、そしてメイポールをつくるグループに属する二種であるオウゴンニワシドリとカンムリニワシドリも、効果的なディスプレーができるようになるまでに数年かかる。

芸術学校説のもうひとつの予想は地域差が出てくることで、すでに見てきたように、そのような違いはアベニューをつくるマダラニワシドリと、メイポールをつくるチャイロニワシドリに確かに見られる。しかし芸術学校説によれば、地域差は「好み」とでも言えるような文化的に伝達されるもの、つまり各世代の雄と雌が、すでにディスプレーを行っている雄から学習するものから生じる必要がある。しかし地域差にはそれに代わる二つの説明も考えられる。遺伝的に決定される（機能は不明）、あるいは環境的に決定される（たとえばある地域ではある飾りものが入手できないので使用されない）という考えだ。

二つのチャイロニワシドリ集団を用いた実験で、これら三つの競合する説が調べられた。この集団は、本章で前にも書いたようなはっきりした地域差がバワーの形に認められていたものである。ニューギニアのアルファック地域のものはバワーのメイポールが小屋のような天蓋（てんがい）に包まれ、飾りものは色彩豊かな果実が積み上げられている。ファルファック山地のものはメイポールの回りに天蓋がない。そして飾りものは貝殻、木の実、暗色のキノコで、くすんだ色をしている。実験では、両地域のバワーの近くに混合色の小さなタイルを置いた。これはどちらの場所でも好んで利用されたが、色の選択には大きな違いが見られた。二つの地域のうち前者では、ほぼ全部の雄が与えられたタイルのうちの赤と青を用いたが、他の色はそれほど好まなかった。後者の地域で最も人気のあったタイルは黒と茶色だった。それゆえ結論としては、集める飾りの色は入手の可能性を反映していなかった。雄はある好みを表していたが、それが遺伝的なものか文化的なものかは現在のところわからない。

二つの地域のチャイロニワシドリの間で遺伝的な類似（遺伝学的距離）を測定したところ、非常に似ていることがわかったが、全く同じではないので、バワーに見られる地域差が遺伝的な違いによるものかどうかわからない。この問題は、集団同士の卵を入れ替えて里親に育てさせることで解決できる。里親に育てられた雄は遺伝的に決定されたスタイルを持ち込むだろうか、あるいは地元の方法を学ぶだろうか。しかしそのような実験は自然集団の保全にとって重大な意味をはらむので、正当化するには問題が大きすぎる。

私は芸術学校説の予想の中で、「芸術的な常套手法（マンネリズム）」ということを言った。作品から一歩下がり、手を顎にあてて首をかしげてからキャンバスに一筆加えるといった、擬人化されたイメージを呼び起こしたのではないかと思う。これと同じようなものをニワシドリに探す科学者は、冷笑を招くように思えるかもしれない。けれども雄のチャイロニワシドリが積み重ねた飾り物を明らかに几帳面に並べたり置き換えたりすること、そして飾り物には特異性あるいは非常に地域的な好みが見られることを示す観察例がある。雄のオオニワシドリが自分の羽色、他の装飾品、さらには周囲の植生との対照を強調する色の装飾品を選ぶ証拠も実験で得られている。つまり装飾品は状況に応じて選択され、鮮やかな色の物体を目立たせる目的で背景色を押さえるために用いられることもあるということだ。[15]事例研究と実験の両者でこのような観察を系統立てて蓄積していくことには意味があると考えられる。一つの考え方の出発点として擬人化が役に立つ場合もある。本物のデータが増えると本物の洞察が得られるかもしれない。

ここで芸術学校説の特に重要な予測として、ニワシドリは類似した他の鳥と比べると特殊化された脳を持つはずだということについて考えてみよう。この主張の根拠は、思い出してもらうと、クジャクは雄の尾羽の質で選択されるのに対して、雄のニワシドリは行動によって、したがって脳によって選択され、雌は巧妙な演技をする雄の相対的なメリットを識別する能力によって選択されるということにあった。現在私たちが持つ証拠はそれを支持している。

博物館の標本をX線調査にかけて頭蓋の容量を求めたところ、ニワシドリ科において脳の大きさとバワーの複雑さに正の相関が認められた。この関係は雌にも認められたが、雄ほど顕著ではなかった。さらに最近行われた研究では、五種のニワシドリの脳の構造を雄に限って調べたところ、脳全体とバワーの複雑さには相関関係は認められなかった。しかしバワーをつくらない種の脳はバワーをつくる種の脳に比べて小さかったので、バワーづくりは実際に大きな脳を必要とするだろうということが示唆された。[16]脳の構造のうちで、バワーの複雑さと体積との相関が認められた部分は小脳だった。この部分はネズミの場合、観察や経験からの学習、そして新しい状況の探索に関連することが知られている。これらのことは、ニワシドリの脳の特徴を理解する第一歩となる。

そして芸術学校説の最後の予想に話を進めよう。これはチャールズ・ダーウィンが最初に提唱したこと、パワーをつくる雄とそれを見る雌は快楽を経験するという予想だ。野外研究ではすでに、雌の選択にもとづいて重要な発見をしている。ニワシドリが考えていること、感じていることに関してさらに洞察を得るには、実験心理学のアプローチが最も有望かもしれない。実際、動物保護の研究者たちは農家の動物をストレスのない状態で飼育するだけでなく楽しい経験を与えられるかどうかを、すでに調べているところだ。このアプローチの一つは人間の買い物習慣の研究から出てきた概念である消費者需要説にもとづいている。ある品物の購入については、値上げしても消費者がそれを買い続けるかどうかによって「弾力的（elastic）」と「非弾力的（inelastic）」に分けることができる。たとえばパンの値段が二倍になっても、それが欠かせないと思えば同じ量を買い続けるかもしれない――これは非弾力的な反応だ。だが、アロマキャンドルの値段が二倍になったら買うのを止めてしまうかもしれない。弾力的な反応だ。

ブタが社会的接触を望む程度を測定するのに、この原理が利用された。いま説明しようとしている実験では、それは実際それほどの社会的接触とは言えなかった――数秒間の鼻先の接触にすぎなかったのだ。このささやかな接触を得るために、ブタは鼻でプレートを押すことを学習した。これを学習した後に、同じ数秒の接触のためプレートを押さなければならない回数を増やした。値段を上げたのだ。そして値段の上昇につれて社会的接触の「購入」は次第に減少することがわかった。これは弾力的な反応だったが、空の部屋を覗く機会を得るためにプレートを押すことほどは弾力的でなかった。食物の購入は、期待通りかなり非弾力的だった。これら三種類の商品（仲間、空間、食物）に対するブタの反応の弾力性を比較すると、ブタは確かに社会的接触を持つことを好み、それがほんのわずかな接触でも中程度に高い額を払う用意のあることがわかった。この結果は、快楽のことを直接教えてくれるわけではないが、動物の好みを調べるのに応用のきくやり方だ。このアプローチを用いれば、たとえばパワーの飾りが微妙に違う組み合わせの好みを、雌のニワシドリに表明させることができるかもしれない。

しかし鳥についての動物保護の一部の研究者は、快楽をさらに示唆する証拠を提供している。ニワトリは産卵する巣箱に戻るための操作(ドアを押して開ける)を学習できる。ニワトリはその取り組みの中で遅れが生じると落ち着きが無くなり、動揺を示し、好みの産卵場所に行こうとして必死になる。これは負の気持ちを解消するためにゴールに到達しようとするものと解釈される。しかし砂浴びができる砂場に行く場合には、鳥は異なる行動をする。最近その機会が与えられなかったかどうかにかかわらず、彼らはそこに行くためかなり努力してドアを開けようとする。だが砂場に到着してから全く砂浴びをしないこともある。これは負の気持ちを解消しようとしていると解釈することはできないが、決定的ではないながら、ニワトリがその気になったときに砂浴びをする快楽を楽しみにしている証拠と解釈されている。[17] これを直接ニワシドリの快楽のテストに置き換えるわけにはいかないが、動物の気持ちを理解する実験心理学的なアプローチの力がますます増している様子を示す事例ではある。

ニワシドリの気持ちや考えを理解するための全く別のアプローチとして、直接に脳の活動を観察して、それを鳥の脳の各部位の機能に関して私たちが知っていることと関連づけるやり方がある。これはもちろん、かなり侵襲を及ぼすものになるので、正当化が難しい。しかし現在、身体精査用の二つの技術で、人間に用いられているものがある。その方法では脳に電極を刺すことをせずに、脳の活動をある程度詳しく調べることができる。現在どちらの方法も鳥の脳の研究には利用されていないが、これは確かに実際的な可能性があるだろう。二つの技術とはポジトロン放出断層撮影法(PET)と機能的磁気共鳴画像法（fMRI）だ。少し説明が必要だろう。

私たちの脳の各部分はそれぞれ違う機能を持っているので、ある種の活動をしているときや特定のことを考えているときには脳の一部分だけが関与している。二つの画像法は、脳の血液供給が動的であって局部的な酸素や養分の局部的な要求に反応することを利用する。脳のある場所が活性化されると血流が急増して、それが再び不活性化されると血流は減る。これらのスキャン技術では血流が急増する時点と場所を表示することができる。

PET法では半減期がわずか数分間くらいの放射性同位元素（たとえば^{15}Oや^{11}C）で標識した水とか二酸化炭素のような放射性物質を、注射あるいは吸入で投与する。放射性のマーカーは、代謝が活発な組織に集まる。脳の中ではこの場所で血流が促進されていることになる。fMRI法は放射性物質の投与の必要がないので、PETに比べて影響が少ない。酸素化された血液と酸素化されていない血液の磁気共鳴の差から、酸素要求量が検出される。交通事故で運動が見られずコミュニケーションも不能になった被害者でもまだ理解したり考えたりできることが、この技術で明らかになった。「自分がテニスをしているところを想像するように」言われると、fMRIのスキャンで「点灯」した脳の領域は、正常な人間の場合と同じだった。

血流の変化などの動的なプロセスは明らかにできない基本的なfMRIスキャンのテクニックを用いて麻酔をかけたカナリアと同じくらいの小さな鳥（マダラニワシドリの一二八グラムに対して二〇グラム）の脳の構造を詳しく調べた。しかし行動に関係する脳の働きの研究には大きな制約がある。スキャンする間、対象の頭部を動かないようにしておかなければならない。鎮静剤を使用した場合、あるいはしなかった場合に、ニワシドリは耐えることができるだろうか。ここには明らかに倫理的な問題もあるが、もしもこの状況で鳥がストレスを感じれば、それは結果に影響を与え、実験は道理に合わぬものになるばかりでなく無意味になってしまう。しかし、もしもニワシドリが次第にこの手順に慣れて耐えられるようになれば、特別に編集した雄のディスプレーを見せたときの脳の活動をスキャンできるだろう。これによって、雄のディスプレーを見ることと関係する脳の領域が明らかになるだろう。芸術学校説に関する限り、最終的に快楽と関連のある脳の部分が活性を見せることが期待される。この方法は人間の快楽の経験にすでに適用されている。

この章の目的は私たちが美的感覚を持つようになった仕組みに関して多少なりと理解を深める上で、ニワシドリがモデルになるかどうかを探ることだった。そろそろ私たち人間のことに話を戻して考えよう。人間は人、風景、他の人間がつくった装飾物を見て快楽を感じる。対象になるこれらの人々、場所、物は美しい。ジェフリー・ミラーによると、この快感は複雑な視覚情報を受け取った総体的（universal）快楽中枢で生じるという。人間は何に快楽を感じるか報告できるから、美しいと判断するものとその理由を直接に聞くことができる。もしも美しさに対する人間の判断が多少なりとも遺伝的な構成によって形づくられるものであれば、たとえばある特定の工芸品を見たときに経験する快感は、あらゆる文化にわたる広範囲の人々に共有されるはずだ。そのように普遍的に受け入れられる視覚に訴える美しさの基準を提案することができるだろうか。私は一つの有力な候補について考えたい。それは対称性だ。

人間は両性とも無意識のうちに、より対称的な目鼻だちを好む。このことは人間の顔に微妙に修正を加えたイメージを用いた心理テストで繰り返し明らかにされている。対称はもちろん芸術や建築でよく知られているテーマだが、特に左右対称が一般的だ。アンドレア・パラディオ［一五〇八―八〇年］が設計したヴィラ・バルバロ［一五五八年。パトロンのバルバロ一家の別荘］は左右対称の傑作だ。正面中央はローマの神殿のような建物で、三角形の破風（はふ）の頂点が対称軸を表す。落ち着いた感じの全く同じ左右二棟の別館との間には、低いアーケードのある翼廊が挟まれている。意図的に非対称を賞賛する視覚芸術の形態もあると異議を唱える人がいるかもしれない。

たとえば一二世紀中国の馬夏派［馬遠と夏圭はともに南宋期の大家］の非対称的な風景画では、左下の険しい丘陵が右上の空白に向かって次第にぼかされていくではないか。これは正当な批判だが、美的判断における普遍的基準という議論にとって不利に作用するものではない。「左右対称は美しく、非対称は美しくない」といった単純な判断を、私は意味したいのではない。左右対称が、視覚的経験の快楽の決定において他のものと作用し合う一つの重要な参照点になると言いたいだけだ。

生物学者がこのように芸術や建築の見解を述べると、憶測とか単なる無知であるかのように見えるかもしれないが、生物学者は対称性に特別な興味を持っているのだ。私たちはそれが非常に古い歴史のある、性的に選択された特性であることを知っている。たとえば雄のツバメの長く分岐した尾は、配偶者選択に影響を与えることがわかっている。雌は尾の長い雄を好むが、長さが違う尾でなく等しい雄を好む。彼らは非対称を差別する。身体の非対称に対するこのような差別は広く見られるもので、ソードテール［カダヤシ目。鑑賞魚で、「ツルギメダカ」の呼び名もある］のような魚にも見られる。

大多数の動物を特徴づける左右対称性からの逸脱は、発育が不完全なことを示す。そのような不完全な状態は、遺伝や貧しい発育環境に起因する場合がある。いずれにせよ、最も対称的なパートナーを求める雌が、最高の質を子孫に確保している可能性がある。雌のソードテールが対称的な雄を美しいと考えたり、そのような雄と出会うことが嬉しいだろうなどと言っているのでないことに注意してほしい。単に雌の選択基準が、一部分は左右対称性にもとづいているということだ。

性選択と対称の考察から、話はニワシドリに戻ってくる。アベニューを造るマダラニワシドリとアオアズマヤドリの雌が、どちらも対称的な壁を好むからである。これはおそらく、対称性の基準が雄の身体にだけ適用されていた先祖の頃に生じて、後にバワーが含まれるようになったのだろう。もしもこの理屈に納得できないならば、次のことを付け加えておこう。いろいろな動物で、食物を識別する手段として特定の色や形［の見分け］が進化してきた場合、それが後に雄のディスプレーの一部に進化することが今ではわかっている。雄のディスプレーは、雌にすでに存在していた好みを利用するように進化してきたのだ。この現象は「感覚の偏移（sensory bias）」と呼ばれる。こうした見方に立って考えると、雌のニワシドリの配偶者選択における対称性の基準が雄の身体からバワーへ拡張したことは、いかにもありそうなことと思われる。対称的な顔に対する人間の好みも古くからの似たような生物的起源を持つのではないかと私は思うのだが、もしそうであれば、人間がこれ［対称性］を自分たちがつくるもの、特にそれが配偶者の選択に影響を与えるような飾りである場合に、そういうものの美しさの判断基準にも用いるようになっただろうという証拠は、探してみる価値があると思う。

人間における芸術的努力のはっきりした証拠はごく最近のものにすぎない。フランスのラスコーで発見された洞窟の絵はたかだか二万五〇〇〇年前のものだ。南アフリカのケープタウンの洞窟ではビーズのような穴の開いた貝殻が四〇個発掘された。それは約七万五〇〇〇年前のものとされている。アフリカで発見された約一二万年前の洞穴堆積物から、顔料として使われてきたと思われる黄土の塊が見つかっている。これが人間の装飾的技術作品の最古の証拠だろうか。

前章で見てきたように、既知の最古の石器は二五〇万年前のもので、ホモ属と関連づけられている簡単な石核石器は二五〇万年前のものだ。ホモ属と関連づけられている規則的な形をした石斧は一四〇万年か、それよりも少し古いかもしれないが、そのような石斧は七万五〇〇〇年前までつくられ続けてきた。八〇万年前にヨーロッパのホモ・ハイデルベルゲンシス［一九〇七年に下顎骨発掘］は対称的なアーモンド型をした手斧をつくり、それは私たちの目を喜ばせるような周到な物だった。つくった人物はそのようなことを意図したのだろうか。マレク・コーンは著書『いまわかること（*As We Know It*）』（一九九九年）[18]の中で、最初は実用目的だったこの手斧が、後に手斧でなくディスプレーの物体になったことを示唆している。性的選択に利用されるものとなったからだ。

最初手斧をつくったのは男性狩猟者で、それによって女性は彼の腕前を評価したが、後には腕前のディスプレー（顕示）自体が目的になったというふうに、コーンは想像する。後期の手斧に過剰な細工が施されていること、使用による損傷が刃にあまり認められないこと、一般に著しく左右対称的であることが証拠として挙げられている。テムズバレーの砂礫層で発見［一九一九年］されたいわゆる「ファーズプラットの巨大斧（Furze Platt Giant）」［この石斧の使い手は、身長一二フィート（三・六メートル）の巨人だったという議論がなされた。原文の'giant'にここでは「巨大斧」の語をあてたが、元来はこの空想上の「巨人」を指しているだろう（文献（18）のコーンの本の表紙には石斧の写真がある）］が、人目を引く例だろう。[19] 全長三二一ミリメートル以上もあり、入念に仕上げられた刃が周囲全体に巡らされている。斧として使われた形跡も見られず、役に立つものとも思われない。だがディスプレーの物体としては、少なくとも私たちの目には素晴らしいものに見える。

ニワシドリの研究は、私たちが美を認識して楽しむようになった仕組みを理解する助けになるだろうか。そう、私としては、その能力のいくらかの要素は人間以外の動物にも見られると確信している。そしてニワシドリはそれを探し始めるのに良い場所だと思う。動物がつくった構造物を勉強する理由としてこの本で取りあげてきたいろいろなことに加えて、このことも付け加えておくべきだろう。

訳者あとがき

著者ハンセルは本書のなかで、リチャード・ドーキンスの『延長された表現型』に再三言及している。動物の巣のような構造体の進化は、つくり手である動物の進化とある点では一致せず、独自の足取りを進むこともありうるだろうと著者は考えるのだが、こうした示唆を得たことに関しては、あの本を読んで初めて思いついたとも言う（二六九〜二七〇頁）。もちろんドーキンスの議論の主眼は、ハンセルもすぐに追加して但し書きしているように、巣づくりそのものにあるのでなく、さらに広い一般論として、遺伝子の発現結果が、遺伝子自体の持ち主である個体と離れた、置き変えられた位置からも作用するということにあるのだが、それでもこの一般論にとって、動物の巣づくりは格好の事例であるには違いない。たまたま『延長された表現型』の邦訳書のカバーにはビーバーの巣が描かれていて、ハンセルが今回の本の冒頭近くで紹介しているこの動物の巣の記述の詳細な絵解きと言ってもいいほどであることも、面白い一致と言えるだろう。

遺伝子から発しながらも生物体の「外側」から作用する表現型として、動物とかスズメバチの巣、大規模なものではシロアリの「大都市」、また目的は違うが捕獲用の装置（クモの網）や罠（アリジゴクのすり鉢状の穴）など、つくられた有形の構造は分かりやすい。本書でも話題はそこから始まる。しかし、そうした構造体を出現させるつくり手（builder）の行動自体もまた、遺伝子の無形の発現結果であるということに、話は進んでいく。遺伝的（遺伝子的）背景をもつ行動を詳しく取り上げていることは、本書の特色の一つだろう。

ハンセルは行動の要素を、しばしば遺伝子の表現型と素直に対応させる。たとえば仮想のシロアリ塚で、個々のハタラキアリが運んでくる巣の素材として色が濃いもの（泥）を選ぶか、色の薄いもの（植物質）を選ぶかという違いが「一対の対立遺伝子」で決まるとする。もし植物質の素材が、雨に流されにくいなどの理由で有利であれば、色の薄い塚が次第に優勢になるだろうという（一七四～一七五頁）。これは説明のための仮想の例だが、同じパターンの発想は本書の随所に、大事な説明原理として姿を見せている。これは、たとえばハエの眼の色のような形質が、一対の対立遺伝子で左右されるというのと同様な「遺伝子還元主義」だろうか。そう言いたければ言ってもいい。しかしもちろん著者は、巨大なシロアリ塚の建設が、遺伝子でそれぞれ決まる単位要素の寄せ集めだなどと主張していない。ハエの眼の色を左右する遺伝子が確定しても、そこから、眼という複雑な構造体全体の成立も遺伝子発現の単純な加算であるという硬直した主張を展開するまともな遺伝学者などいないのと同じことで、巨大なシロアリ塚に限らず精緻な小鳥の巣も、繊細なクモの網も、その基礎に遺伝子によって決まる「つくり方」の癖があることは当然ながら（そうでなければ、クモの網を一見しただけで種類の見当がついたりしないだろう）、構造物は、そうした個々の行動の高次の総合として完成される。

高次の総合であっても、そこにある種の基本原則を見出して、研究の手掛かりにしようというのが著者の立場である。原則の一つは、つくるときの行動が割合に規格化された単純な単位行動だということだが、ただし使用される素材が「賢い」物質であることから、目的に合う見事な結果が得られるのだという。クモの網張りでは、行動自体はそれほど手の込んだものでないが、しかし張られる糸のタンパク質ではグリシン、アラニン、プロリンなどのアミノ酸の配合が異なる結果として、枠糸、縦糸、そして網の主体をなす円形網でそれぞれ違う特性が得られる（二〇七～二〇八頁）。「賢い」素材物質という言い回しは著者のお気に入りで、本書では数箇所で使われている。こうした物質の「知恵」は、もちろん進化の風圧にさらされた結果として得られてきたものであり、選択圧の風当たりは、つくり手である動物の行動に対してよりも、むしろ素材として利用される物質に強く作用して、物質を「賢く」してきたのだろう。ただしこの側面は、本書の限られた議論のなかでは、それ以上は突っ込んだ考察の対象になっていない。

つくられた構造物と並んで、つくる行動に注目することの結果として、議論はさらにひろがりを見せる。動物がつくって使う道具も、つくるという活動の点では巣や罠仕掛けと共通するので、動物による道具をどう見るかということを、巣などの構築と同じ目線のもとで取り上げることができるのだ（第7章）。進化の足取りを決めるものとしては、道具は、これまでわかっている限り、たいして機能を発揮しなかった。このように要約してしまうと誤解を招きそうだが、著者は全体としてはそのように位置づけている。低い評価の根拠は、第7章での著者自身の記述に譲る。ただし人類についてだけは話が別で、「人間の進化における道具の役割［の重要性］」は、おそらくたった一つの見事な例外」（二五七頁）だともいう。なぜなら道具があまり役に立たないか、重要な利益をもたらすかという違いは、背景にあるその動物の「社会的協力」のあり方によって決まるので、人間以外では、進化の道程を左右するほど道具を役立てるためのこの背景が、充分でなかったのだ。

最後の第8章では、雄のニワシドリが丹念につくりあげる雌接待用のバワー（あずまや）が主題になっている。本書では「つくられた構造としての巣」というのが出発点だったので、このテーマに派手な回帰を果たして締めくくりとする意味も、なくはないだろう。しかしそれだけでなく、もっと重要な意図がここには含まれている。詳細は、やはり本文の議論に譲るが、バワーは、鳥が周辺から拾い集めてきたクジャクの尾羽の代理のようなもの、いわば「延長された性選択」であるというのが、著者の見立てだ。そのように位置づけた上で、いささか不正確な要約をあえてすれば、われわれは芸術活動の起点を、いちばん縁の近い同類ではあるが野暮ったいチンパンジーにでなく、美的感性の豊かなニワシドリに求めるべきかもしれないと提案して、本書は結ばれている。

＊

著者は現在グラスゴー大学の動物建築学（Animal Architecture）の名誉教授。すでに刊行された著書については、参考文献表の冒頭に著者自身が紹介している。いちばん近年の *Animal Architecture*, 2005 では、今回の本の図6・2にも載っている風変わりな海の動物の触手状の装置が、表紙のデザインとなっている。

今回の本の原タイトルは Mike Hansell, *Built by Animals: The natural history of animal architecture*. Oxford University Press, 2007 だが、内容はこの副タイトルの「博物誌（自然史）」ということから普通に予想される守備範囲を意欲的に超えて、一方では動物が自分の体内で準備する構築素材物質の分子レベルでの「賢さ」、他方では「美」の生物学的起点の試論という幅のひろい内容となっている。二〇〇九年にはペーパーバック版が出て、これには綺麗な原色の図版が数頁加わっているが、版権などの関係で収載できなかった。

多数見受けられる推薦文のうち、特にターナー（J. Scott Turner）の名前に触れておきたい。彼は、さきごろ訳出してやはり青土社から刊行した『自己デザインする生命——アリ塚から脳までの進化論』の著者であるという身びいき、ないし宣伝の意味だけでなく（その意味も多少あるが）、その副題にも「アリ塚」とあるように、ハンセルの今回の本と同じシロアリ塚が思考の重要な出発点となっていて、随分違う方向に話を発展させているようでもあるが、発想の根底にはたいへん共通したところが多いと思う。たとえばターナーの本の最後の方の概念図には、発現された遺伝子機能が作用する「延長された生理機能」という帯域が描かれている。それはまさしく、本書でハンセルが再三言及している「延長された表現型」の生理学版にほかならない。

今回も訳出から索引づくり、刊行まで、青土社の渡辺和貴さんにたいへんお世話になったことに、お礼を申しあげる。なお、和名のつけようのない「虫」の名前は、読みくだしのカタカナ書きとした。索引ではもとの綴りを加える予定だったが、もともと長たらしい名称が和英入り混じってギッチリ組まれると読みにくそうだという判断もあって、原綴りを省略したことを付記しておきたい。

二〇〇九年七月　訳者

事項・人名索引

さ行

た行

な行

は行

ま行

や・ら・わ行

生物名索引

あ行

か行

さ行

た行

な行

は行

ま行

や・ら・わ行

註と参考文献

一般的な読書案内

動物による構築（architecture）というものは、一般に単一の総説や議論の対象となっていない。私［ハンセル］がずっと関心をもって取り組んできたのはまさにこのテーマなので、本書の全部の章にさらに詳しい背景を提供するものとして、私自身の３冊のモノグラフを次に挙げておく。

Hansell, M. H., (1984). *Animal Architecture and Building Behaviour*. London: longman.

Hansell, M. (2000). *Bird Nests and Construction Behaviour*. Cambridge: Cambridge University Press.

Hansell, M. (2005). *Animal Architecture*. Oxford: Oxford University Press.

扱う範囲は似ているが、豊富な図解もある一般読者向けのものとして、次の本がある。

Von Frisch, Karl (1975). *Animal Architecture*. London: Hutchinson.

参考文献

第１章

(1) Griffin, D.R.(1976). *The Question of Animal Awareness*. New York: The Rockefeller University Press.（D・R・グリフィン『動物に心があるか――心的体験の進化的連続性』、桑原万寿太郎訳、東京：岩波書店、1979 年。）

(2) Byrne, R. W., Corp, N., and Byrne, J. M. E. (2001). Estimating the complexity of animal behaviour; how mountain gorillas eat thistles. *Behaviour*, 138: 525-57.

(3) Jackson, T P. (2000). Adaptations to living in an open arid environment: lessons from the burrow structure of the two southern African whistling rats, *Parotomys*

brantsii and *P. littledalei*. *Journal of Arid Environments* 46: 345-55.
(4) Hölldobler, B. and Wilson, E. O. (1990). *The Ants*. Berlin: Springer-Verlag.

第２章

(1) Löffler, E. and Margules, C. (1980). Wombats detected from space. *Remote Sensing of Environment* 9: 47-56.
(2) Neal, E. G. (1986). *The Natural History of Badgers*. London: Croom Helm.
(3) Groenewald, G. H., Welman, J., and MacEachern, J. A. (2001). Vertebrate burrow complexes from the early Triassic Cynognathus zone (Driekoppen Formation, Beaufort Group) of the Karoo Basin, South Africa. *Palaios* 16: 148-60.
(4) Roberts, R., Walsh, G., Murray, A., Olley, J., Jones, R., Morwood, M., Tuniz, C., Lawson, E., Macphall, M., Bowrery, D., and Naumann, I. (1997). Luminescence dating of rock art and past environments using mud wasp nests in Northern Australia. *Nature* 387: 696-9.
(5) Zeibis, W., Foster, S., Huettel, M., and Jorgensen, B. B. (1996). Complex burrows of the mud shrimp *Callianassa truncata* and their geochemical impact on the seabed. *Nature* 382: 619-22.
(6) Büttner, H. (1996). Rubble mounds of sand tilefish *Malacanthus plumieri* (Bloch, 1787) and associated fishes in Colombia. *Bulletin of Marine Science* 58: 248-60.
(7) Martinsen, G. D., Floate, K. D., Waltz, A. M., Wimp, G. M., and Whitham, T. G. (2000). Positive interactions between leafrollers and other arthropods enhance biodiversity on hybrid cottonwoods. *Oecologia* 123: 82-9.
(8) Bordy, E. M., Bunby, A. J., Catuneanu, O., and Eriksson, P. G. (2004). Advanced Early Jurassic Termite (Insecta: Isoptera) nests: Evidence from the Clarens formation in the Tuli Basin, southern Africa. Palaios 19: 68-78.
(9) Dejean, A. and Durand, J. L. (1996). Ants inhabiting *Cubitermes* termitaries in African rain forests. *Biotropica* 28: 701-13.
(10) Odling-Smee, F. J., Laland, K. N., and Feldman, M. W. (2003). *Niche Construction: The Neglected Process in Evolution*. Princeton: Princeton University Press.（F. John Odling-Smee, Kevin N. La land, Marcus W. Feldman『ニッチ構築——忘れられていた進化過程』、佐倉統、山下篤子、徳永幸彦訳、東京：共立出版、2007年。）

第3章

(1) Turner, A. (1989). *A Handbook to the Swallows and Martins of the World*. London: Christopher Helm.

(2) Flood, P. R. and Deibel, D. (1998). The appendicularian house. In *The Biology of Pelagic Tunicates* (ed. Q. Bone). Oxford: Oxford University Press, pp. 105-24.

(3) Collias, N. E. and Collias, E. C. (1984). *Nest Building and Bird Behaviour*. Princeton: Princeton University Press.

(4) Pirk, C. W. W, Hepburn, H. R., Radloff, S. E., and Tautz, J. (2004). Honeybee combs: construction through a liquid equilibrium process? *Naturwissenschaften* 91: 350-3.

(5) Read, A. T., McTeague, J. A., and Govind, C. K. (1991). Morphology and behaviour of an unusually flexible thoracic limb in the snapping shrimp, *Alpheus heterochelis. Biological Bulletin* 181: 158-68.

(6) Fischer, R.and Meyer, W.(1985). Observations on rock boring by *Alpheus axidomus* (Crustacea: Alpheidae). Marine Biology 89: 213-19.

第4章

(1) Scott Turner, J. (2000). *The Extended Organism: The Physiology of Animal-Built Structures*. Cambridge, Mass.: Harvard University Press. (J・スコット・ターナー『生物がつくる「体外」構造――延長された表現型の生理学』、滋賀陽子訳、深津武馬監修、東京：みすず書房、2007年。)

(2) Korb, J. and Linsenmair, K. E. (2000). Ventilation of termite mounds: new results require a new model. *Behavioural Ecology* 11: 486-94.

(3) Mallon, E. B. and Franks, N. R. (2000). Ants estimate area using Buffon's needle. *Proceedings of the Royal Society of London B* 267: 765-70.

(4) Frisch, K. von (1967). *The Dance Language and Orientation of Bees*. Cambridge, Mass.: Harvard University Press.

(5) Jeanne, R. L. (1986) The organization of work in *Polybia occidentalis*: costs and benefits of specialization in a social wasp. *Behavioural Ecology and Sociobiology* 19: 333-41.

(6) Jeanne, R. L.(1996). Regulation of nest construction behaviour in *Polybia occidentalis*. *Animal Behaviour* 52: 473-88.

(7) Crook, J. H. (1964). Field experiments on the nest construction and repair behaviour of certain weaver birds. *Proceedings of the Zoological Society of London*

142: 217-55.

(8) Grassé, P-P. (1959). La réconstruction du nid et les coordinations interindividuelles chez *Bellicositermes natalensis et Cubitermes* sp. La théorie de la stigmergie: Essai d'interprétation du comportment des termites constructeurs. *Insectes Sociaux* 6: 41-83.

(9) Theraulaz, G. and Bonabeau, E. (1995). Modelling the collective building of complex architectures in social insects with lattice swarms. *Journal of Theoretical Biology* 177: 381-400.

第５章

(1) Norell, M. A., Clark, J. M., Chiappe, L. M., and Dashzeveg, D. (1995). A nesting dinosaur. *Nature* 378: 774-6.

(2) Turner, A. (1989). *A Handbook to the Swallows and Martins of the World*. London: Christopher Helm.

(3) Winkler and Sheldon (1993). Evolution of nest construction in swallows (Hirundinidae): a molecular phylogenetic perspective. *Proceedings of the National Academy of Sciences USA* 90: 5705-7.

(4) Dawkins, R. (1982). *The Extended Phenotype*. Oxford: Freeman.（リチャード・ドーキンス『延長された表現型――自然淘汰の単位としての遺伝子』、日高敏隆、遠藤彰、遠藤知二訳、東京：紀伊国屋書店、1987 年。）

(5) Dawkins, R. (1976). *The Selfish Gene*. Oxford: Oxford University Press.（リチャード・ドーキンス『利己的な遺伝子』（増補新装版）、日高敏隆ほか訳、東京：紀伊國屋書店、2006 年。）

(6) Biron, D. G., Marché, L., Ponton, F., Loxdale, H. D., Galéotti, N.,Renault, L., Joly, C., and Thomas, F. (2005). Behavioural manipulation in a grasshopper harbouring hairworm: a proteonomics approach. *Proceedings of the Royal Society B* 272 (1577): 2117-26.

(7) Eberhard, W G. (2001). Under the influence: Webs and building behaviour of *Plesiometa argyra* (Araneae, Tetragnathidae) when parasitized by *Hymenoepimecis argyraphaga* (Hymenoptera, Ichneumonidae). *The Journal of Arachnology* 29: 354-66.

第６章

(1) Smith, M. D. and Conway, C. J. (2007). Use of mammal manure by nesting

burrowing owls: a test of four functional hypotheses. *Animal Behaviour* 73: 65-73.

⑵ Zschokke, S. (1996). Early stages of orb web construction in *Araneus diadematus* Clerck. *Revue Suisse de Zoologie* 2: 709-20.

⑶ Evans-Pritchard, E. (1967). *The Zande Trickster*. Oxford: Clarendon Press.

⑷ Broadley, A. and Stringer, A. N. (2001). Prey attraction by larvae of the New Zealand glowworm, *Arachnocampa luminosa* (Diptera: Mycetophilidae). *Invertebrate Biology* 120: 170-7.

⑸ Eberhard, W. G..(2000). Breaking the mould: behavioural variation and evolutionary innovation in *Wendilgarda* spiders (Araneae Theridiosomatidae). *Ethology, Ecology and Evolution* 12: 223-35.

⑹ Vollrath, F. (1992). Spider' s webs and silks. *Scientific American* 266 (March): 70-6.

⑺ Zschokke, S. (2003). Spider-web silk from the Early Cretaceous. *Nature* 424: 636-7.

⑻ Haynes, K. F., Gemeno, C., Yeargan, K. V., Millar, J. G., and Johnson, K. M. (2002). Aggressive chemical mimicry of moth pheromones by a bolas spider: how does this specialist predator attract more than one species of prey? *Chemoecology* 12: 99-105.

⑼ Bruce, M. J. (2006). Silk decorations: controversy and consensus. *Journal of Zoology* 269: 89-97.

⑽ Sandoval, C. P. (1994). Plasticity in web design in the spider *Parawixia bistriata*: a response to variable prey type. *Functional Ecology* 8: 701-7.

⑾ Heiling, A. M. and Herberstein, M. E. (1999). The role of experience in web-building spiders (Araneidae). *Animal Cognition* 2: 171-7.

第７章

⑴McGrew, W. C. (1992). *Chimpanzee Material Culture*. Cambridge: Cambridge University Press.（ウィリアム・C・マックグルー『文化の起源をさぐる――チンパンジーの物質文化』、西田利貞監訳、足立薫、鈴木滋訳、東京：中山書店、1996年。）

⑵ Washburn, S. L. (1959). Speculations on the interrelations of the history of tools and biological evolution. *Human Biology* 31: 21-31.

⑶ Ciochon, R. L. and Fleagle, J. G. (2006). *The Human Evolution Source Book* (2nd edn). New Jersey: Pearson, Prentice Hall.

(4) Whiten, A. and Byrne, R. W (1988). The Machiavellian intelligence hypothesis: editorial. In *Machiavellian Intelligence. Social Expertise and the Evolution of Intellect in Monkeys, Apes and Humans*, ed. R. W. Byrne and A. Whiten. Oxford: Clarendon Press, pp. 1-9.（リチャード・バーン、アンドリュー・ホワイトゥン編『マキャベリ的知性と心の理論の進化論——ヒトはなぜ賢くなったか』、藤田和生、山下博志、友永雅己監訳、京都：ナカニシヤ出版、2004年。）

(5) Breuer, T., Ndoundou-Hokemba, M., and Fishlock, V. (2005). First observation of tool use in wild gorillas. *Public Library of Science Biology* 3: 2041-3.

(6) Hansell, M. H. (1987b). What's so special about using tools? *New Scientist* (8 January): 54-6.

(7) Beck, B. B. (1980). *Animal Tool Behaviour*. New York: Garland STPM.

(8) Robinson, M. H. and Robinson, B. (1971). Predatory behaviour of the ogre-faced spider *Dinopis longipes* F. Cambridge (Araneae, Dinopidae). *American Midland Naturalist* 85: 85-96.

(9) Goodall, J. (1968). The behaviour of free-living chimpanzees in the Gombe Stream Reserve. *Animal Behaviour Monographs* 1: 163-311.

(10) Povinelli, D. J. (2000). *Folk Physics for Apes*. Oxford: Oxford University Press.

(11) Fragaszy, D., Izar, P., Visalberghi, E., Ottoni, E. B., and Olivera, M. G. de (2004). Wild capuchin monkeys (*Cebus libidinosus*) use anvils and stone pounding tools. *American Journal of Primatology* 64: 359-66.

(12) Smolker, R. A., Richards, A. F., Connor, R. C., Mann, J., and Berggren, P. (1997). Sponge carrying by Indian Ocean bottle-nose dolphins: Possible tool use by a delphinid. *Ecology* 103: 454-65.

(13) Lefebvre, L., Nicolakakis, N, and Boire, D. (2002). Tools and brains in birds. *Behaviour* 139: 939-73.

(14) Hunt, G R. (1996). Manufacture and use of hook tools by New Caledonian crows. *Nature* 379: 249-51.

(15) Hunt, G. R. (2000). Human-like, population-level specialization in the manufacture of pandanus tools by the New Caledonian crows *Corvus moneduloides*. *Proceedings of the Royal Society of London B* 267: 403-13.

(16) Weir, A. A. S., Chappell, J., and Kacelnik, A. (2002). Shaping of hooks in New Caledonian crows. *Science* 297: 981.

(17) Weir, A. A. S. and Kacelnik, A. (2006). A New Caledonian crow (*Corvus moneduloides*) creatively re-designs tools by bending or unbending aluminium strips.

Animal Cognition 9: 317-34.
⒅ Weir, A. A. S. and Kacelnik, A. (2005). Behavioural ecology: tool manufacture by naïve juvenile crows. *Nature* 433: 121.
⒆ Tebbich, S., Taborsky, M., Fessl, B., and Blomqvist, D. (2001). Do wood-pecker finches acquire tool-use by social learning? *Proceedings of the Royal Society of London B* 268: 2189-93.

第８章

⑴ Frith, C. B. and Frith, D. W. (2004). *The Bowerbirds*. Oxford: Oxford University Press.
⑵ Uy, J. A. C. and Borgia, G. (2000). Sexual selection drives rapid divergence in bowerbird display traits. *Evolution* 54: 273-8.
⑶ Madden, J. (2002). Bower decorations attract females but provoke other male spotted bowerbirds: bower owners resolve this trade-off. *Proceedings of the Royal Society of London B* 269: 1347-51.
⑷ Morris, D. (1962). *The Biology of Art.* London: Methuen.（デズモンド・モリス『美術の生物学――類人猿の画かき行動』（新装版）、小野嘉明訳、東京：法政大学出版局、1975 年。）
⑸ Wilson, E. O. (1975). *Sociobiology. The New Synthesis*. Cambridge, Mass.: Harvard University Press.（エドワード・O・ウィルソン『社会生物学　合本版』、坂上昭一ほか訳、東京：新思索社、1999 年。）
⑹ Dawkins, R. (1976). *The Selfish Gene*. Oxford: Oxford University Press.（リチャード・ドーキンス『利己的な遺伝子』（増補新装版）、日高敏隆ほか訳、東京：紀伊國屋書店、2006 年。）
⑺ Dissanayake, E. (1988). *What is Art for?* Seattle: University of Washington Press.
⑻ Dissanayake, E. (1995). *Homo Aestheticus*. New York: The Free Press.
⑼ McGrew, W. C. and Marchant, L. F. (1998). Chimpanzee wears a knotted skin 'necklace'. *Pan African News* 5: 8.
⑽ Rachter (1984). *The Policeman's. Beard is Half Constructed. Computer Prose and Poetry by Rachter*. New York: Warner Books.
⑾ Miller, G. (2000). *The Mating Mind*. London: Heinemann.（ジェフリー・F・ミラー『恋人選びの心――性淘汰と人間性の進化』（Ⅰ・Ⅱ）、長谷川眞理子訳、東京：岩波書店、2002 年。）
⑿ Wojcieszek, J. M., Nicholls, J. A., Marshall, N. J., and Goldizen, A. W. (2006).

Theft of bower decorations among male satin bowerbirds (*Ptilonorhynchus violaceus*): why are some decorations more popular than others? *Emu* 106: 175-80.
(13) Bravery, B. D., Nicholls, J. A., and Goldizen, A. W (2006). Patterns of painting in satin bowerbirds *Ptilonorhynchus violaceus* and males' responses to changes in their paint. *Journal of Avian Biology* 37: 77-83.
(14) Patricelli, G. L., Coleman, S. W, and Borgia, G. (2006). Male satin bowerbirds, *Ptilonorhynchus violaceus*, adjust their display intensity in response to female startling: an experiment with robotic females. *Animal Behaviour* 71: 49-59.
(15) Endler, J. A. and Day, L. B. (2006). Ornament colour selection, visual contrast and the shape of colour preference functions in great bowerbirds, *Chlamydera nuchalis. Animal Behaviour* 72: 1405-16.
(16) Day, L. B., Westcott, D. A., and Olster, D. H. (2004). Evolution of bower complexity and cerebellum size in bowerbirds. *Behaviour, Brain and Evolution* 66: 62-72.
(17) Duncan, I. J.H. (2006). The changing concept of animal sentience. *Applied Animal Behaviour Science* 100: 11-19.
(18) Kohn, M. (1999). *As We Know It*. London: Granta Books.
(19) Stringer, C. and Andrews, P. (2005). *The Complete World of Human Evolution*. London; New York: Thames and Hudson.（クリス・ストリンガー、ピーター・アンドリュース『ビジュアル版　人類進化大全――進化の実像と発掘・分析のすべて』、馬場悠男、道方しのぶ訳、東京：悠書館、2008年。）

Built By Animals: The Natural History of Animal Architecture by Mike Hansell

© Mike Hansell 2007
"Built By Animals: The Natural History of Animal Architecture" was
originally published in English in 2007.
This translation is published by arrangement
with Oxford University Press.

建築する動物たち

ビーバーの水上邸宅からシロアリの超高層ビルまで

2009年8月6日　第1刷印刷
2009年8月20日　第1刷発行

著者——マイク・ハンセル
訳者——長野敬＋赤松眞紀

発行人——清水一人
発行所——青土社
東京都千代田区神田神保町1－29　市瀬ビル　〒101-0051
電話　03-3291-9831（編集）　03-3294-7829（営業）
振替　00190-7-192955
印刷所——ディグ（本文）
方英社（カバー・表紙・扉）
製本所——小泉製本

装幀——戸田ツトム

ISBN978-4-7917-6485-3　Printed in Japan